本質から理解する

数学的手法

荒木 修・齋藤智彦 共著

裳 華 房

ESSENTIAL UNDERSTANDING OF MATHEMATICAL METHODS

by

Osamu ARAKI, DR. ENG.

Tomohiko SAITOH, DR. SC.

SHOKABO

TOKYO

まえがき

～本書の使い方～

「数学は得意ではないけれども，嫌いではない．だから何とか，根本から理解したい」という，大学の理工系諸学科の皆さんへ．

30年ほど前に私たちが大学で数学を学んだ頃と比較すると，最近はわかりやすく書かれた本がたくさん出版されるようになりました．しかしそれでも，「納得できずにモヤモヤが残る」，「どうしてそのような方針で考えるのかがわからない」，「概念や意味がよくわからない」，というような人は多いのではないでしょうか？

わかりやすく丁寧に書けば書くほど分量も増えますが，一方で盛り込みたい内容の量は昔と変わるわけではないので，どうしても書けずに省略する部分が出てきます．そこでどこを省略するか，というと，「これくらいは知っているだろう」，「定義や定理から明らかだろう」というような，いわば「数学の常識」や，「なぜこの項目を学ぶのか」といった目的意識の部分です．しかしそこがわかっていないと，後でつまずくことがしばしばあります．また，目的を知らずに，定義から定理へ延々と続く論理展開を追っていくのは結構しんどいことです．一方，初心者・初学者は，定義の理由，日常用語の変な用法，見慣れない記号など，とかく様々なことが気にかかり，これらの説明がないと，学ぶ意欲も落ちてきがちです．

そこで本書では，そのような省略されがちだった前提知識や学ぶ目的に関することこそが本質だろうと考え，大学理工系の1,2年生で学ぶ基礎数学について，「この数学を学ぶことにどんな意味があるのか」，「何が重要なのか」，「本質は何か」，「何の役に立つのか」という問題意識を常にもって考えるためのヒントや解答を解説しました．その代わり，多くの本に通常書いてあることで本書では省略している内容もあります．

本書の特徴は次の4点です．

(1) 話の流れを重視して「読み物」のスタイルとしたことです．そのため，練習問題や章末問題は載せてありませんが，解説だけでわかりにくい場合は，例題を用いて具体的に説明しました．

(2) 第1章において，数学を学ぶ上での基本原則や前提知識，約束事など，各章に入りきらない共通概念や，知っておいてほしい事項を解説したことです．

(3) 各章のテーマを学ぶ意義・目的を，本文に入る前に，章の冒頭で明らかにし，結論を先に述べてから詳細な説明をしたことです．そのため，用語等の説明が後回しになった部分もあります．

(4) 視覚的直感に訴えるような図や絵をなるべくたくさん示して説明したことです．

本書の読み方ですが，まずは第1章を読んでいただき，それ以降は順番に読む必要はなく，どの章から読み始めても構いません．面白そうなところから，あるいは，わけがわからない，苦手なテーマと感じている章から読んでみてください．適当に，つまみ食いならぬ，つまみ読みをしてもらえればと思います．

なお，補足説明や練習問題・解答例などを，裳華房のホームページ（www.shokabo.co.jp）に載せてあるので，興味のある読者は役立てていただければ幸いです．

東京理科大学の同僚である橋爪洋一郎助教には，本書の草案に目を通していただき，有益なご意見をいただきました．また，東京大学名誉教授・東京理科大学名誉教授の上村 洸先生は，本書の執筆のきっかけをつくってくださいました．最後に，裳華房の小野達也氏には，構想から編集・校正にいたるまで多くのアドバイスをいただきました．厚く御礼を申し上げます．

2016年10月

荒木　修 & 齋藤智彦

目　次

第1章　基本の「き」

第2章　テイラー展開

第3章　多変数・ベクトル関数の微分

第4章 線積分・面積分・体積積分

第5章 ベクトル場の発散と回転

第6章 フーリエ級数・変換とラプラス変換

第７章　微分方程式

第８章　行列と線形代数

第 9 章 群論の初歩

第 1 章

基本の「き」

世界も宇宙も絶えず，しかも複雑に変化しています．しかし，（平凡な）人間の考えられることはたかが知れていて，複雑なものをそのまま理解することはできません．そのような複雑な対象を（数学を使って）理解し，さらには応用したいわけですが，そのために大前提となる基本原則があります．

〈基本原則〉

(0)　同じ性質や定義を満たすものは同一のものとみなすべし！

(1)　困難は分割せよ！（デカルトの言葉です）

(2)　まずは線形化（線形近似）せよ！

(0) は数学を含むすべての学問分野に対しての，(1) と (2) は主にテイラー展開や微分・積分などの解析学に対しての根本原理です．(1) と (2) については，さらに「世の中は連続である」という暗黙の前提があります．

第 1 章では，こういった，第 2 章以降の各章のテーマに共通するような基本概念や，章にまとめなかったけれどもぜひ知っておいてほしい事柄について取り上げます．

1.1　数学以前の話

1.1.1　言葉と記号の使い方の精度を上げる

数学の上達の第一歩は国語力です．「なめらか」と「連続」の区別がつかないうちは，数学の理解は進みません．日常会話はともかく，理工系や数学的な話題の際には，なるべく論理的に厳密な言葉を使うように努力しましょう．

例えば，ベクトルかスカラーか，などの記号を意識してきちんと使い分けることも，数学の上達に不可欠です．いや，それ以前に，読める字（達筆である必要は全くありません！）で論理的な文章が書けるということが必要です．字が汚いと数学記号もいい加減となり，結局，論理的な数式展開に失敗します[1)]．そもそも，字が汚くても「よい」と思っているから，きちんと論理を積み上げげようと思わないのです．この場合，逆もまた真なりで，とにかくわかりやすい字できちんと書く習慣を先につければ，それだけで数学（に限らず学問）は上達していくことを保証します．もちろん，最初からできるわけではないから，これらを意識して数学なり理工学なりを勉強・実践することが大事です．

1.1.2　計算と理解の精度を上げる

計算も理解も，「大体」や「なんとなく」ではいけません．以前，定期試験の答案の中に，計算の書き始めはきちんと書いていたのに，自信がないのか，段々筆圧が弱くなって fade out し，その後 fade in して答を出している，というものがありました．しかも，答は合っていました！ きっと，答を覚えてきたのでしょうが，こういうクセをつけてしまうと，正しくて論理的な式変形をすることができなくなり，ますます計算が苦手になります．はっきりとした字で，キチンと計算式を書くクセをつけましょう．

また，「大体わかった」ということは，結局はわかっていないことと同じです．もちろん，理解の深さの程度が問題ですが，目安としては，同じ分野を学んでいる友人に説明できる程度にわかって初めて，十分にわかったと言えるでしょう．では，いちいち人に説明せずに，説明できる程度かどうかを判断するにはどうすればよいかというと，ノートに理解した事項のまとめを書けばよいのです．つまり，自分で自分に説明するのです．書こうとする過程で，何がわかっていて何がわからないかが浮き彫りになるので，これがある程度できるようになれば，確実に理解したと言えますし，まとめノートもできて一石二鳥です．ぜひ，「物理のまとめ」，「物理数学のまとめ」などの「まとめノート」をつくりましょう．

1）　筆者Ｓは高等学校３年生の秋の模擬試験で，計算途中にｂと書いていたはずが知らないうちに６になっていて，丸々その問題を落とした，という苦い経験があります．計算をキチンと書くようになったのはそれからです．

1.1.3　学び方を身に付ける

数学に限らず，学問でもスポーツでも基本が肝心であり，上達には基本の反復練習あるのみです！ 常に基本に立ち返り，前に学んだはずのことでわからないことや忘れたことは，常に見返して反復復習しましょう．何も，何度も問題を解きなさいということではありません．手間を惜しまず何度も見直すだけで，理解度は全く違ってきます．そのために最も役立つのは，先に述べた，自作の「まとめノート」です．

その上で，美しい証明，上手な計算や解法，目から鱗が落ちる説明などになるべく多く触れて，数学のセンスを磨きましょう．これは，芸術で言えば「本物」を鑑賞することに当たります．そしてその次に，それを自分で「真似る」ことがとても大事です．これはスポーツでいえば，上手な人の基本動作を真似ることに当たります．しかし，プロ野球選手の動きを見た目だけ真似するのでは上達しないのと同様，学問でも単に真似するだけでは上達はしません．もちろん，先生に聞く（＝ 指導者の指導を受ける）こともできますが，自習の場合は，一通り内容が理解できたならば，**なぜそのようなやり方をするのか**，ということを探求しましょう．しばしば，そこに問題の本質が隠れています．

1.1.4　己の弱点を知る，そして長所を伸ばす

計算を間違えない人はさぞかし計算が得意だろうと思うかもしれませんが，実際はそうでもありません．そういう達人もいるとは思いますが，凡人にとって大事なのは，「自分は間違うかもしれない」と思いながら計算することです．そうすると，いつもチェックをしながら進むので，結果として計算ミスがぐっと減ります．

しかし一方で，すべてを綿密にチェックしていては時間がいくらあっても足りません．そこで重要となるのは，人それぞれ，間違えやすい「ポイント」というか，「鬼門」というか，そういうものがあるということです．筆者Sの場合は $7+5$ と $8+5$ がそれで，例えば $7+5$ が 12 だったか 13 だったか，いつも悩みます．（皆さんは，まさか大学の先生がそんな初歩的な計算が苦手だとは思わないでしょう！）それで白状すると，（ほとんど）いつも

指を折って数えるので，結局間違うことはありません．つまり，「彼を知り，己を知れば百戦殆うからず」[2)]です．自分の癖を知って，それに対して対策さえ立てておけば，計算ミスはいつでもクリアできます．これは計算に限らず，どんなことでも同じです．

しかしながら，そうは言ってもなかなか対策を立てられないものもありますし，努力しても上達しないものもあります．何せ苦手なのだから当然です．だから最終的には，己の弱点を知りつつ，己の長所を知り，それを伸ばすことが最も大事なことになります．

1.2 「定義」と「性質」について

数学では，頻繁に「定義」が出てきます．もちろん，その意味は「そのように決めて，そこからスタートする」ということですが，「なぜそのように定義するのだろうか？」，「抽象的過ぎてさっぱりわからない」という疑問をもつことがしばしばあると思います．筆者らもそうでした（いまだにそうです！）．

そのような場合には，**定義とは，そのように定義すると万事うまくいくので，そのように決めているのだ**，と，まずは思うことにしましょう．そして，「定義」を「性質」と読み換えてみて，具体的な例1つ，できれば2つに対して，定義（性質）の意味を理解することに努めましょう．

なぜこのようなことを書くかといいますと，定義とは適当に決めているのではなく，対象となる個々の事例から共通の性質を抽出して，うまく決めているものだからです．したがって，良い具体例は定義の内容を良く表していて，意味もつかみやすいわけです．具体例を理解しようとする過程で，定義とは（その具体例の）性質なのだ，とわかるでしょう．

最初の基本原則(0)にも書きましたが，同じ性質や定義を満たすものは，その性質や定義で議論する範囲内では全く区別が付かないのだから，同一のものといえます．例えば，野球の基本ルール（3アウト制とか，打ったら一

2）しばしば意訳で「敵を知り，己を知れば百戦危うからず」と書きます．原文は孫子で，「知彼知己者百戦不殆」．

塁に走る，等）を論ずる範囲では，大リーグでも高校野球でも草野球でも違いがないので，これらは同一と見なしてよいといえます．しかし，監督がベンチから出てきてよいか，等の細かいルールになると違いが出てくるので，その範囲では，3者は別物になります．したがって，野球の基本ルールを理解するために，ルールブックとにらめっこして細かなところまで読み込む必要はありません．（それは抽象的な定義をそのままの形で理解しようと努めているのと同じです．）大リーグの中継を見ていれば，たとえそれが英語であっても（基本的なところだけなら）自然に身につくものです．同じように，定義も良い具体例を使って，具体的な問題を解く過程で身に付いていきます．

このような捉え方が最も役立ってくるのが，本書の場合でいえば第8章，第9章のような代数学の分野です．

1.3　対称性について

1.3.1　対 称 性

対称性とは，あるもの（図形・図柄や数式等）に何か操作（これを対称操作という）を施したときに，その操作の前後で区別がつかない（＝不変である）という性質であり，**対称性と対称操作はセットの概念**です．

◆ 幾何学的対称性

日常生活で一番目にする対称性は，左右対称（性）です．例えば，（細かいところは抜きにして）ほとんどの動物は左右対称にできていますし（ヒラメやカレイは例外です），自動車，船舶，飛行機などの乗り物もそうなっています．この場合の対称操作は，中心軸を含む平面で左右を入れ替える（＝折り返す）という操作であり，左右対称であれば，この操作をしても元と区別がつきません．これはその平面に鏡を置いた場合の鏡映しと同じなので，左右に限らず，一般にこの性質を，ある平面に対して**鏡映対称**であるといい，操作を**鏡映操作**，平面を**鏡映面**といいます．

他にも，例えば正方形の折り紙を机の上に置き，正方形の中心を通って紙面に垂直な軸（これを z 軸とします）の周りに $\pi/2$ だけ回転させると，回転前とぴったり重なって区別がつきません．また明らかに，π や $3\pi/2$ だけ回転させても重なります．

$\pi/2$ だけ回転させることを4回回転操作といいます（4回分回転することではありません）．4回という理由は，$\pi/2$ の回転を4回繰り返すと1周して元に戻るからです．そこで，この対称性を（z 軸周りの）4回対称性といい，同様にして，正三角形の紙は3回対称，正六角形の紙は6回対称といいます．

一般に，正 n 角形のように $2\pi/n$ だけ回転して重なる図形は **n 回対称**であるといいます．n が無限大の場合は，どんなに微小な角度で回転しても重なるので，それは円しかなく，このときは**回転対称**であるといいます．図1.1に，3, 4, 6回対称，および回転対称の図形の例を示しました．

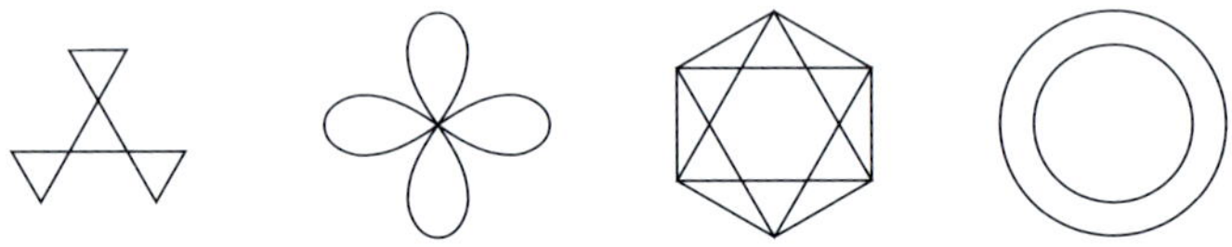

(a) 3回対称 (b) 4回対称 (c) 6回対称 (d) 回転対称

図1.1 対称性をもつ図形の例

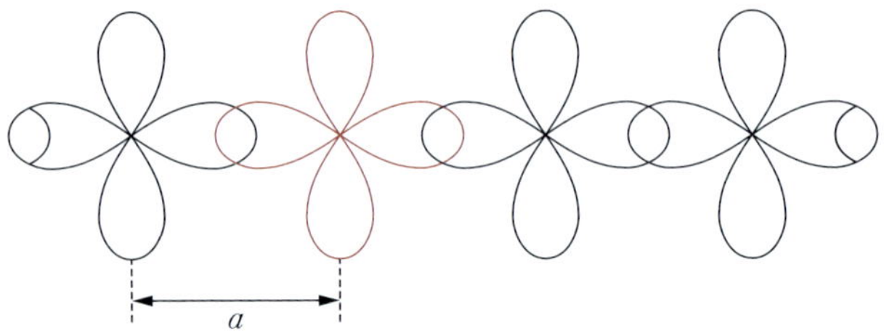

図1.2 a（の倍数）だけ平行移動しても変わらない図柄

対称性は回転に関係するものだけではありません．図1.2のように無限に続くパターン（図柄）は，左右どちらにでも，a（の倍数）だけ平行移動するとぴったり重なり，区別がつきません．これを周期 a の**並進対称性**をもつといいます．

なお，原子・分子や結晶などを具体的対象として，以上のような図形としての対称性を扱う分野は結晶学とよばれています．

◆ 物理量や数式の対称性

対称性は普遍的な概念なので，図形ばかりでなく，様々な場面に適用できます．例えば，偶関数は $f(x) = f(-x)$ を満たす関数ですが，これを「$f(x)$ は $x \to -x$ という操作（= 原点に関して反転する操作）に対して不変である」とみることができるので，**偶対称**であるといいます．一方，奇関数の方は**奇対称**あるいは**反対称**であるといいます．

さらにこの x を位置ベクトル $\boldsymbol{r}$ に一般化して，スカラー場 $f(\boldsymbol{r})$ あるいはベクトル場 $\boldsymbol{f}(\boldsymbol{r})$ についても，**空間反転操作** $\boldsymbol{r} \to -\boldsymbol{r}$（= 原点に関して座標を反転させる操作）に対して不変である場合（$f(-\boldsymbol{r}) = f(\boldsymbol{r})$，$\boldsymbol{f}(-\boldsymbol{r}) = \boldsymbol{f}(\boldsymbol{r})$）を偶対称，負号が付く場合（$f(-\boldsymbol{r}) = -f(\boldsymbol{r})$，$\boldsymbol{f}(-\boldsymbol{r}) = -\boldsymbol{f}(\boldsymbol{r})$）を奇対称であるといい，この対称性のことを**パリティ**（parity：**偶奇性**）といいます．例えば，$f(\boldsymbol{r}) = |\boldsymbol{r}|^2$ や $\boldsymbol{f} = (x^2, y^2, z^2)$ はパリティが偶，$f(\boldsymbol{r}) = x + y + z$ や $\boldsymbol{f} = a\boldsymbol{r}$（$a$ は定数）はパリティが奇となります．

◆ 世の中は対称性であふれている

後述の〔余談〕の例のように，自然界においては，何らかの法則や効率の面から，また人間社会にあっては，法則よりは特に効率の面から，様々な対称性が生じることが多くあります．その結果，世の中は目に見える，あるいは隠れた対称性であふれています．したがって，物事を考察する際には，それがどのようなものであっても，常に，**何か対称性は潜んでいないか？**と思いながら考えることを，ぜひお勧めします．

なお，対称性を数学的に扱う方法論が「群論」であり，両者は切っても切れない関係にあります．詳しくは，第 9 章で解説します．

1.3.2　対称に並べる

数学に限りませんが，何でも「対称に」並べるクセをつけましょう．ここでは，その一例を紹介します．

記号を対称に並べたり，式を対称に書いたり，という場合の「対称」はほとんどの場合，「記号を 1 つずらす操作に対して不変」という意味です．例えば，ベクトル積 $\boldsymbol{A} \times \boldsymbol{B}$ の y 成分は $A_z B_x - A_x B_z$ ですが，これを $B_x A_z -$

A_xB_z とは書かない，という意味です．後者は x, y, z についてのアルファベットの順番をキチンと守ってはいても，対称ではありません．対称な書き方では

$$\begin{aligned}(\boldsymbol{A}\times\boldsymbol{B})_x &= A_yB_z - A_zB_y\\(\boldsymbol{A}\times\boldsymbol{B})_y &= A_zB_x - A_xB_z\\(\boldsymbol{A}\times\boldsymbol{B})_z &= A_xB_y - A_yB_x\end{aligned}$$

のように，常に $x \to y \to z \to x \to \cdots$ という順番にします．（この式は縦にも横にもそのように並んでいる美しい式です！）これを「x, y, z をサイクリック（循環的）に書く」ともいいます．

この書き方は，x, y, z は皆同じ立場であり，たまたま x から書き始めたに過ぎない，ということを暗に含んでいます．もし座標軸の設定が異なって，たまたま今の x 軸が z 軸に変わったとしても，見た目が変わるだけで，数学的な内容が変わるはずがありません．だからアルファベットの順番が大事なのではなく，数学的にどのような順番を決めているかが大事であり，常にその順番で書くことが「対称に書く」という意味です[3)]．

対称に並べることで，どの記号とどの記号が同じ立場，あるいは違う立場なのか，どのように分類できるのか，が自然に明確になります．このクセをつければ，数学に限らず，様々な物事の理解が前より確実に進むようになります．

〔余談〕

動物が左右対称である理由は，以下のように考察できます．まず，地球上では重力が鉛直方向にはたらいていて，これが唯一の特別な方向なので，生物界では，鉛直方向を軸にした対称性が現れます．この場合，最低限必要な対称性は鉛直方向を軸とする回転対称性です．したがって，（基本的に）植物は丸い幹で鉛直上向きに伸び，地上の動物は体を支える足が鉛直下向きに伸びています．さらに動物の場合，まっすぐ移動するためには，進行方向の軸に対する対称性があるとよいので，その結果，この2つの軸を含む面に対して最低2本の足（水中ならひれ）を対称にもっていることが必要です．かくして，正面から見て左右対称となります．

3）　この場合の数学的意味は，右手系の座標軸の順番です．つまり，右手の親指，人差し指，中指で直交座標系をつくったときに，親指→人差し指→中指の順に x, y, z とするのが右手系ですが，この順番のとおりに書く，という意味です．

一方，体内の消化器官等は，体を支えることや移動とは直接関係がないので，左右対称でなくてもかまいません．左右対称の場合は同じものが2つある，ということなので，無駄でもあるからです．水中の微生物等，浮力で重力の効果が打ち消せるような場合は，どの方向にも対称な，ボルボックスのような球対称な生物もありえます．

1.4　連続と直線近似 ― 微分・積分の基本コンセプト ―

「連続」とは，直観的に言えば，どんなに拡大しても「粗さ」がなくて密に詰まっている，という意味です．どんなに近い2点A,Bを考えても，同一の点でない限り，AB間には無限個の点が存在します．このような近い2点を結べば微小直線となり，3点を結べば微小三角形，同一平面上にない4点を結べば微小四面体となり，これらはいくらでも小さいものを考えることができます．したがって，「連続」とは「いくらでも微小な長さ，面積，体積，等を考えることができる」と言いかえることができます．

図1.3のように，どんな曲線でも，そのある部分を拡大すれば，その弧の長さは線分の長さで近似できます．連続曲線ならば，上記のようにいくらでも拡大できるので，曲線の長さは無限に短い線分の長さを足し合わせたものと考えることができます．同様に，どんなに曲がった連続曲面でも，その面積は無限に微小な平面の面積の和で表せ，どんな形の立体でも，その体積は無限に微小な立方体の体積の和で表すことができます[4]．

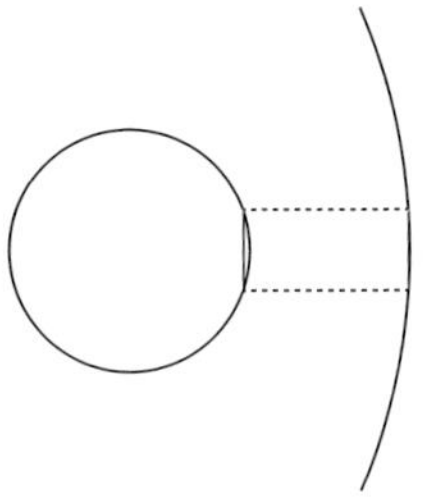

図1.3　円と，それを5倍拡大した円．2本の赤い実線は同じ長さである．左の円では，円弧との差がはっきりしているが，5倍拡大すると，円弧とほとんど一致する．

4）「曲線は無限に短い線分の和で近似できる」というのは間違いです．どんなに拡大しても曲線は曲がっていて，その曲がり具合（＝曲率）はなくならないからです．しかし，拡大すると曲がる率は同じでも曲がる大きさが小さくなるので，弧の長さは線分の長さで近似できるのです．

これが微分・積分，あるいはもっと広く解析学の考え方の基礎となる，基本コンセプトです．

1.5　関数・場・演算子・写像

◆関数

「関数」と言えば，$y = f(x)$ という形がすぐに頭に浮かぶと思います．これは，x という数を $f(\ \ )$ という「箱」に入れると y という数が出てくる，という意味であり，f とは「どんな数が出てくるかを決める規則」のことです．つまり，**関数とは数に数を対応させる規則**のことで，より一般には**数の組に数の組を対応させる規則**のことです．

関数のイメージを絵にすると図1.4のようになります．横棒を左右に動かすと，それに応じて縦棒の長さが決まる箱があるとします．ここで，x の値を横棒の長さ，y の値を縦棒の長さと考えれば，この箱は数に数を対応させる規則を与えるので関数です．

さて，この対応規則は大きく分けて4通りあります．図1.5を見てみましょう．

①は1変数を決めると1つの値が定まる，おなじみの関数 $y = f(x)$ です．方向をもたない量をスカラー（scalar）とよぶので，1変数**スカラー関数**ともいいます．例えば，x 軸上に

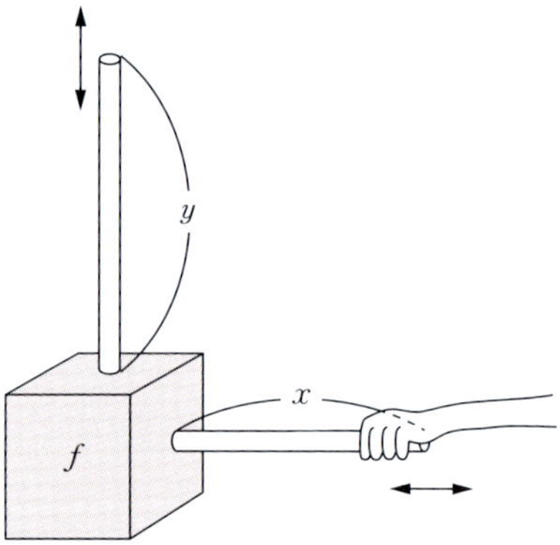

図1.4　関数のイメージ

	変数	関数	値	例
①	x	$\xrightarrow{y}$	$y = f(x)$	斜面を転がる球の高さ y
②	t	$\xrightarrow{\boldsymbol{r}}$	$\boldsymbol{r} = (x(t), y(t))$	平面上を歩く人の位置 (x, y)
③	$\boldsymbol{r} = (x, y)$	$\xrightarrow{z}$	$z = f(\boldsymbol{r})$	各地点 (x, y) での標高 z
④	$\boldsymbol{r} = (x, y)$	$\xrightarrow{\boldsymbol{v}}$	$\boldsymbol{v} = (v_x(\boldsymbol{r}), v_y(\boldsymbol{r}))$	各地点 (x, y) での風速 $\boldsymbol{v}$

図1.5　4通りの関数

ある斜面を転がる球の地面からの高さ y は，球の x 座標の関数です．

②は1変数を決めると2つの値が定まるので，値がベクトルであり，(1変数) **ベクトル関数**（あるいは**ベクトル値関数**）といいますが，通常は単に「ベクトル」とよんでいます．例えば，xy 平面上を歩く人の位置ベクトル $\boldsymbol{r} = (x, y)$ は時間 t に従って変化するので t のベクトル関数であり，$\boldsymbol{r}(t)$ あるいは成分表示で $(x(t), y(t))$ と表せます．そして，もしベクトルが m 成分あるならば，$\boldsymbol{y} = (f_1(t), \cdots, f_m(t))$ と表せることになります．ここで，$\boldsymbol{r}$ は通常2次元または3次元の位置ベクトルに用いられる記号なので，一般の m 成分ベクトルを表すために，記号を変えて $\boldsymbol{y}$ としてあります．

③は2つの変数を決めると1つの値が定まる関数で，**2変数関数**といいます．そして，2変数，3変数，…，n 変数の場合をまとめてよぶときは**多変数関数**といいます．例えば，各地点での標高 z は平面上（地図上）の場所 (x, y) を決めると定まるので (x, y) の関数であり，$z = f(x, y)$ あるいは $z = f(\boldsymbol{r})$ と表せます．したがって，もし n 変数関数ならば，$y = f(x_1, \cdots, x_n)$ と表せます．

④は2つの変数を決めると2つの値が定まるので，**多変数ベクトル関数**です．例えば，各地点 $\boldsymbol{r}$ での風速 $\boldsymbol{v} = (v_x, v_y)$ は，$\boldsymbol{v}(\boldsymbol{r}) = (v_x(x, y), v_y(x, y))$ のように $\boldsymbol{r}$ を変数とするベクトル関数です．一般には n 変数 m 成分ベクトルであり，$\boldsymbol{y} = (f_1(\boldsymbol{r}), \cdots, f_m(\boldsymbol{r}))$，$\boldsymbol{r} = (x_1, \cdots, x_n)$ と表せます．

ここで，表記に関する注意をしておきましょう．

「y は x の関数である」ということを数式では「$y = f(x)$」と書きます．この書き方にならえば，$\boldsymbol{r}$ が t の関数ならば $\boldsymbol{r} = \boldsymbol{f}(t)$（$f$ がベクトル $\boldsymbol{f}$ となっていることに注意しましょう），z が $\boldsymbol{r}$ の関数ならば $z = f(\boldsymbol{r})$，$\boldsymbol{v}$ が $\boldsymbol{r}$ の関数ならば，$\boldsymbol{v} = \boldsymbol{f}(\boldsymbol{r})$ と書くことになります．

しかし実際は，いちいち $\boldsymbol{r} = \boldsymbol{f}(t)$ と書かずに単に $\boldsymbol{r}(t)$ と書くことがしばしばあります．（本書も含めて）多くの本で，y や z を記号で使う場合は $y(x)$ などとは書かずに $y = f(x)$ や $z = f(\boldsymbol{r})$ と書き，$\boldsymbol{r}$ や $\boldsymbol{v}$ といった別の記号の場合は単に $\boldsymbol{r}(t)$ や $\boldsymbol{v}(\boldsymbol{r})$ のように書く傾向があります．f という記号は「関数ですよ」と表現するための記号ですが，y や z はしばしば変数にもなるので，例えば $y(x)$ だと「(変数である) y または x」と誤読する可能性もあります．そこで，関数であることを強調するために $y = f(x)$ のように書くのだと思います．

f を使わずに「$\boldsymbol{r}$ は t の関数である」ということを数式で表すときは「$\boldsymbol{r} = \boldsymbol{r}(t)$」と書きます．この式では右辺の (t) の部分に大きな意味があるわけです．「$\boldsymbol{r} = \boldsymbol{r}$ だから当たり前じゃないか！」と思わないように注意しましょう．

◆ 場

場所の関数のことを場（field）**といいます**．場所は位置ベクトル $\boldsymbol{r} = (x, y, z)$ で表せるので，場とは位置ベクトル $\boldsymbol{r}$ の関数であり，例えば $f(\boldsymbol{r})$ や $\boldsymbol{A}(\boldsymbol{r})$ のように表せます．ここで $f(\boldsymbol{r})$ は，$\boldsymbol{r}$ が決まると，ある1つのスカラーが定まるので**スカラー場**（scalar field）といい，$\boldsymbol{A}(\boldsymbol{r})$ ならば，あるベクトルが定まるので**ベクトル場**（vector field）といいます．スカラー場 f は多変数関数の一種であり，ベクトル場は多変数ベクトル関数の一種です．

◆ 演算子

演算子とは，その後ろ（＝右）に続く量（例えば関数など）に，「ある操作（＝演算：operation）」を行うものを指します．例えば関数 $y = 2x$ は，関数 x（実は単なる数）に「2倍する」という演算をしているとみることもできます．したがって，関数は演算子の仲間（実際は演算子の一部）といえます．

さて，理工系の数学で最も頻繁に登場するのが微分を行う演算子，すなわち微分演算子 $\dfrac{d}{dx}$ です．これを関数 $f(x)$ に作用させることを

$$\frac{d}{dx}f(x) \quad \text{あるいは} \quad \frac{df(x)}{dx} \quad \text{や} \quad \frac{df}{dx}$$

のように書きます．例えば，$f(x) = x^2 + 3x - 1$ ならば

$$\frac{d}{dx}(x^2 + 3x - 1) = 2x + 3$$

となります．

演算子が使われるときは，必ずそれが作用する対象（大抵は関数）とワン

セットです．演算子が登場するときには，**たとえ作用する対象が書かれていなくても**，常にその対象を念頭に置く必要があることに注意しましょう．

◆写像

写像は，関数や演算子も含んだ「対応づけ規則」の一番広い概念です．例えば，集合 V から集合 W への写像 f とは，V の各元(げん) v に W の元 w を対応させる規則のことです．ただし，行き先が複数あってはいけないというルールが付いていることに注意しましょう．

集合 V や W は何でもかまいません．例えば V を果物の集合，W を果物ジュースの集合とすると，「ジュースにする」は，V から W への立派な写像です．（「する」のは操作だから，演算子ともいえます！）我々数学ユーザーにとって，実際の場面で登場する写像はもちろんこのようなものではなくて，ほとんどすべてが関数，演算子，変換であり，一番広い定義の「写像」を意識することはほとんどありません．そこで，キチンと区別して書いてある本を読んだときにもわかるように，意味の違いを簡単にまとめておきましょう．

(1)　写像：対応付けの規則．対象が数や関数でなくても構わない．

(2)　変換：出発の集合と行き先の集合が同一の写像

(3)　関数：数（の組）から数への写像

(4)　演算子：関数から関数への写像

なお，上で見たとおり，ベクトル関数も（微分・積分の分野では）関数とよび，関数 $y = 2x$ も x という関数に 2 を掛ける演算子とみることができるので，(2)～(4)の区別はきっちりしたものではありません．

1.6　次元の数

曲線上では，前に進むか後ろに下がるか（左右でもよいですが）しか動くことができません．したがって，曲線上にいる人は自分のいる位置を表すのに，曲線上のどこかに基準点を設けて，そこから前に何 m，あるいは後ろに何 m，ということになります．これを数学的に表すなら，パラメーターを 1 つ決めて，この値が正なら「前」，負なら「後ろ」とすればよいわけです．すべての位置を指定できると，それは曲線そのものを表していることになるので，**曲線上の位置はパラメーター 1 つで表せる**ことがわかります．これを，1 次元である，あるいは自由度が 1 であるといいます．

一方，曲面は面の上で前後か左右の 2 つの動き方（= 2 つの自由度）があるので，**曲面上の位置はパラメーター 2 つで表せます**．同様に，**立体内の位置はパラメーター 3 つで表せて**，もちろん 3 次元です．

ところで，例えば「曲面は曲がっているからパラメーター 2 つではなくて 3 つでないと空間内の点として表せないのではないか？」と思う人もいるかもしれませんが，曲面が平面であってもパラメーターは 2 つであって，パラメーターの数は曲面が曲がっているかどうかとは関係ありません．これは曲線でも同様で，3 次元空間内の曲線上の点の位置は $(x(t), y(t), z(t))$ のように，位置ベクトルの成分としては 3 つで表されますが，曲線上の「番地」としては，曲がっているかどうかとは関係なく，1 つのパラメーター t だけで表すことができます．

1.7　ベクトルと成分表示

初めてベクトルとその成分表示を習ったときに筆者 S が感じたことは，「成分で表せるならその方がわかりやすいのに，なぜ $\vec{a}$ のように書くのだろう？」ということでした．確かに，具体的に計算する場合などでは座標を設定した成分表示がわかりやすいのですが，ベクトル表示のメリットは，まさにこの「具体的に書かない」という点にあります．つまり，座標を置かずに記述できるので，**座標系に依存しない結果を議論できるというところがベクトルのミソ**なのです．このことは第 8 章で詳しく扱います．

さて，ベクトル $\boldsymbol{a} = (a_x, a_y, a_z)$ と $\boldsymbol{b} = (b_x, b_y, b_z)$ の内積は $\boldsymbol{a}\cdot\boldsymbol{b}$ と表し[5)]．これを成分で書くと

$$(a_x, a_y, a_z)\cdot(b_x, b_y, b_z) = a_x b_x + a_y b_y + a_z b_z$$

となることは高等学校で学んだと思いますが，大学以上になると，通常，

$$(a_x, a_y, a_z)\begin{pmatrix} b_x \\ b_y \\ b_z \end{pmatrix} = a_x b_x + a_y b_y + a_z b_z$$

5）　他にも，$(\boldsymbol{a}, \boldsymbol{b})$ や $\langle \boldsymbol{a}, \boldsymbol{b} \rangle$，$(\boldsymbol{a} \,|\, \boldsymbol{b})$ などの表現があります．

のように，左のベクトルは行ベクトル，右のベクトルは列ベクトルで書いて，計算を常に「横 × 縦」の形で行います[6]．

このように書く第一の理由は，考えるベクトルの範囲を複素ベクトル（成分が複素数であるベクトル）まで広げると，複素ベクトルの内積の定義から

$$\boldsymbol{a}\cdot\boldsymbol{b} = a_x^* b_x + a_y^* b_y + a_z^* b_z \qquad (\text{つまり } \boldsymbol{a}\cdot\boldsymbol{b} \neq \boldsymbol{b}\cdot\boldsymbol{a})$$

となって，右側のベクトルと左側のベクトルが同じ立場ではなくなるからです．(左側のベクトル $\boldsymbol{a}$ は，その成分そのものではなく，$*$ を付けて表したように，成分の複素共役が内積の掛け算に現れ，したがって，$(\boldsymbol{a}\cdot\boldsymbol{b})^* = \boldsymbol{b}\cdot\boldsymbol{a}$ となります．）そこで，実ベクトルの場合も，この「横 × 縦」の形に慣れておくと後々便利です．

1.8　i は幻？

実数とは，棒上のある点を原点として，棒上のどこかの位置に必ず対応させることができる数のことです．ただし，棒の太さは考えないとし，またいくらでも継ぎ足し可能であるとします．実際の位置がある，という意味で，実数は**実在する数**です．しかし，棒が足りなくなる度に継ぎ足すのでは不便なので，想像上の無限に長い（そして太さのない）棒を考えます．それが，つまり数直線です．したがって，実数の集合とは無限に長い数直線と同じです．

物理的な測定量は，最終的には測定装置の目盛りを基準に読まれるので，数直線上の数値を読みとることと同じです．ベクトル量であっても，各成分はスカラー量なので同様です．この意味で，現実世界の量はすべて実数です．そして，実数は 2 乗すれば必ず 0 以上なので，2 乗して -1 となる虚数単位 i は，現実に測定される量を表す数字ではなく，**実在しない数**です．しかし，「実在しない数」とはどういう意味でしょうか．しかも，実在しないのに i と書き表せる，とはどういう意味でしょうか．

そこで，「2 乗すると -1 になる」の意味を，「1 に -1 を掛けるとはどういう意味か」ということから考え，そこから，現実でない数である i と複素平面が自然に導かれることを述べましょう．

6）加えて，この横 × 縦の書き方では，成分と成分の間の・は書かない習慣があります．

まず，実数の数直線上に住む1次元生物にとって「1に -1 を掛ける」とは，1を出発し，0を通って -1 に移動することになります．一方，数直線を含む2次元平面に住む2次元生物にとって，これは「0を中心に $180°$ 回転して移動する」と見ることもできます．数直線からはみ出ることのできない1次元生物にはこの移動方法は全く理解できませんが，移動の途中が見えないことさえ気にしなければ，結果は同じになります．

そこで話は「2乗して -1 」になるのですが，これは同じ掛け算を2回すると -1 になる，という意味になります．数直線しか把握できない1次元生物から見れば，（2回同じことをするのだから）その掛け算の1回目の終点は0でないとおかしいのですが，「掛けて0」では次を掛けても0になってしまい，「そんな計算は考えられない！」ということになります．ところが2次元生物にとっては，「$90°$ 回転すればいいじゃないか！」という答えがあるのです．そこで，1に「2乗したら -1 となる1回目の“何か”」を掛けた結果を，1から反時計回りに $90°$ 回ったところに定義し，これを i と名づけます．2次元生物は xy 平面を知っているので，彼らにとっては，これはもちろん y 軸上で $y=1$ の点です．そして，さらに $90°$ 回ることを，「2つ目の i を掛けること」と定義するのです（図1.6）．

こうして，$i \cdot i = -1$ となって，「2乗して -1 」が定義できたことになります．そして，この xy 平面を，**複素平面**とよぶわけです．我々は3次元の世界に住んでいるので，当然，2次元生物ができることはすべてできて，「複素平面さえ用意すれば，複素数なんて2次元ベクトルみたいなものさ」の一

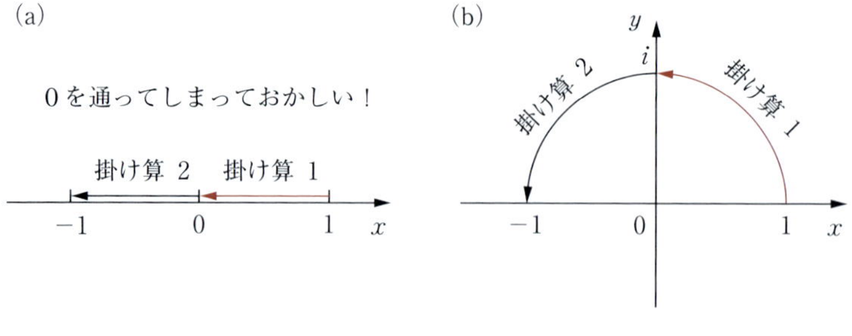

図1.6　1次元生物が想像する「2乗して -1」（図(a)）と2次元生物（と我々）が定義可能な「2乗して -1」（図(b)）

言で片づけられるのですが，実数と一緒に数直線上でのみ生きている 1 次元生物にとっては，i とは数直線から外れた「あの世の数字」なのです．

結局，複素数が「実在しない」・「現実にない」数であるという意味は，2 乗して -1 となる数 i が実数の数直線上では表せない，という意味であり，現実に i と表記できたり，計算できたりすることと何ら矛盾するものではありません．

1.9　平面角と立体角

◆ 度数法と弧度法

平面角とは，我々が小さい頃から知っている普通の角度のことです．最初，1 周が 360°（この表し方を**度数法**といいます）と習いますが，高等学校に入ると，**弧度法**という表し方で 1 周は 2π であるとも習います．しかも，弧度法には単位がなく，無次元です．何が何だかわかりませんが，とにかく $360° = 2\pi$ と覚えておけば換算はできるので，そのままにして大学に入学してきた，という読者もいるのではないでしょうか．

度数法を習ったのに，その後に弧度法を習う理由は，度数法はわかりやすい反面，大きなデメリットもあるからです．度数法は，1° の定義が「1 周は 360°」という角度に基づき，しかも 360 という数値に特別な意味はありません．したがって，例えば，5° の 5 という数値にも特別な意味はなく，「$|x| \ll 1$ のとき $\sin x \cong x$」という近似式が，5° に適用できるかどうかもわかりません．

そこで，角度に比例する量である円弧の長さを，角度の定義に用いるのです．弧度法による角度は，円の半径と角度 θ の張る円弧の長さの比で定義します．すなわち，半径 r の円において，角度 θ の張る円弧の長さが c であるとすると，$\theta \equiv c/r$ が θ の定義となります．c も r も単位を付けたらどちらも長さの単位となるので，両者の比である θ は単位がない**無次元量**になります[7]．

7）角度を表していることを強調するために**ラジアン**（rad）という無次元量の単位を付けることもあります．

◆ 平面角と立体角

「角度」は交差する2つの直線の関係を表すために用いますが，同時に，原点（= 自分のいる場所）から遠方にある2点を見るときの，2点間の「見かけの距離」も表すことができます．これは実際の長さではないので，見かけの距離には意味はないと思うかもしれませんが，役に立つ場面もあります．例えば，地球から見た星々は（地球からの距離に関係なく）天球に張り付いて見えるので，その位置関係を角度で表します．（例えばA星とB星の距離は x° だ，などと表現します[8]．）他にも，遠方にある細長いスリットから光が漏れてくる場合，その光の量はスリットの見かけの長さ，すなわち角度に比例します．しかし，形がスリットではなくて，天体のような球状（見かけの形は円形）の場合には，光の量は見かけの面積に比例するので角度は使えません．したがって，長さだけでなく，遠方にあるものの見かけの面積も表すことができると便利です．

そこで，弧度法を，遠方にある見かけの面積を表せるように拡張しましょう．

今，半径 r の球を考え，その球面上のある一部の面積を S とおきます．これを球の中心から見たときの見かけの面積の大きさを**立体角**とよび，S と球の半径の2乗 r^2 との比 Ω で定義します（(1.1)式）．普通の角は，立体角との対比の際には**平面角**とよばれます．

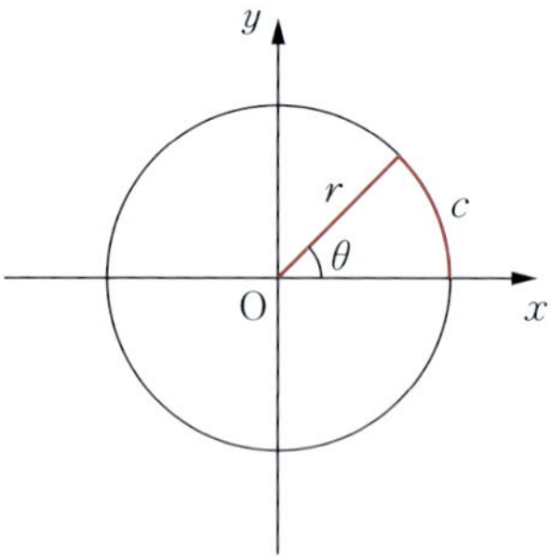

(a) 平面角 $\theta \equiv \dfrac{c}{r}$

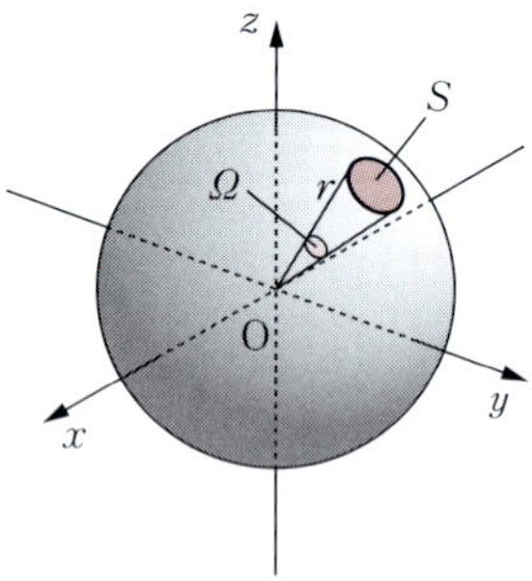

(b) 立体角 $\Omega \equiv \dfrac{S}{r^2}$

図1.7 平面角と立体角

8） 天体観測では，弧度法ではなく，使いやすい度数法を用います．

$$\Omega \equiv \frac{S}{r^2} \tag{1.1}$$

この定義により，球面全体が張る立体角（しばしば，これを全立体角とよびます）は 4π となります．立体角は面積比で定義されているので単位は無次元ですが，ラジアンと同様に立体角であることを強調して表現するときには，無次元の単位**ステラジアン**(sr)が用いられます．

立体角は，原点から見て遠方の見かけの面積が登場するような，天文学や物理学における粒子の衝突実験などの分野で登場します．

第2章 テイラー展開

計算が複雑すぎてやばい！という数式に出会ったとき，真っ先に試すべきはテイラー展開であり，大抵の式を格段に簡単にしてくれるスグレものです．本章では，テイラー展開の方法と意味，満たすべき条件，そして，具体的な使用例について順に解説していきます．

2.1 テイラー展開とは？

テイラー展開とは，どんな微分可能な関数でも**べき関数の和という簡単な式に置き換えてくれる**道具であり，aの周りのテイラー展開は次の式で表されます．

$$f(a+x)=f(a)+f'(a)\frac{x}{1!}+f''(a)\frac{x^2}{2!}+\cdots=f(a)+\sum_{k=1}^{\infty}\frac{f^{(k)}(a)}{k!}x^k$$

aの周りとよばれる理由は，$a+x$の値がaに近い，つまり$|x|$が1より小さいことを前提としているからです．$|x|<1$のときにうれしいのは，このときx^nはnが大きくなるにつれて0に近づくので，テイラー展開の無限に続く**高次の項を無視**して，べき級数項を1次または2次といった低次の項で止めて，$f(a+x)=f(a)+f'(a)x$や，$f(a+x)=f(a)+f'(a)x+f''(a)\frac{x^2}{2}$といった**近似式**が得られることです！ 近似式を使うと，**複雑な式が簡単になって問題が解きやすくなる**ことが，テイラー展開が**便利な道具**であることの理由です．

力学で振り子の運動方程式を立てるときに，振り子と鉛直方向とのなす角がθのとき，θが十分小さければ，$\sin\theta\cong\theta$と近似してよいと習ったのを覚えているでしょうか．また，xが1に比べて十分小さいときに成り立つ式として，$(1+x)^n \cong 1+nx$ という近似式を見たことがあると思いますが，これらの式を使うと，確かに簡単に問題が解けました．しかし，式がいきなり出てくるので面食らった人もいたのではないでしょうか．実はこれらの近似式は，テイラー展開を使うと簡単に導き出すことができるのです．

ただし，テイラー展開はべき級数の無限和ですから，変数の値が一定にもかかわらず和が無限大になってしまったら，テイラー展開の式は成り立ちません．テイラー展開が成り立つためにはある条件が必要で，それはべき級数 $\sum_{n=0}^{\infty} a_n x^n$ が収束しなければならないということであり，数学的に言えば，x が収束半径 $r = \lim_{n \to \infty} \left| \dfrac{a_n}{a_{n+1}} \right|$ より小さければよいことが知られています．

テイラー展開は，複雑な式を**格段に簡単な形に置き換える**ことができ(図2.1)，理工学の専門科目を学ぶ際に非常に役立つ道具となります．特に1次までの近似式は線形関数(第8章を参照)となり，問題がすっきりと解けることが多いため，理工学の分野では頻繁に用いられます．

$$e^x \log(1+x) \implies x + \frac{1}{2}x^2$$

式を簡単にできる！

$$\cos\left(\frac{\pi}{1-x}\right) \implies -1 + \frac{\pi^2}{2}x^2$$

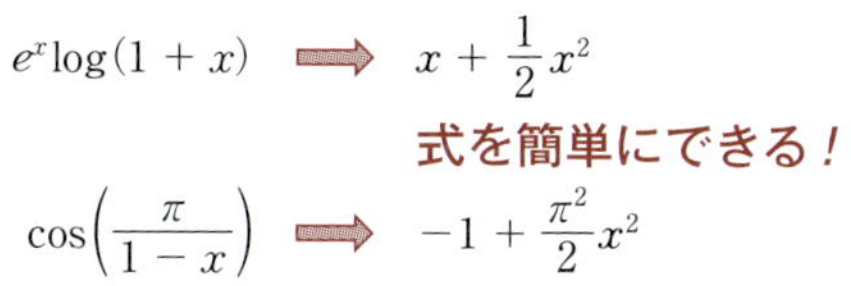

図 2.1 テイラー展開は式を簡単にしてくれる($|x|$ が1より小さい場合)．

2.2 関数を簡単化するツール

理工学の専門領域になるほど，込みいった状況を数学的に表現しなければならなくなり，それにともなって複雑な計算式がどんどん出てくることになります．これらの複雑な式は正確ではありますが，時には少し正確さを犠牲にしてでも，おおざっぱに本質的な法則を見出したいことがあります．そのようなときに役立つ道具が，式をシンプルにして，見通しを良くしてくれるテイラー展開なのです(図2.1)．

しかも，微分さえ可能な関数なら，どんなに複雑な関数でもテイラー展開できて，すべて $a_0 + a_1 x + a_2 x^2 + \cdots$ (x は変数，a_i は定数)という同じ形式に表せる(定数部分は関数によって異なる)というから驚きです．x とか x^2

といった直線や曲線は我々が中学校のときから馴染みのある関数であり，多くの関数はそれらの足し算で表せます．展開式の最後に付いている…の意味は，数多く加えれば加えるだけ，元の関数の値に近づいていくということです．x の値が 1 より小さい場合は，x^n の値は n が大きくなれば 0 に限りなく近づいていくので，途中の項までで打ち切って近似式として用いることができるのです．

例えば，$y = e^x$ のテイラー展開

$$y = 1 + x + \frac{x^2}{2} + \frac{x^3}{3!} + \frac{x^4}{4!} + \frac{x^5}{5!} + \cdots \tag{2.1}$$

の x^n $(n = 1, 2, 3)$ の項までの和で打ち切った場合のグラフを見てみると，高次まで足すほど（(a) → (c)の順に）元の関数 $y = e^x$ に近づいていくことがわかります(図 2.2)．

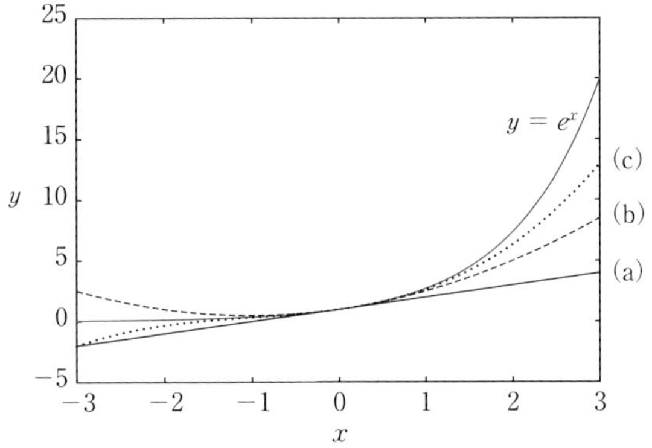

図 2.2　$y = e^x$ のテイラー展開式の表示

(a)　$y = 1 + x$，(b)　$y = 1 + x + \frac{x^2}{2}$，(c)　$y = 1 + x + \frac{x^2}{2} + \frac{x^3}{6}$

2.3　関数をべき関数の和で表す

関数 $f(x)$ のテイラー展開は，x を変数，a を定数として次のように表されます．

$$f(a+x) = f(a) + f'(a)\frac{x}{1!} + f''(a)\frac{x^2}{2!} + \cdots = f(a) + \sum_{k=1}^{\infty}\frac{f^{(k)}(a)}{k!}x^k \tag{2.2}$$

$f'(a)$ は，$f(x)$ を 1 回微分した $f'(x)$ に $x = a$ を代入して計算した値です．最初に述べたとおり，この形は a の周りのテイラー展開とよばれ，本によっては，上式の $a + x$ を y という変数に置き換えて，

$$\begin{aligned} f(y) &= f(a) + f'(a)\frac{y-a}{1!} + f''(a)\frac{(y-a)^2}{2!} + \cdots \\ &= f(a) + \sum_{k=1}^{\infty}\frac{f^{(k)}(a)}{k!}(y-a)^k \end{aligned}$$

のように書いてあるものもありますが，意味としては同じことです．

また，(2.2)式の原点の周りのテイラー展開

$$f(x) = f(0) + f'(0)\frac{x}{1!} + f''(0)\frac{x^2}{2!} + \cdots = f(0) + \sum_{k=1}^{\infty}\frac{f^{(k)}(0)}{k!}x^k$$

は特に**マクローリン展開**とよばれ，$f(0) = 0$ の場合など，$f(0), f'(0), \cdots$ の値が簡単に求められるときによく使われます．

$f(x)$ は，**何度も微分可能な関数であればどんな関数でも構いません**．何度も微分可能な関数とは，直観的にいえば，値が連続していて，かつ関数の傾きも連続してなめらかに変化する，ということです．例えば，図 2.3(a) のように不連続だったり，(b)のように値は連続しているけれど傾きがなめらかに変化しない点（とんがっている点）では微分可能とはいえません．一方，変数 x についても，テイラー展開が成り立つための条件があることが

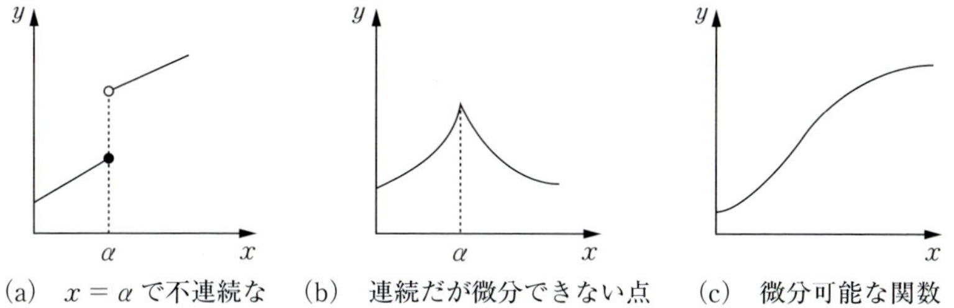

(a)　$x = a$ で不連続な関数の例　(b)　連続だが微分できない点 $x = a$ がある関数の例　(c)　微分可能な関数の例

図 2.3　微分可能な関数とそうでない関数の例

あります．これについては後述（2.4節）するので，とりあえず先へ進みましょう．

テイラー展開のすごいところは，微分可能でありさえすれば，すべての関数が 定数 $\times x^n$ の項(べき関数とよばれる)の和で表せるということです．つまり，何度も微分可能な関数ならば，$f(a) \times x^0$，$f'(a) \times x^1$，$\dfrac{f''(a)}{2!} \times x^2$，$\dfrac{f'''(a)}{3!} \times x^3$，$\cdots$ という我々に馴染みのある，べき関数の和(べき級数とよばれる)で置き換えられるのです．

べき関数 x^n は，微分も積分も簡単に計算できますし，どんな変化をするかも直観的に理解できます．例えば，$y = 3x$ や $y = x^3$ の xy 平面上のグラフは頭の中に思い浮かべられると思いますし，実際の値を計算することも，掛算・割算の手間さえかければ非常に簡単です．

このようにテイラー展開とは，どんな関数でも(微分可能でありさえすれば)非常にわかりやすい形に書き直せる強力な道具なのです．

ここで，全く異なる視点からテイラー展開を見直してみましょう．微分可能だけど，ややこしい形をした関数 $f(x)$ があるとします．今，$x = a$ の値 $f(a)$ の値はわかっているとして，$x = a$ から y だけずれた $f(a + y)$ の値を知りたいとすると，ここで，もし

$$f(a + y) = a_0 + a_1 y + a_2 y^2 \tag{2.3}$$

と近似できれば，計算がとても楽になります．このとき，係数 a_0, a_1, a_2 をどのように決めたらよいでしょうか．

(2.3)式の両辺に $y = 0$ を代入すると $a_0 = f(a)$ であることがわかります．一方，(2.3)式の両辺を微分すると $f'(a + y) = a_1 + 2a_2 y$ となって，これに $y = 0$ を代入すると，$a_1 = f'(a)$ と求まります．さらに微分した $f''(a + y) = 2a_2$ に $y = 0$ を代入すると，$a_2 = f''(a)/2$ が求まることがわかります．

同様にして，べき関数 y^n の係数 a_n を求めてみましょう，$f(a + y) = a_0 + a_1 y + a_2 y^2 + \cdots + a_n y^n = \sum_{n=0}^{\infty} a_n y^n$ を変数 y で n 回微分した式

$$f^{(n)}(a + y) = n!\,a_n + (n + 1)\cdots 2a_{n+1} y + (n + 2)\cdots 3a_{n+2} y^2 + \cdots$$

に $y = 0$ を代入すると $a_n = f^{(n)}(a)/n!$ となり，これは，まさにテイラー展

開の式(2.2)の係数と同じ形であり，つまり，テイラー展開を導き出せたことになります．なお，テイラー展開の係数の分母に階乗が出現する理由は，べき関数 x^n を n 回微分すると微分係数が $n!$ になるからです．

直観的に言って，テイラー展開を行う作業はジグソーパズルの隙間を埋める作業に似ています(図 2.4)．ただし，この場合はぴったりのピースはなく，べき関数のピースしかないパズルです．できるだけ隙間を埋めていける（元の関数の値に近づくような）係数こそ，テイラー展開の係数なのです．

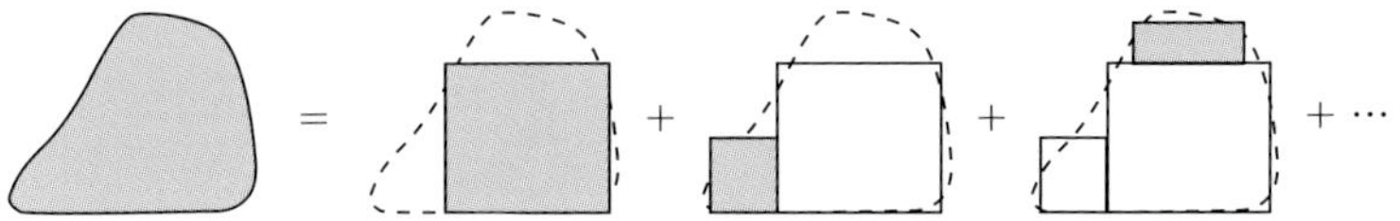

図 2.4　テイラー展開のイメージ．元の関数（左辺）の値に近づくように，適切なべき関数を無限に足していく（右辺）．

2.4　テイラー展開が満たすべき条件は？

話を簡単にするために，これまでの説明の中では避けて通ってきた問題が一つあります．それは，テイラー展開(2.2)式がそもそも収束するのかという問題です．(2.2)式はべき級数 $\sum_{n=0}^{\infty} a_n x^n$ の形をしているので，この問題は無限べき級数の収束の問題の一種です．この節では，テイラー展開の式を使う前に成り立っていなければならない条件の話をするので，使い方を早く知りたい方は，次の 2.5 節に飛んでも差し支えありません．

テイラー展開の場合は，べき級数の項の係数 $a_n = \dfrac{f^{(n)}(a)}{n!}$（ただし $f^{(n)}(a)$ は $f(x)$ を n 回微分して $x = a$ を代入した値)は，分母に $n!$ があります．n の階乗は，n が増えるに従って超高速に増加する（章末の〔余談〕を参照）ので，大抵は $f^{(n)}(a)$ の値よりも大きくなり，$\lim_{n\to\infty} a_n$ は急速に減少して 0 に収束します．しかし，関数 $f(x)$ によっては係数 a_n が 0 に収束しない場合があります．その場合に(2.2)式が収束するか否かは，x の値にかかってくるのです．なぜなら，$\lim_{n\to\infty} a_n$ が 0 に近づかない場合でも $0 \leqq x < 1$

のときは $\lim_{n\to\infty} x^n = 0$ より $\lim_{n\to\infty} a_n x^n = 0$ となって，べき級数が収束するかもしれないからです．

このような x の値の範囲についての制限 $|x| < r$ の r のことを収束半径とよび，x の値がこの**半径以内ならば，べき級数は常に収束するので，テイラー展開を使ってよいことになります**．すなわち，$f(x)$ のテイラー展開は，x **が収束半径の範囲内という前提条件のもとで成立し**，a_n が n の増加と共に非常に速く 0 に近づく場合は，収束半径は無限大(ということにして，つまりは何の制限もなし)でテイラー展開が使えます．

べき級数 $\sum_{n=0}^{\infty} a_n x^n$ の**収束半径** r **を求める**には，

$$\lim_{n\to\infty}\left|\frac{a_n}{a_{n+1}}\right| = r \tag{2.4}$$

を計算すればよいことが知られています．テイラー展開の場合は $a_n = \dfrac{f^{(n)}(a)}{n!}$ なので，展開する関数の微分係数によって収束半径が決まることになります．では，具体的な例で見てみましょう．

指数関数のテイラー展開である(2.1)式の場合は $a_n = \dfrac{1}{n!}$ なので，(2.4)式から収束半径を計算すると

$$r = \lim_{n\to\infty}\frac{\dfrac{1}{n!}}{\dfrac{1}{(n+1)!}} = \lim_{n\to\infty}(n+1) \quad \to \quad \infty$$

となり，無限大になります．そして，級数の項の係数 $a_n = \dfrac{1}{n!}$ が $n \to \infty$ で 0 に急速に近づいていくため，x がどんな値であっても，この無限級数は収束することになります．

一方，

$$\log(1+x) = x - \frac{x^2}{2} + \frac{x^3}{3} - \frac{x^4}{4} + \cdots = \sum_{n=1}^{\infty}(-1)^{n-1}\frac{x^n}{n} \tag{2.5}$$

の場合は，

$$r = \lim_{n\to\infty} \frac{\frac{1}{n}}{\frac{1}{n+1}} = \lim_{n\to\infty} \frac{n+1}{n} = 1$$

より収束半径は 1 となり，つまり，$|x| < 1$ においてのみ，この式は成り立つことになります．

では，収束半径の境界線上ではどうなるのでしょうか．実は，関数によって収束する場合と発散する場合があります．ここでは，$\log(1+x)$ の収束半径の境界 $x = \pm 1$ を具体的に調べてみましょう．

(2.5)式に $x = 1$ を代入すると，$\log(1+1) = \sum_{n=1}^{\infty} (-1)^{n-1}\frac{1}{n}$ となってライプニッツの定理[1) より $\log 2$ に収束しますが，(2.5)式に $x = -1$ を代入した場合は，$-1 - \frac{1}{2} - \frac{1}{3} - \frac{1}{4} - \cdots$ となって発散します．$y = \log(1+x)$ のグラフ(図 2.5)を描くと，$x = 1$ では連続していますが，$x = -1$ では負の無限大に発散しています．したがって，$\log(1+x)$ のテイラー展開(2.5)式は $-1 < x \leqq 1$ のときのみ成り立つことになるわけです．

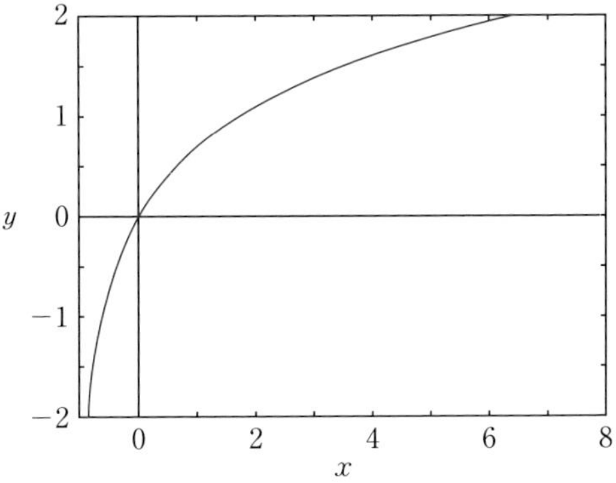

図 2.5　$y = \log(1+x)$ のグラフ

2.5　使える！ 近似計算

このテイラー展開が理工学の分野で使われる代表的な場面は，近似計算のときです．関数 $f(x)$ の形はわかっているけれども，計算の仕方がわからなかったり，式の形が煩雑で，値の見当もつかない場合に，$f(x)$ の**おおよその値を知りたい**という状況はよくあることです．そんなとき，テイラー展開

1）　$a_n \geqq a_{n+1}$，$\lim_{n\to\infty} a_n = 0$ のとき，$\sum_{n=1}^{\infty} (-1)^{n-1} a_n$ は収束します．

が大いに力を発揮することを次に解説しましょう．

まずは，簡単な関数の近似値を求めるところからやってみましょう．

例題 2.1

自然対数(底の値は e) $\log 1.1$ の値を小数点以下第3位まで求めなさい．

〔解〕 $f(a+x)=\log(a+x)$ とおいて，これをテイラー展開すると，$f'(x)=\dfrac{1}{x}$，$f''(x)=-\dfrac{1}{x^2}$，$\cdots$ なので

$$\log(a+x)=\log a+\frac{x}{a}-\frac{x^2}{2a^2}+\frac{x^3}{3a^3}-\cdots=\log a+\sum_{k=1}^{\infty}(-1)^{k-1}\frac{1}{k}\left(\frac{x}{a}\right)^k \tag{2.6}$$

となり，$a=1$ とおくと

$$\log(1+x)=\log 1+\frac{x}{1}-\frac{x^2}{2}+\frac{x^3}{3}-\cdots=x-\frac{x^2}{2}+\frac{x^3}{3}-\frac{x^4}{4}+\cdots$$
$$=\sum_{k=1}^{\infty}(-1)^{k-1}\frac{x^k}{k}$$

が得られます．ここで $x=0.1$ とおくと

$$\log 1.1=0.1-\frac{0.1^2}{2}+\frac{0.1^3}{3}-\frac{0.1^4}{4}+\cdots$$

となり，右辺第2項の分子は0.01なので2で割って0.005です．よって，第1項と第2項を計算すると $0.1-0.005=0.095$ となります．ここで第3項以降を見ると，分子が0.1の累乗なので，各項の分子は1/10ずつ減少していることがわかります．しかも，分母の値が2，3，4と増えていくので，各項の値はさらに小さくなります．直観的にいえば，各項は，小数点以下の1桁ずつ小さい桁の値を順々に決めているようなものです．

したがって，この例題の答えは，

$$\log 1.1 \cong 0.095$$

となります．実際に関数電卓で計算した結果は0.095310…であり，小数点以下第3位まで正しいことがわかります．

ここで1つ注意しなければならないのは，$f(x)=\log x$ のとき，なぜ $f(1.1)=f(1.0+0.1)$ の計算を $a=1.0$，$x=0.1$ としてするのか．なぜ $a=0.1$，$x=1.0$ ではだめなのかということです．a と x の決め方に条件がないとすれば，$a=0.1$，$x=1.0$ を(2.6)式に代入した

$$\log(0.1+1) = \log 0.1 + \frac{1}{0.1} - \frac{1}{2\cdot 0.1^2} + \frac{1}{3\cdot 0.1^3} - \cdots$$

でもよいではないか，と一瞬思うかもしれません．

しかし，この式の値が計算できそうにないことはすぐに気づくでしょう．なぜなら，分母が0.1を累乗しているので，各項の大きさは1よりどんどん大きくなっていき，かつそれらが交互にプラス，マイナスとなるため，項の合計値である式全体の値の見通しが立たないからです．**テイラー展開を近似に使う場合は，高次になるほどべき関数の値が小さくなり，無限個数ある項を適当に打ち切ってもよいことが重要**なのです．つまり，べき関数 $x_n (n = 1, 2, \cdots)$ の $|x|$ が1より小さくなるように a を選んでいるからこそ $\lim_{n\to\infty} x^n = 0$ となって，高次の項を無視できるために近似が使えるというカラクリです．そのため，自然対数をテイラー展開した(2.6)式においては，$a = 1$ に対してほんの $x = 0.1$ だけずらすことを考えたのです．

このように，実際に**近似計算に適用する際には，微小な値を x とおいて，$f(a+x)$ を(2.2)式を使ってテイラー展開すればよく**，一方の a は，$f(a)$，$f'(a), \cdots$ がなるべく簡単に計算できるようにとるとよいのです．

例題 2.2

n が2以上の整数で $|x|$ が1より十分小さいとき，$(1+x)^n$ の近似式を求めなさい．

〔解〕　(2.2)式において $f(x) = x^n$，$a = 1$ とおくと，

$$f(1+x) = (1+x)^n = 1 + nx + \frac{n(n-1)}{2}x^2 + \cdots$$

となります．したがって，この式で2次の項以上を無視して1次の項までとると，この章の冒頭にも挙げた結果である

$$(1+x)^n \cong 1 + nx$$

が得られます．

我々は，対数関数や指数関数などの関数にはなじみがありますが，だからといって，計算機を使わずに近似値を計算するのは大変です．しかし，対数関数・指数関数に限らず微分可能な関数ならば，テイラー展開を使えば上記

のように簡単に計算できてしまう場合があるわけで，べき関数の和に変換できることが，どれだけありがたいことかがわかるでしょう．

テイラー展開した式に代入できる値は，基本的に実数でも複素数でも構いません．例えば，指数関数 e^x のテイラー展開

$$e^x = 1 + x + \frac{x^2}{2!} + \frac{x^3}{3!} + \cdots$$

に $x = i\theta$ (i は純虚数)を代入した式

$$e^{i\theta} = 1 + i\theta - \frac{\theta^2}{2!} - \frac{i\theta^3}{3!} + \cdots \tag{2.7}$$

は，そのまま成り立ちます．また，三角関数 $\sin x$ と $\cos x$ のテイラー展開は，それぞれ

$$\sin x = x - \frac{x^3}{3!} + \frac{x^5}{5!} - \cdots \tag{2.8}$$

$$\cos x = 1 - \frac{x^2}{2!} + \frac{x^4}{4!} - \cdots \tag{2.9}$$

となります．この章の冒頭に挙げた $\sin\theta \cong \theta$ は，sin 関数のテイラー展開の 3 乗以上の項を無視した式です．

(2.7)～(2.9)式からは，有名な**オイラーの公式**

$$e^{i\theta} = \cos\theta + i\sin\theta \tag{2.10}$$

を導き出すことができます．試験中にオイラーの公式を万一忘れても，テイラー展開さえ知っていれば導出可能です．もっとも，$e^{i\theta} = \cos\theta + i\sin\theta$ か $e^{i\theta} = \sin\theta + i\cos\theta$ を迷う程度なら，$\theta = 0$ を代入したときに 1 となるのはどちらかで判断すればよいのです．

2.6　テイラー展開の活用例

図 2.6 のように，片端が固定されて回転できるようになっている長さ l の軽い棒の先端に質量 m のおもりが付いているとします．鉛直線と棒のなす角度を図のように θ とすると，この振り子(単振り子)における棒に垂直な成分のおもりの運動方程式は次のように書けます．

$$ml\frac{d^2\theta}{dt^2} = -mg\sin\theta \tag{2.11}$$

$\sin\theta$のテイラー展開は$\sin\theta = \theta - \dfrac{\theta^3}{3!} + \dfrac{\theta^5}{5!} - \cdots$なので，$\theta$が0に近いときは，$\sin\theta \cong \theta$と近似できます．したがって，(2.11)式は

$$ml\frac{d^2\theta}{dt^2} \cong -mg\theta$$

となり，θが0付近で単振動することがわかります．

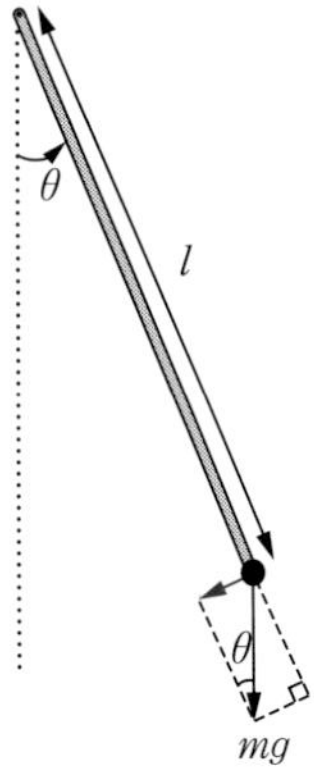

図 2.6　単振り子

理工系の分野で定式化される問題は非線形関数になることが圧倒的に多く，線形で簡単に解ける方がまれです．そうしたときに，テイラー展開の1次の項で線形化して，とりあえず解いてみるのはよくある方法なのです(線形微分方程式に関しては第7章を参照)．非線形関数を含む微分方程式は，単なる式変形では通常は解けない(解析的には解けない)ことが多いのですが，何もわからないままより，大まかにでも解ける方が良かったり，近似解が結果的に意外とうまくいくこともあります．テイラー展開は，「とりあえず解いてみよう」というときに，まさにぴったりの道具なのです．

例題 2.3

次の微分方程式に従う座標xは，$x = 0$近傍ではどのように変化するかを求めなさい．ただし，パラメータαは0以外の実数の定数とします．

$$\frac{dx}{dt} = -s(x), \qquad s(x) = \frac{1}{1+e^{-\alpha x}} - \frac{1}{2}$$

なお，関数$s(x)$はシグモイド関数(図2.7，$\alpha = 1$の場合)とよばれ，微分可能なゆるやかなS字形の曲線です[2)]．$s(0)$付近は直線に近いですが，$x = 0$から離れると傾きがなだらかになる特徴があります．$\alpha > 0$のとき，$x > 0$ならば$\dfrac{dx}{dt} < 0$であり，$x < 0$ならば$\dfrac{dx}{dt} > 0$なので，原点付近で落ち着きそうですが，$s(x)$の形が複雑なのでどうすればよいか？という問題です．

2）　脳科学系の数理モデルではよく使われます．また，シグモイド関数の左右をひっくり返して上へ1/2ずらすと，物理学のフェルミ－ディラック分布関数と同じ形になります．

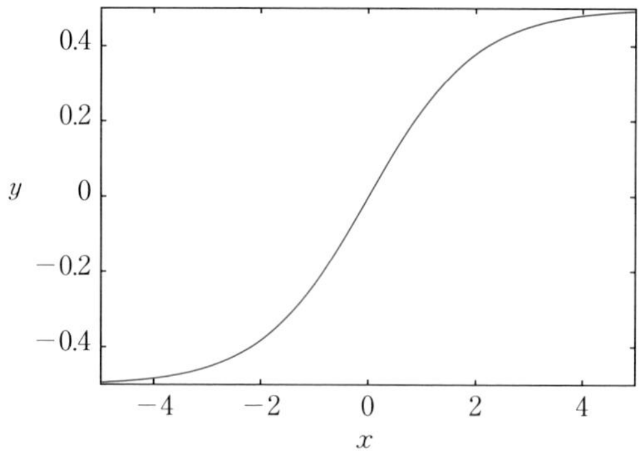

図 2.7　シグモイド関数 $y = \dfrac{1}{1+e^{-x}} - \dfrac{1}{2}$

〔解〕　テイラー展開を使って，シグモイド関数を簡単にしましょう．$s(x)$ を $x=0$ 近傍でテイラー展開すると，

$$s(x) = s(0) + \frac{s'(0)}{1!}x + \frac{s''(0)}{2!}x^2 + \cdots = 0 + \frac{\alpha}{4}x + 0\cdot x^2 + \cdots$$

となります．x は 0 の近傍なので，x の 3 次以上の項を無視できるとみなすと，

$$\frac{dx}{dt} = -\frac{\alpha}{4}x$$

となり，各段に見通しがよくなりました!! この形の微分方程式ならば，変数分離で簡単に解けます．つまり，テイラー展開を使って微分方程式を解けるように近似したわけで，この微分方程式を解くと

$$x(t) = x(0)\, e^{-\frac{\alpha}{4}t}$$

となります．

指数関数 $e^{-\frac{\alpha}{4}t}$ の時間変化は，t の係数，つまり α の符号が極めて重要です．なぜならば，$\alpha > 0$ のときは時間経過によって $x(t)$ はどんどん 0 に近づいていきますが，$\alpha < 0$ のときは逆に正か負の無限大に発散するからです．$x = 0$ の近傍で $x = 0$ に近づくということは，何かの拍子に位置が少しずれても原点に戻る安定性をもっているということです．逆に $\alpha < 0$ のときは，最初の位置が原点 ($x(0) = 0$) であっても，ほんのわずかでもずれると原点から遠ざかってしまいます．

例えば図 2.6 の単振り子の例の場合，(2.11)式でつり合いの位置 $\theta = 0$ に近いときは，$\theta > 0$ ならば右辺は負なので減少し，$\theta < 0$ ならば増加するので，結局 $\theta = 0$ の位置に戻ることになるため，安定しているといえます．

一方，振り子がぐるりと 180° 回った $\theta = \pi$ の近傍にある場合はどうなるでしょうか．ちょうど $\theta = \pi$ ならば $\sin \pi = 0$ でつり合いますが，$\theta > \pi$ ならば $-mg \sin \theta > 0$ となって，θ が増加する方向へ加速度が生じて振り子はグルグルと回り出すでしょう．逆に $\theta < \pi$ にずれると $-mg \sin \theta < 0$ となって θ は減少し，大きな振れで振動し始め，$\theta = \pi$ には戻りません．つまり，$\theta = \pi$ は不安定な平衡状態ということなのです．

〔余談〕

指数関数と階乗の大きさ比べ

図 2.8 のように，最初は指数関数 e^x($\exp x$ と書くこともあります)が速く立ち上がり，対数関数はかなり遅い．対数関数(底は e)は指数関数の逆関数なので，直線 $y = x$ に対して対称になります(目盛に注意すると，図 2.8 は縦方向に押しつぶされているからそう見えないだけ)．

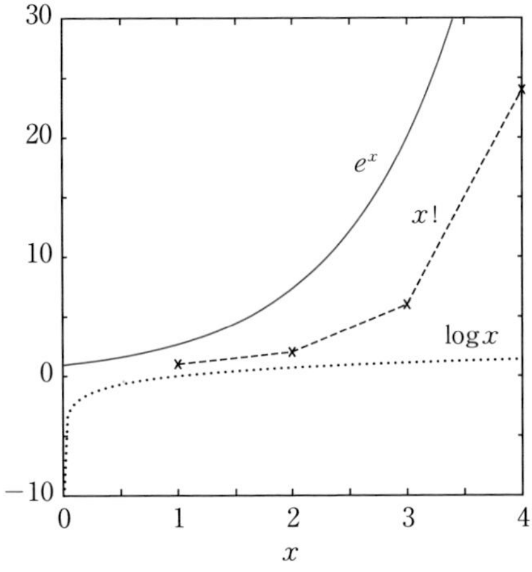

図 2.8　指数関数・階乗・対数関数の大きさの比較

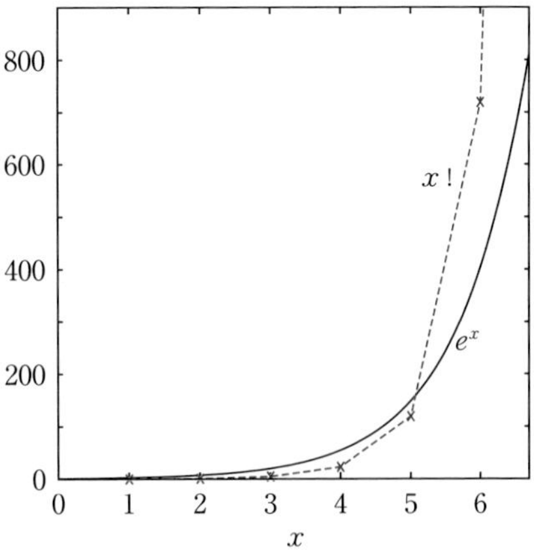

図 2.9　指数関数と階乗の大きさの比較（階乗が逆転勝ち !!）

しかし，x がさらに大きくなっていくと，**階乗が指数関数よりも増加**します(図 2.9)．このように，階乗 $x!$ は x が増えるにつれて，とてつもなく速く大きくなるのです．

第3章
多変数・ベクトル関数の微分

例えば，土地の標高 z は各地点 (x, y) の関数なので多変数関数であり，風速 $\boldsymbol{v}$ はベクトルで，かつ各地点 (x, y) の関数なので，多変数ベクトル関数です．ここで，標高 z がある地点から少し離れたらどれくらい変化するか，あるいは風速 $\boldsymbol{v}$ がある地点から少し離れたらどれくらい変化するか，ということを知りたいとすると，多変数関数やベクトル関数を微分することが必要になります．そこで本章では，「微分の本質とは何か」を軸にして，これらの関数の微分について解説します．

3.1 微分とは？

導関数とそれを得る操作である微分の本質は，ある関数の変化率（を求めること）です． そして**変化率**とは，「変数が，ある微小な変化をする間に，関数が微小変化するときの変化の割合（あるいは比例係数）」のことです．

これを式で表したいのですが，変数も関数もスカラーにもベクトルにもなるので，ここでは今までどおりの記号 Δx や Δf ではなく，すべての場合をまとめて，変数の微小な変化を **⊿変数**，そのときの関数の微小な変化を **⊿関数**と書くことにしましょう．そうすると変化率は

$$\Delta\text{関数} \cong \boxed{\text{変化率}} \times \Delta\text{変数} \tag{3.1}$$

と表すことができます．したがって，(3.1)式の両辺を⊿変数で割って極限をとれば，

$$\boxed{\text{変化率}} \equiv \lim_{\Delta\text{変数}\to 0} \frac{\Delta\text{関数}}{\Delta\text{変数}} \tag{3.2}$$

のように，「変化率≡」の形で定義することができます．これがおなじみの微分の定義式です．しかし，変数が多変数（つまりベクトル）の場合は(3.2)式のように割ることができません．これが初学者にとって話をわかりにくく

している原因です．そこで，割る前の(3.1)**式が，微分の本質を表す式であること**を常に頭におきましょう．

本章では，**微分というものが，変数や関数がスカラーであってもベクトルであっても，**(3.1)**式によって，すべて統一的に理解できる**ことを解説しますが，ここで注意点が一つあります．それは「割ることができない」場合があるので，(3.1)式の右辺の×は 3×2 のような単なる掛け算とは限らない，ということです（単なる掛け算なら，単なる割り算ができるはずです！）．このことも，以下で解説していきます．

なお，理工系の分野で実際に出会う多変数は，大抵の場合，位置ベクトル $\boldsymbol{r} = (x, y, z)$ なので，実際上はスカラー場あるいはベクトル場（1.5 節を参照）を扱うことになりますが，本章ではすべて「場」ではなく「関数」と書くことにします．

3.2　ベクトル関数の微分

t を変数とする 1 変数ベクトル関数 $\boldsymbol{r}(t)$ の微分とは，$\boldsymbol{r}(t)$ の各成分の t に関する微分を成分とするベクトル関数のことであり，$\dfrac{d\boldsymbol{r}(t)}{dt}$ と表します．

例えば，$\boldsymbol{r}(t) = (x(t), y(t))$ ならば $\dfrac{d\boldsymbol{r}(t)}{dt} = \left(\dfrac{dx(t)}{dt}, \dfrac{dy(t)}{dt}\right)$ となります．以下に詳しく解説しましょう．

xy 平面上を歩く人の位置を，時間 t の関数として位置ベクトル $\boldsymbol{r}(t)$ で表し，t を変化させると，$\boldsymbol{r}(t)$ は xy 平面上で曲線を描きます[1)]．これを曲線 C と書くことにします（図 3.1(a)）．短い時間 Δt の間に人の位置が $\boldsymbol{r}$ から $\boldsymbol{r} + \Delta\boldsymbol{r}$ に変化したとすると，$\Delta\boldsymbol{r} = \boldsymbol{r}(t + \Delta t) - \boldsymbol{r}(t)$ と書けます．そこで変化率を $\dfrac{d\boldsymbol{r}(t)}{dt}$ とおくと，(3.1)式に対応する式は

$$\Delta\boldsymbol{r} = \boldsymbol{r}(t + \Delta t) - \boldsymbol{r}(t) \cong \frac{d\boldsymbol{r}(t)}{dt}\Delta t \tag{3.3}$$

となります．

今は t がスカラーなので Δt で割ることができます．そこで，この両辺を

1）　一般に，1 変数のベクトル関数は空間内の曲線を表します（1.6 節を参照）．

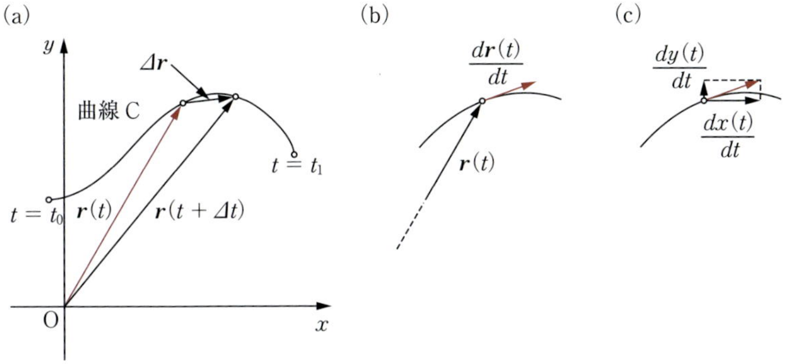

図 3.1 ベクトル関数の微分

Δt で割って $\Delta t \to 0$ の極限をとった

$$\frac{d\boldsymbol{r}(t)}{dt} \equiv \lim_{\Delta t\to 0}\frac{\Delta \boldsymbol{r}}{\Delta t} = \lim_{\Delta t\to 0}\frac{\boldsymbol{r}(t+\Delta t)-\boldsymbol{r}(t)}{\Delta t} \tag{3.4}$$

を**ベクトル関数の導関数**と定義し，この $\frac{d\boldsymbol{r}(t)}{dt}$ を**導ベクトル**といいます[2)]（図 3.1(b)）．$\frac{d\boldsymbol{r}(t)}{dt}$ は t が変化するときの $\boldsymbol{r}(t)$ の変化率を表しますが，ベクトル量なので，大きさだけではなく，向きの変化率も含まれています．したがって，場合によっては大きさは変わらず向きだけが変わることもあります（例題 3.1）が，そのような場合も含めた，意味を広げた変化率です．

また，図 3.1(b)で，導ベクトルが曲線 C に接していることにも注意してください．すなわち，導ベクトル $\frac{d\boldsymbol{r}(t)}{dt}$ は曲線 C の**接ベクトル**でもあり，これは高等学校で学んだ導関数が，元の関数の接線の傾きを表していることに対応します．さらに，歩く人の例に立ち戻って考えれば，$\frac{d\boldsymbol{r}(t)}{dt}$ は「単位時間当たりの位置の変化」なので，物理的には**速度**を意味し，速度ベクトルがその運動の軌跡（曲線 C）に接するということを意味しています．

2） いろいろ調べてみても $\frac{d\boldsymbol{r}(t)}{dt}$ の統一名称は見当たらず，「ベクトル（(値) 関数）の導関数」といった長い名称が多いようです．一方で，（おそらく）比較的年配の先生方が「導ベクトル」と簡潔な表現をされているので，これを広めたいと思います．

(3.4)式を各成分で書けば

$$\frac{dx(t)}{dt} \equiv \lim_{\Delta t \to 0} \frac{x(t+\Delta t) - x(t)}{\Delta t}, \qquad \frac{dy(t)}{dt} \equiv \lim_{\Delta t \to 0} \frac{y(t+\Delta t) - y(t)}{\Delta t}$$

となり（図3.1(c)），これらは速度の x 成分と y 成分をそれぞれ表しているので，**変化率の大きさ**，すなわち**速さ** $\left|\frac{d\boldsymbol{r}(t)}{dt}\right|$ は

$$\left|\frac{d\boldsymbol{r}(t)}{dt}\right| = \sqrt{\left\{\frac{dx(t)}{dt}\right\}^2 + \left\{\frac{dy(t)}{dt}\right\}^2} \tag{3.5}$$

と表すことができます．

平面上ではなく空間内を歩く人の位置ベクトル $\boldsymbol{r}(t) = (x(t), y(t), z(t))$ であっても話は全く同じであり，速度 $\frac{d\boldsymbol{r}(t)}{dt}$ は

$$\frac{d\boldsymbol{r}(t)}{dt} = \left(\frac{dx(t)}{dt}, \frac{dy(t)}{dt}, \frac{dz(t)}{dt}\right)$$

$$\begin{cases} \dfrac{dx(t)}{dt} = \lim\limits_{\Delta t \to 0} \dfrac{x(t+\Delta t) - x(t)}{\Delta t} \\ \dfrac{dy(t)}{dt} = \lim\limits_{\Delta t \to 0} \dfrac{y(t+\Delta t) - y(t)}{\Delta t} \\ \dfrac{dz(t)}{dt} = \lim\limits_{\Delta t \to 0} \dfrac{z(t+\Delta t) - z(t)}{\Delta t} \end{cases}$$

となり，速さ $\left|\frac{d\boldsymbol{r}(t)}{dt}\right|$ は

$$\left|\frac{d\boldsymbol{r}(t)}{dt}\right| = \sqrt{\left\{\frac{dx(t)}{dt}\right\}^2 + \left\{\frac{dy(t)}{dt}\right\}^2 + \left\{\frac{dz(t)}{dt}\right\}^2} \tag{3.6}$$

となります．

ここから先は絵には描けなくなりますが，この調子で成分を増やしていっても話は全く一緒で，つまり一般に，t の関数であるような m 成分ベクトル関数 $\boldsymbol{f}(t) = (f_1(t), \cdots, f_m(t))$ の微分とは，成分の微分を成分とするベクトル

$$\frac{d\boldsymbol{f}(t)}{dt} \equiv \left(\frac{df_1(t)}{dt}, \frac{df_2(t)}{dt}, \cdots, \frac{df_m(t)}{dt}\right)$$

$$\frac{df_i(t)}{dt} \equiv \lim_{\Delta t \to 0} \frac{f_i(t+\Delta t) - f_i(t)}{\Delta t} \qquad (i = 1, 2, \cdots, m)$$

となります．

例題 3.1

xy 平面上を歩く人の位置ベクトルが，時間 t の関数として，$\boldsymbol{r}(t) = (x(t), y(t)) = (R\cos\omega t, R\sin\omega t)$ と表せるとします．このとき，$\dfrac{d\boldsymbol{r}(t)}{dt}$ と $\left|\dfrac{d\boldsymbol{r}(t)}{dt}\right|$ を求めなさい．

〔解〕
$$\frac{dx(t)}{dt} = -R\omega\sin\omega t, \qquad \frac{dy(t)}{dt} = R\omega\cos\omega t$$

なので，

$$\frac{d\boldsymbol{r}(t)}{dt} = R\omega(-\sin\omega t, \cos\omega t)$$
$$\left|\frac{d\boldsymbol{r}(t)}{dt}\right| = \sqrt{(-R\omega\sin\omega t)^2 + (R\omega\cos\omega t)^2} = R\omega$$

となります．

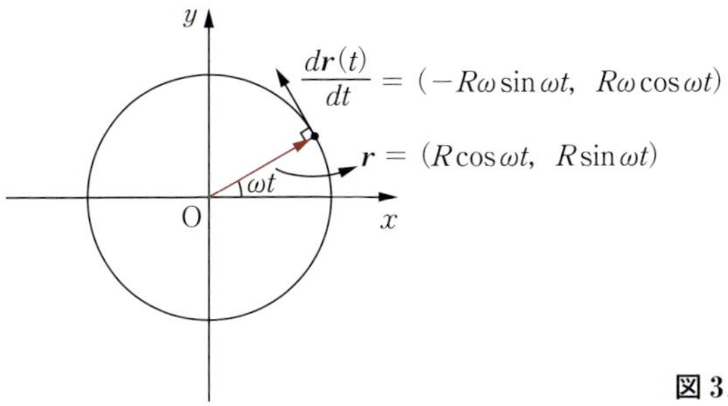

図 3.2

この例は物理でよく出てくる等速円運動の問題です．$\boldsymbol{r}$ の軌跡は，もちろん原点を中心とする半径 R の円を表します．$\dfrac{d\boldsymbol{r}(t)}{dt}$ は速度ベクトルであり，円の接ベクトルでもあります．そして，速さ $\left|\dfrac{d\boldsymbol{r}(t)}{dt}\right|$ は $R\omega$ で一定となります．

3.3 多変数関数の微分

$\boldsymbol{r}$ を変数とする**多変数関数** $f(\boldsymbol{r})$ **の微分**とは，f の**勾配**（あるいは**勾配ベクトル**）$\nabla f(\boldsymbol{r})$ で表されます．このことと全く同義ですが，$\nabla f(\boldsymbol{r})$ は $f(\boldsymbol{r})$

の最大の変化率の方向とその大きさを表します．

日常用語での「勾配」とは，斜面の傾きの度合いを表す言葉で，例えば図 3.3 のように，40 m 水平に進んで 4 m 上昇していれば，その斜面の勾配は 10%になります．この傾きを求めるときには，言うまでもなく，**斜面に沿った線分 A について測る**のが当たり前であって，線分 B のように，斜めに測ったりはしないでしょう．線分 B に沿って進む場合の勾配は 10 %ではなく 8 %です（計算してみてください！）．つまり，斜面には**一番傾いた方向**（＝斜面に沿った方向）があり，その方向の傾きが斜面の勾配となります．ということは，勾配には元々，傾きの大きさに加えて向きの情報も含まれていることになります．そこで，**数学用語の「勾配」は日常用語の勾配の意味を広げて，向きと大きさをもつベクトル**で定義されます．

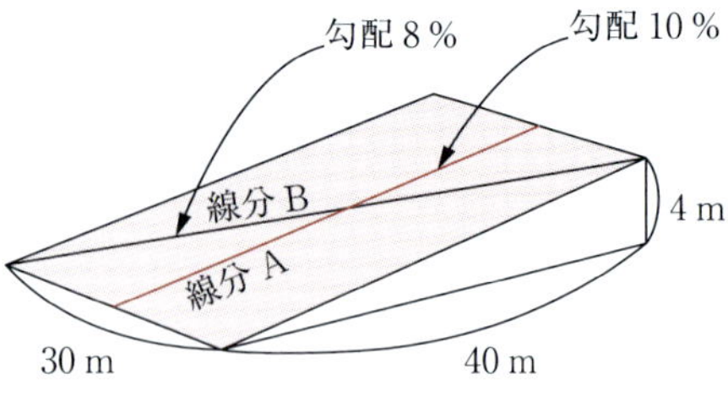

図 3.3 斜面の勾配

ところで，斜面上の点を (x, y, z) とすると，各地点 (x, y) を決めればそこでの標高 z が決まるので，z とは x, y を変数とする 2 変数関数です．つまり，斜面の勾配を求めることは 2 変数関数の傾き（＝変化率），すなわち微分を求めることと同じなのです．しかし上記の例からわかるように，測る向きによって傾きが違うので，「最も傾いた向きとその大きさ」を求めるには，何かひと工夫が必要となります．これを解決するのが偏微分という考え方です．

3.3.1 偏微分

2 変数関数 $f(x, y)$ において，y を定数とみなして x に関する微分（のみ）を考え，

$$\frac{\partial f(x, y)}{\partial x} \equiv \lim_{\Delta x \to 0} \frac{f(x + \Delta x, y) - f(x, y)}{\Delta x} \tag{3.7}$$

と定義します．$\dfrac{\partial f(x, y)}{\partial x}$ **を $f(x, y)$ の x に関する偏導関数，偏微分係数，**

あるいは単に偏微分といい，これを得る操作を「**$f(x,y)$ を x に関して偏微分する**」といいます．y に関する偏微分 $\dfrac{\partial f(x,y)}{\partial y}$ の定義も(3.7)式と全く同様です．

では偏微分の意味を，まず先ほどの斜面の例で考えてみましょう．図 3.3 の斜面が図 3.4 のような向きにあったとすると，斜面は原点 O，点 (24, 18, 0) および点 (0, 50, 4)（単位はすべて m）を通るので，斜面を表す平面の式は，平面の一般式 $ax + by + cz = d$ にこの 3 点を代入して簡単に求まります．その結果，z は 2 変数関数 $z = -\dfrac{3}{50}x + \dfrac{2}{25}y$ となります．

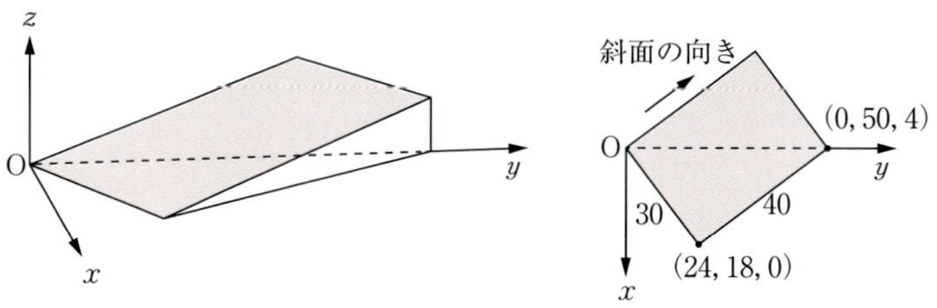

図 3.4　xyz 空間内にある斜面．右図は，斜面を上から見た図．

この式において，y が定数であると考えてみましょう．これは，y をこの値に保ったまま，x 軸に沿って斜面上（の直線上）を動く，と考えていることに相当します．このとき，z の変化率（すなわち斜面の傾き）は明らかに x の係数の $-3/50$ です[3)]．同様に x を定数とみれば，z の変化率は y の係数 2/25 となります．図 3.3 と図 3.4 を比べればわかるように，x を定数とみることは線分 B 上を動くことと同じであり，$\dfrac{2}{25} = 8\%$ なので確かに納得がいきます．

一方，偏微分の定義に従えば，明らかに

$$\frac{\partial z}{\partial x} = \frac{\partial}{\partial x}\left(-\frac{3}{50}x + \frac{2}{25}y\right) = -\frac{3}{50}$$

3）　日常の意味では斜面の傾きはいつも正の量ですが，ここでは x の増加につれて z が増えることも減ることもあるので，符号付きとなります．

$$\frac{\partial z}{\partial y} = \frac{\partial}{\partial y}\left(-\frac{3}{50}x + \frac{2}{25}y\right) = \frac{2}{25}$$

となり，x（または y）**に関する偏微分とは，**x（または y）**軸に沿った変化率である**ことがわかります．

平面の例では単純すぎるので，次に2変数関数 $f(x,y) = -x^2 - y^2 + 100$ を例にとりましょう．これを $z = f(x,y)$ として xyz 空間に描くと，図3.5に示す曲面Sになります（1.5，1.6節を参照）．この関数を x に関して偏微分すると

$$\frac{\partial f(x,y)}{\partial x} = \frac{\partial}{\partial x}(-x^2 - y^2 + 100) = -2x$$

となります．

ここで例えば，$y = 5$（＝一定）の場合を考えると，これは $y = 5$ を保ったまま，x 軸に沿って曲面S上（の曲線上）を動く，と考えていることに相当します．この曲線は，図3.6(a)のように平面 $y = 5$ で曲面Sを切った切り口の曲線であり，$f(x,5) = -x^2 - 25 + 100 = -x^2 + 75$ なので，$z = -x^2 + 75$ の放物線となります（図3.6(b)）．この関数の x に関する微分が（$y = 5$ における）

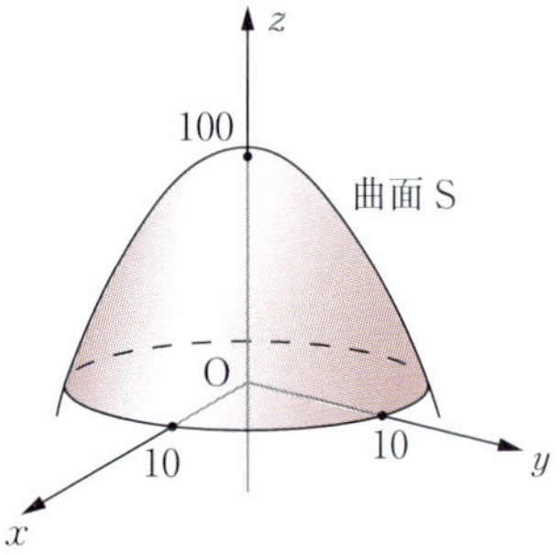

図3.5　2変数関数 $f(x,y) = -x^2 - y^2 + 100$

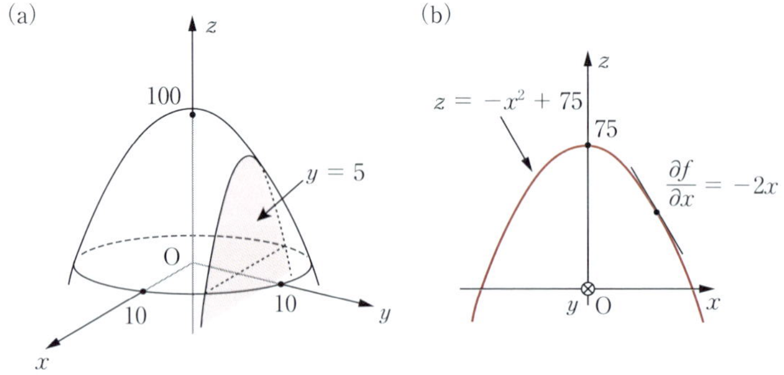

図3.6　偏微分の図形的な意味

偏微分 $\dfrac{\partial f}{\partial x} = -2x$ であり，図 3.6 (b) に示すように，ある x における $z = -x^2 + 75$ の変化率（すなわち接線の傾き）を表します．全く同様に，$f(x, y)$ の y についての偏微分 $\dfrac{\partial f}{\partial y} = -2y$ は，$x =$ 一定で曲面 S を切った切り口の曲線の接線の傾きを表します．すなわち，**$f(\boldsymbol{r}) = f(x, y)$ の x（または y）に関する偏微分とは，$f(\boldsymbol{r})$ を $y =$ 一定（または $x =$ 一定）の平面で切った切り口の曲線についての x（または y）に関する微分（接線の傾き）となります．**

このように，平面の場合は傾きが一定なので各偏微分は (x, y) に関係なく常に一定でしたが，一般の曲面では場所ごとに変わることになります．

◆ 3 変数以上の場合

3 変数関数 $f(\boldsymbol{r}) = f(x, y, z)$ の x に関する偏微分とは，y, z を定数とみなして x に関する微分のみを行うことです． つまり，y, z の値を一定にしたまま x 軸に沿って移動するときの $f(\boldsymbol{r})$ の変化率を求めていることになります．例えば，図 3.7 のような部屋の室内の温度 T は室内の空間の位置 $\boldsymbol{r}$ を定めると決まる量なので，3 変数関数 $T(\boldsymbol{r}) = T(x, y, z)$ で表すことができます．このとき，y, z をある値 y_0, z_0 に固定したまま x 軸に沿って移動すると x（のみ）の関数 $T(x, y_0, z_0)$ が得られます．そして，この関数の微分が

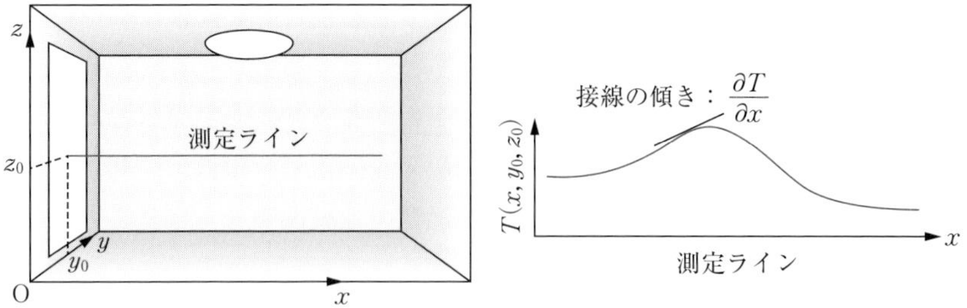

図 3.7　$y = y_0$，$z = z_0$ に固定して x 軸に沿って T を測定し，その値を x に対してプロットしたときに得られる曲線の微分（すなわち接線の傾き）が，T の x に関する偏微分 $\dfrac{\partial T}{\partial x}$ である．

$\dfrac{\partial T}{\partial x}$（に $y = y_0, z = z_0$ を代入したもの）です．実際，「温度勾配」という言葉もよく使われ，この例でいえば，$y = y_0$，$z = z_0$ での「x 軸方向の温度勾配」ということになります．

さらに変数を増やしていっても話は全く一緒で，一般に，n 変数関数 $f(x_1, x_2, \cdots, x_n)$ の x_k に関する偏微分は

$$\frac{\partial f(x_1, \cdots, x_k, \cdots, x_n)}{\partial x_k} \equiv \lim_{\Delta x_k \to 0} \frac{f(x_1, \cdots, x_k + \Delta x_k, \cdots, x_n) - f(x_1, \cdots, x_k, \cdots, x_n)}{\Delta x_k}$$

と定義されます．その意味は，**変数 x_k を除いたすべての変数を定数とみなし，x_k に関する微分のみを行う**，ということです．もはや絵には描けないので，わからなくなったときはいつでも2変数・3変数の例と図を思い出しましょう．

◈ いろいろな偏微分記号と2階以上の偏微分の順序について

ここで，偏微分記号のバリエーションを紹介します．$\dfrac{\partial f}{\partial x}$ と全く同じ意味で，$\partial_x f, f_x$ 等の記号も使われます[4)]．2階の偏微分ならば，例えば

$$\frac{\partial}{\partial y}\frac{\partial}{\partial x}f = \frac{\partial^2 f}{\partial y\,\partial x} = \partial_y \partial_x f = f_{xy}$$

と表します．最後の f_{xy} で xy の順番が入れ替わっていることに注意してください．これは，f を x で偏微分したものが f_x，その f_x を y で偏微分したものが $(f_x)_y = f_{xy}$ であるからです．

最後に，f_{xy} が出てくると，$f_{xy} = f_{yx}$ なのかどうかが当然気になるところですが，安心しましょう．よほど変な関数でない限り，偏微分の順序が問題になることはなくて，我々が扱うような通常の連続関数ならば，この条件はいつでも成り立ちます．

4）f_x は1変数関数 $y = f(x)$ の微分 $\dfrac{df}{dx}$ の意味で使われることもあるので注意してください．

例題 3.2

$f(x,y,z)=\dfrac{1}{\sqrt{x^2+y^2+z^2}}$ を x,y,z に関して偏微分しなさい．

〔解〕
$$\frac{\partial f}{\partial x}=\frac{\partial}{\partial x}\left(\frac{1}{\sqrt{x^2+y^2+z^2}}\right)=\frac{\partial}{\partial x}\left[(x^2+y^2+z^2)^{-\frac{1}{2}}\right]$$
$$=-\frac{1}{2}(x^2+y^2+z^2)^{-\frac{3}{2}}\cdot 2x=-\frac{x}{(x^2+y^2+z^2)^{\frac{3}{2}}}$$

y,z も全く同様なので，まとめると

$$\frac{\partial}{\partial x}\left(\frac{1}{\sqrt{x^2+y^2+z^2}}\right)=-\frac{x}{(x^2+y^2+z^2)^{\frac{3}{2}}}$$
$$\frac{\partial}{\partial y}\left(\frac{1}{\sqrt{x^2+y^2+z^2}}\right)=-\frac{y}{(x^2+y^2+z^2)^{\frac{3}{2}}}$$
$$\frac{\partial}{\partial z}\left(\frac{1}{\sqrt{x^2+y^2+z^2}}\right)=-\frac{z}{(x^2+y^2+z^2)^{\frac{3}{2}}}$$

という，美しい結果になります．

$\boldsymbol{r}=(x,y,z)$ とすれば，$|\boldsymbol{r}|=\sqrt{x^2+y^2+z^2}$ は原点 O からの距離を表し，これを r とすると上の結果は

$$\frac{\partial}{\partial x}\left(\frac{1}{r}\right)=-\frac{x}{r^3},\quad \frac{\partial}{\partial y}\left(\frac{1}{r}\right)=-\frac{y}{r^3},\quad \frac{\partial}{\partial z}\left(\frac{1}{r}\right)=-\frac{z}{r^3}$$

のように，さらに簡潔に表すことができます．

関数 $1/r$ とその微分は，原点に質量 M があるときの重力ポテンシャル $\phi_g(\boldsymbol{r})=-\dfrac{GM}{r}$（$G$ は万有引力定数）や，原点に電荷 Q があるときの静電ポテンシャル $\phi_e(\boldsymbol{r})=\dfrac{Q}{4\pi\varepsilon_0 r}$（$\varepsilon_0$ は真空の誘電率）など，理工系で頻繁に登場する重要な関数です．

3.3.2 勾配（gradient）

先ほどの図 3.4 の斜面において，$z=f(x,y)$ として偏微分を並べたベクトル $\left(\dfrac{\partial f}{\partial x},\dfrac{\partial f}{\partial y}\right)$ をつくると，これは $\left(-\dfrac{3}{50},\dfrac{2}{25}\right)$ であり，ちょうど図 3.4 の「斜面（の上り）の向き」に方向が一致します．しかも，その大きさは

$$\sqrt{\left(\frac{\partial f}{\partial x}\right)^2+\left(\frac{\partial f}{\partial y}\right)^2}=\sqrt{\left(-\frac{3}{50}\right)^2+\left(\frac{2}{25}\right)^2}=0.1$$

なので，この斜面の勾配（の大きさ）に一致します．したがって，このベク

トルこそ「$f(x, y)$ の微分」とよぶにふさわしいでしょう．

このような，$f(x, y)$ の各変数に関する偏導関数を成分として並べたベクトル

$$\left(\frac{\partial f(x,y)}{\partial x}, \frac{\partial f(x,y)}{\partial y}\right) = (\partial_x f(x,y), \partial_y f(x,y)) \tag{3.8}$$

を，$f(x, y)$ の**勾配**（gradient）あるいは**勾配ベクトル**といいます．

ここで，**ナブラ**（nabla）という記号

$$\nabla \equiv \left(\frac{\partial}{\partial x}, \frac{\partial}{\partial y}\right) = (\partial_x, \partial_y)$$

を導入します．これは「∇ の後にある関数を各変数に関して偏微分し，その結果を成分とするベクトルをつくる」という**微分演算子**（1.5節を参照）です．ナブラを用いると，$f(x, y)$ の勾配(3.8)式は $\nabla f(x, y)$ や ∇f と表されます．我々が最もよく使うことになるのは3次元の場合で

$$\nabla f(\boldsymbol{r}) \equiv \left(\frac{\partial f}{\partial x}, \frac{\partial f}{\partial y}, \frac{\partial f}{\partial z}\right) = (\partial_x f, \partial_y f, \partial_z f)$$

と表されます．さらに，一般の n 変数関数 $f(x_1, x_2, \cdots, x_n)$ ならば

$$\nabla f \equiv \left(\frac{\partial f}{\partial x_1}, \frac{\partial f}{\partial x_2}, \cdots, \frac{\partial f}{\partial x_n}\right) = (\partial_{x_1} f, \partial_{x_2} f, \cdots, \partial_{x_n} f)$$

となります．

なお，$\boldsymbol{r} = (x, y, z)$ のときに，∇ や ∇f を $\dfrac{\partial}{\partial \boldsymbol{r}}$ や $\dfrac{\partial f}{\partial \boldsymbol{r}}$ のように表すことがあります．ベクトルが「分母」にあって一見おかしく見えますが，微分の本来の意味をわかりやすく表現している表記法です．このことは，以下を読み進めるとわかってくるでしょう．

◆ 勾配 $\nabla f(\boldsymbol{r})$ が $f(\boldsymbol{r})$ の微分である理由

さて，斜面の例で $\nabla f(x, y)$ が斜面の向きと傾きに一致したのは，もちろん偶然ではありません．以下でその理由を解説します．

まず，**本章の冒頭で述べた大原則から，微分とは「$f(\boldsymbol{r})$ の変化率」です．** したがって，$\boldsymbol{r} = (x, y)$ が微小ベクトル $\Delta\boldsymbol{r} = (\Delta x, \Delta y)$ だけ変化するときに f が Δf だけ変化するとすれば，「2変数関数 $f(\boldsymbol{r})$ の微分とは $\displaystyle\lim_{\Delta r \to 0} \frac{\Delta f}{\Delta \boldsymbol{r}}$ で

す」と言いたいところです．しかし，本章の冒頭でも述べたとおり，$\boldsymbol{\Delta r}$ はベクトルなので割り算をするわけにはいきません．では，変数の変化量の大きさ $|\boldsymbol{\Delta r}|$ で割ればよいかというと，そうすると（変化率の）大きさはOKでも向きの情報が失われているので，向きが決まらなくなります．そこで，割る前の(3.1)式に戻ることになるわけです．

では(3.1)式を求めるために，$\Delta f = f(x+\Delta x, y+\Delta y) - f(x,y)$ を計算してみましょう．また，ここからは計算が少々長くなるので，∂_x の記号を早速使うことにします．

まず，x に関する偏微分の定義から

$$f(x+\Delta x, y+\Delta y) \cong f(x, y+\Delta y) + \partial_x f(x, y+\Delta y)\Delta x \tag{3.9}$$

となり，さらに右辺の $f(x, y+\Delta y)$ は y に関する偏微分の定義から

$$f(x, y+\Delta y) \cong f(x,y) + \partial_y f(x,y)\Delta y \tag{3.10}$$

となります．そこで，(3.10)式を(3.9)式に代入すると

$$\begin{aligned} &f(x+\Delta x, y+\Delta y) \\ &\quad \cong f(x,y) + \partial_y f(x,y)\,\Delta y + \partial_x\{f(x,y) + \partial_y f(x,y)\Delta y\}\Delta x \\ &\quad = f(x,y) + \partial_x f(x,y)\,\Delta x + \partial_y f(x,y)\,\Delta y + \partial_x\partial_y f(x,y)\,\Delta y\,\Delta x \end{aligned}$$

が得られます．

この式において，2次の微小量である $\Delta x\,\Delta y$ を含む項を無視すれば，

$$f(x+\Delta x, y+\Delta y) \cong f(x,y) + \partial_x f(x,y)\,\Delta x + \partial_y f(x,y)\,\Delta y \tag{3.11}$$

となりますが，ここで，

$$\partial_x f(x,y)\,\Delta x + \partial_y f(x,y)\,\Delta y = (\partial_x f(x,y), \partial_y f(x,y))\cdot\begin{pmatrix}\Delta x\\ \Delta y\end{pmatrix} = \nabla f(\boldsymbol{r})\cdot\boldsymbol{\Delta r} \tag{3.12}$$

に気づくと，(3.11)式は $\boldsymbol{r}, \boldsymbol{\Delta r}, \nabla f(\boldsymbol{r})$ を用いて，(3.1)式に対応する式

$$\Delta f = f(\boldsymbol{r}+\boldsymbol{\Delta r}) - f(\boldsymbol{r}) \cong \nabla f(\boldsymbol{r})\cdot\boldsymbol{\Delta r} \tag{3.13}$$

へと書き直すことができます[5)]．

5）　この式は $\dfrac{\partial f}{\partial \boldsymbol{r}}$ の記号を用いれば $\Delta f \cong \dfrac{\partial f}{\partial \boldsymbol{r}}\cdot\boldsymbol{\Delta r}$ となり，「f の微分は $\displaystyle\lim_{\Delta r\to 0}\frac{\Delta f}{\boldsymbol{\Delta r}}$ である」という本来の意味を良く表す式となります．

ここで，(3.13)式の両辺で $\varDelta \boldsymbol{r} \to \boldsymbol{0}$ の極限をとると

$$df = \nabla f(\boldsymbol{r})\cdot d\boldsymbol{r} \tag{3.14}$$

となり，**勾配 $\nabla f(\boldsymbol{r})$ が $f(\boldsymbol{r})$ の微分であることがわかります**．(3.1)式における **変化率** と **$\varDelta$変数**はここでは共にベクトルなので，積（×）は内積(·)となります．

ここで $\nabla f(\boldsymbol{r})$ と $\varDelta \boldsymbol{r}$ のなす角を θ とおけば，内積の定義により(3.13)式は

$$\varDelta f \cong \nabla f(\boldsymbol{r})\cdot\varDelta \boldsymbol{r} = |\nabla f(\boldsymbol{r})|\,|\varDelta \boldsymbol{r}|\cos\theta \tag{3.15}$$

と表せるので，$\varDelta f$ は $\cos\theta = 1(\theta = 0)$ のときに最大となります．つまり，$\nabla f(\boldsymbol{r})$ と同じ方向に $\varDelta \boldsymbol{r}$ の向きを選ぶと，f の変化量は最大になるわけです．さらに，このときは(3.15)式において $|\varDelta \boldsymbol{r}|$ で割ることができるので

$$\lim_{|\varDelta \boldsymbol{r}|\to 0}\frac{f(\boldsymbol{r}+\varDelta \boldsymbol{r})-f(\boldsymbol{r})}{|\varDelta \boldsymbol{r}|} = |\nabla f(\boldsymbol{r})| \tag{3.16}$$

と書き直すことができます．これは，まさに1変数関数における導関数の定義式と同じです．(微分が常に正なのは，そうなるように $\varDelta \boldsymbol{r}$ の向きを選んだからです．もし $\theta = \pi$ と選ぶと $\cos\theta = -1$ となり，勾配を下る向きを選んだことになります．)

このように話が簡単になったのは，向きを指定したために大きさだけで議論できるようになったからです．一般の向きの場合は，内積に向きの情報が含まれています．したがって，なす角 θ がわかれば，いつでも(3.16)式のように書き直すことができます．

以上で，斜面の例において，$\nabla f(\boldsymbol{r})$ は斜面の（上）向きを向いていて，しかもその大きさは斜面の傾きに一致していた理由，そして $\nabla f(\boldsymbol{r})$ が $f(\boldsymbol{r})$ の微分である理由，がわかったことと思います．

しかし，平面では単純すぎるので，まだ納得できない，という読者もいるでしょう．そこで次に，図3.8のような一般の曲面を考えてみましょう．曲面を1の方向で切ると傾きは0ですが，2では中くらいに傾いています．3が最も傾いた方向，すなわち最大の変化率をもつ方向であり，$\nabla f(\boldsymbol{r})$ の方向です．図3.3の平面の例では，傾きの大きさも向きも $\boldsymbol{r}$ によらずいたるところ一定なので，$\nabla f(\boldsymbol{r})$ も定ベクトルになりましたが，今度は考える点

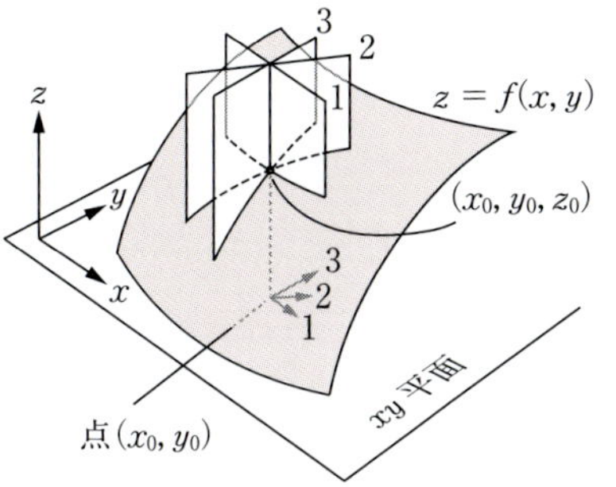

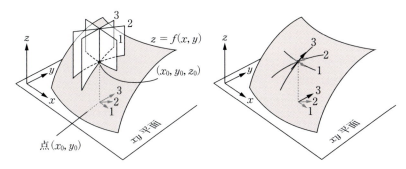

図 3.8　曲面 $z = f(x, y)$ を様々な方向 1, 2, 3 で切った切り口をみると，曲面のその方向（xy 平面上の 3 つの矢印）の傾きがわかる．

(x_0, y_0) によって $\nabla f(\boldsymbol{r})$ の大きさも向きも変わってきます．

では具体例として，再び図 3.5 の関数 $f(x, y) = -x^2 - y^2 + 100$ を考えてみましょう．この場合は $\nabla f(\boldsymbol{r}) = (-2x, -2y) = -2\boldsymbol{r}$ で，$\boldsymbol{r}$ と逆向き，つまり，どの地点でも原点に進む方向が（上る向きに）最も傾いています．原点に頂上があるので，これはもっともな話です．しかもその大きさ $2|\boldsymbol{r}|$ は，原点からの距離 $|\boldsymbol{r}| = \sqrt{x^2 + y^2}$ に比例しており，原点から離れるほど傾きが大きくなることを意味しています．これも図のとおりです．

◆等 位 線

$f(\boldsymbol{r})$ がある一定値 z_0 となるような点は $z_0 = f(\boldsymbol{r}) = f(x, y)$ を満たす点の集まりであり，xy 平面上の曲線となります．これを $f(\boldsymbol{r})$ の**等位線**といいます．図形的には，等位線とは曲面 $z = f(x, y)$ を $z = z_0$ で切った切り口に現れる曲線で，これは図 3.8 でいえば，1 の方向に切ったときに現れる曲線です．また，等位線上の方向に動くときは常に $\Delta f = 0$ なので，この方向に $\Delta\boldsymbol{r}$ をとると，(3.15) 式より $\nabla f(\boldsymbol{r})\cdot\Delta\boldsymbol{r} = 0$ となります．つまり，**$\nabla f(\boldsymbol{r})$ と等位線は直交します**．これは図 3.8 でいえば，xy 平面上の方向 1 と 3 が直交していることに対応します．

様々な z の値に対してそれぞれの等位線が決まりますが，それを z の値とともに xy 平面に書き込んだものが，**等位線図（カントールプロット）**です．z を高さと考えるなら，$f(x, y)$ の等位線とは地図でおなじみの**等高線**

なので，等位線図とは，まさに通常の地図そのものです[6]．

関数 $f(x, y) = -x^2 - y^2 + 100$ の例では，$z = z_0$ とおくと $x^2 + y^2 = 100 - z_0$ なので，$f(x, y) = z_0$ の等位線は原点を中心とする半径 $\sqrt{100 - z_0}$ の円となります．したがって，これを等位線図にすると図3.9のようになります．図に示した z の値は0から80までは20おきの等間隔ですが，原点から離れるに従って等位線の間隔が狭くなっていることがわかります．これは，より短い距離で同じ Δz になる，という意味なので，原点から離れるに従って傾きが急になっているということを表しています．さらに，等位線の方向は円周の方向なので，明らかに $-2\boldsymbol{r}$ と直交していることもわかります．

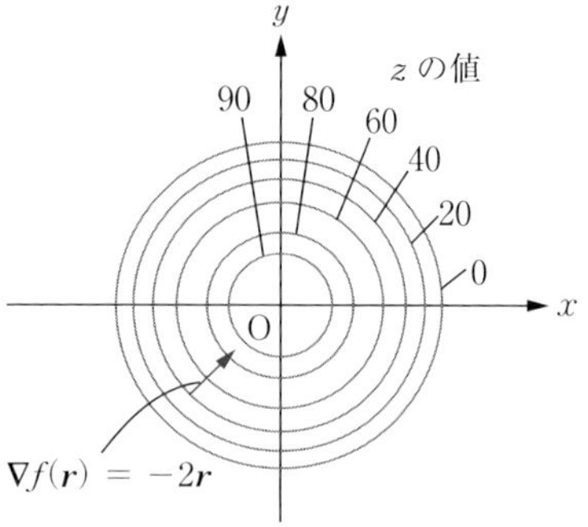

図3.9　$f(\boldsymbol{r}) = -x^2 - y^2 + 100$ の等位線と $\nabla f(\boldsymbol{r})$

例題 3.3

$f(\boldsymbol{r}) = f(x, y, z) = \dfrac{1}{\sqrt{x^2 + y^2 + z^2}}$ の勾配を求めなさい．

〔解〕　各成分はすでに例題3.2で計算してあり，$|\boldsymbol{r}| = \sqrt{x^2 + y^2 + z^2} = r$ を用いて

$$\nabla f(\boldsymbol{r}) = \left(\frac{\partial f}{\partial x}, \frac{\partial f}{\partial y}, \frac{\partial f}{\partial z}\right) = \left(-\frac{x}{r^3}, -\frac{y}{r^3}, -\frac{z}{r^3}\right) = -\frac{\boldsymbol{r}}{r^3}$$

となります．

例えば，原点に質量 M があり，位置 $\boldsymbol{r}$ に質量 m があるとき，m に働く力は $\boldsymbol{F} = -\dfrac{GMm}{r^3}\boldsymbol{r}$ となります（引力なので負号が付くことに注意）．一方，重力ポテンシャルは $\phi_g(\boldsymbol{r}) = -\dfrac{GM}{r}$（例題3.2を参照）なので

6）カントールプロット（contour plot）の本来の意味は地図の等高線図です．しかし，理工系の各分野では，より一般に2変数関数 f の等位線図をしばしばこの名称でよびます．

$$\boldsymbol{F} = -m\nabla\phi_g(\boldsymbol{r})$$

という関係があります．

同様に，原点に電荷 Q があり，位置 $\boldsymbol{r}$ に電荷 q があるとき，q に働く力は $\boldsymbol{F} = \frac{Qq}{4\pi\varepsilon_0 r^3}\boldsymbol{r}$ となります（今度は負号がないことに注意）．一方，静電ポテンシャルは $\phi_e(\boldsymbol{r}) = \frac{Q}{4\pi\varepsilon_0 r}$（例題 3.2 を参照）だから

$$\boldsymbol{F} = -q\nabla\phi_e(\boldsymbol{r})$$

となります．つまり，どちらも**「力 ∝ − ポテンシャルの勾配」**という関係があることがわかります[7]．

また，**電場 $\boldsymbol{E}$ とは単位電荷当たりに働くクーロン力**のことなので

$$\frac{\boldsymbol{F}}{q} \equiv \boldsymbol{E} = -\nabla\phi_e(\boldsymbol{r})$$

と表せます．

このように，勾配は理工系の様々な場面で登場する重要な演算子です．

3.3.3　3変数関数の勾配と曲面の接平面

次に一歩進んで，3 変数関数 $w = f(\boldsymbol{r}) = f(x, y, z)$ の勾配 $\nabla f(\boldsymbol{r})$ を考えてみましょう．いま，$w = f(x, y, z) = C$（= 一定）とすると，x, y, z のうちの 2 つを決めれば残り 1 つの値が定まって空間内のある点（ただし 1 つとは限りません）を指定することになるので，式 $f(\boldsymbol{r}) = C$ は一般に曲面を表します（1.6 節を参照）．しかもこの曲面上では f が一定値 C であるので，これは **f の等位面**です．したがって，この面内の**任意の**方向に微小ベクトル $\Delta\boldsymbol{r}$ をとると，(3.15)式より $\nabla f(\boldsymbol{r})\cdot\Delta\boldsymbol{r} = 0$ となります．f の等位面上の位置 $\boldsymbol{r}_0 = (x_0, y_0, z_0)$ においてそのような $\Delta\boldsymbol{r}$ を考えると，すべて $\nabla f(\boldsymbol{r})$ に直交するので，これらの $\Delta\boldsymbol{r}$ は $\nabla f(\boldsymbol{r})$ を法線とする 1 つの平面内にあります．

一方で，「$\Delta\boldsymbol{r}$ が f の等位面内を向いている」ということは，「$\Delta\boldsymbol{r}$ は f の等位面に接している」ということと同じです．つまり，**この平面とは f の等位面の，位置 $\boldsymbol{r}_0$ における接平面であり，その法線ベクトルが $\nabla f(\boldsymbol{r})$ なのです．**全く同じ意味ですが，**$\nabla f(\boldsymbol{r})$ と f の等位面は直交しています．**

7）そうなるように「ポテンシャル」という関数を定義した，というのが正しい経緯です．

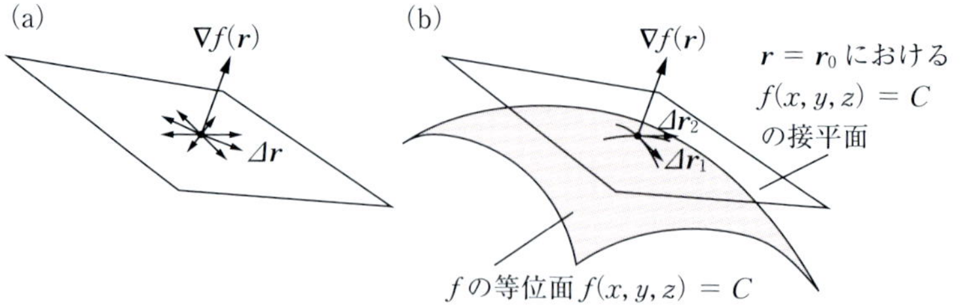

図 3.10　$\nabla f(\boldsymbol{r})$ は $f(\boldsymbol{r})$ の等位面の接平面の法線ベクトルである．

$\nabla f(\boldsymbol{r})$ は f が（最大の変化率で）増える方向ですから，f の値が変わらない面である f の等位面と直交するということは納得がいくでしょう．

例題 3.4

原点に電荷 Q があるときの静電ポテンシャル $\phi_e(\boldsymbol{r}) = \dfrac{Q}{4\pi\varepsilon_0 r}$（例題 3.2, 3.3 を参照）の等位面（等ポテンシャル面）はどのような曲面になるでしょうか．また，静電ポテンシャルの勾配が等位面と直交していることを確かめなさい．

〔解〕　$\phi_e(\boldsymbol{r}) = C$（= 一定）の曲面とは，$r = \dfrac{Q}{4\pi\varepsilon_0 C}$（=一定）の曲面なので，原点を中心とする球面となります．一方，$\nabla\phi_e(\boldsymbol{r}) = -\dfrac{Q\boldsymbol{r}}{4\pi\varepsilon_0 r^3}$ なので $\nabla\phi_e(\boldsymbol{r})$ は $\boldsymbol{r}$ の方向を向いており，確かに $\nabla\phi_e(\boldsymbol{r})$ は球面，すなわち等位面に直交します．

3.4　多変数ベクトル関数の微分

では最後に，変数も関数もベクトルである，多変数ベクトル関数の微分について解説しましょう．例えば，各地点 $\boldsymbol{r} = (x, y)$ での風速 $\boldsymbol{v} = (v_x(\boldsymbol{r}), v_y(\boldsymbol{r}))$ が例に挙げられます．

$\boldsymbol{r} = (x, y)$ を変数とする**多変数ベクトル関数** $\boldsymbol{v}(\boldsymbol{r}) = (v_x(\boldsymbol{r}), v_y(\boldsymbol{r}))$ の微分とは，**ヤコビ行列**（あるいは**関数行列**）$\dfrac{\partial \boldsymbol{v}}{\partial \boldsymbol{r}}$ です．

やはり本章の冒頭に述べた大原則から，$\boldsymbol{r}$ が $\boldsymbol{r} + \Delta\boldsymbol{r}$ に変化するときに

$\boldsymbol{v}$ が $\boldsymbol{v} + \Delta\boldsymbol{v}$ に変化するとすれば，「$\boldsymbol{v}(\boldsymbol{r})$ の微分とは $\lim\limits_{\Delta\boldsymbol{r}\to\boldsymbol{0}} \dfrac{\Delta\boldsymbol{v}}{\Delta\boldsymbol{r}}$ である」と言いたいところです．しかし $\Delta\boldsymbol{r}$ はベクトルなので割り算をするわけにはいきません．そこで 3.3.2 項の $f(\boldsymbol{r})$ のときと同様に，割る前の式から考えてみましょう．

今度は関数が 2 成分からなるので $\Delta v_x = v_x(\boldsymbol{r} + \Delta\boldsymbol{r}) - v_x(\boldsymbol{r})$ と $\Delta v_y = v_y(\boldsymbol{r} + \Delta\boldsymbol{r}) - v_y(\boldsymbol{r})$ の 2 つの式を計算します．(3.11)式の結果を利用すると，これらは

$$\Delta v_x = v_x(\boldsymbol{r} + \Delta\boldsymbol{r}) - v_x(\boldsymbol{r}) \cong \frac{\partial v_x(\boldsymbol{r})}{\partial x}\Delta x + \frac{\partial v_x(\boldsymbol{r})}{\partial y}\Delta y$$

$$\Delta v_y = v_y(\boldsymbol{r} + \Delta\boldsymbol{r}) - v_y(\boldsymbol{r}) \cong \frac{\partial v_y(\boldsymbol{r})}{\partial x}\Delta x + \frac{\partial v_y(\boldsymbol{r})}{\partial y}\Delta y$$

と書き表せますが，「(3.1)式のような形にならないかなぁ」と思いながらこの式をじっくりみると

$$\begin{pmatrix} \Delta v_x \\ \Delta v_y \end{pmatrix} \cong \begin{pmatrix} \dfrac{\partial v_x}{\partial x} & \dfrac{\partial v_x}{\partial y} \\ \dfrac{\partial v_y}{\partial x} & \dfrac{\partial v_y}{\partial y} \end{pmatrix} \begin{pmatrix} \Delta x \\ \Delta y \end{pmatrix} \tag{3.17}$$

と書き直せることがわかります．つまり，今回の微分は行列の形をしています！

この行列を**ヤコビ行列**，**ヤコビアン**（Jacobian）あるいは**関数行列**といい，

$$\begin{pmatrix} \dfrac{\partial v_x}{\partial x} & \dfrac{\partial v_x}{\partial y} \\ \dfrac{\partial v_y}{\partial x} & \dfrac{\partial v_y}{\partial y} \end{pmatrix} \equiv \frac{\partial \boldsymbol{v}}{\partial \boldsymbol{r}} \equiv \frac{\partial(v_x, v_y)}{\partial(x, y)} \tag{3.18}$$

と表記します[8)]．これを用いて(3.17)式を書き表すと

$$\Delta\boldsymbol{v} = \boldsymbol{v}(\boldsymbol{r} + \Delta\boldsymbol{r}) - \boldsymbol{v}(\boldsymbol{r}) \cong \frac{\partial \boldsymbol{v}}{\partial \boldsymbol{r}}\Delta\boldsymbol{r} \tag{3.19}$$

8）　行列に見えない変な記号ですが，この行列の元の意味は $\dfrac{\Delta\boldsymbol{v}}{\Delta\boldsymbol{r}}$ の $\Delta\boldsymbol{r} \to \boldsymbol{0}$ の極限，という意味なので，そんなにおかしな記号でもありません！ ∇f を $\dfrac{\partial f}{\partial \boldsymbol{r}}$ と表記するのと同じです．

となり，(3.1)式に対応する式が得られます．

そこで，(3.17)式あるいは(3.19)式の両辺で $\boldsymbol{\mathit{\Delta r}} \to \boldsymbol{0}$ の極限をとった

$$\begin{pmatrix} dv_x \\ dv_y \end{pmatrix} = \begin{pmatrix} \dfrac{\partial v_x}{\partial x} & \dfrac{\partial v_x}{\partial y} \\ \dfrac{\partial v_y}{\partial x} & \dfrac{\partial v_y}{\partial y} \end{pmatrix} \begin{pmatrix} dx \\ dy \end{pmatrix}, \qquad d\boldsymbol{v} = \frac{\partial \boldsymbol{v}}{\partial \boldsymbol{r}} d\boldsymbol{r}$$

を定義式とし，**ヤコビ行列 $\dfrac{\partial \boldsymbol{v}}{\partial \boldsymbol{r}}$ を $\boldsymbol{v}(\boldsymbol{r})$ の微分と定義します**[9]．(3.1)式における **変化率** と $\mathit{\Delta}$**変数**はここでは行列とベクトルになり，積(×)は行列とベクトルの積を意味します．

ではなぜ，微分が行列になったのでしょうか．それは，ここでの例で言えば，ヤコビアンが「$\boldsymbol{\mathit{\Delta r}}$ の位置の変化があったときにどれだけの風速の変化 $\boldsymbol{\mathit{\Delta v}}$ があるか」ということを表しており，様々な**ベクトル $\boldsymbol{\mathit{\Delta r}}$** に対してそれに対応する**ベクトル $\boldsymbol{\mathit{\Delta v}}$** を与える量，すなわち**ベクトルをベクトルに変換する線形演算子**だからです（第８章を参照！）．

最後に，一般の n 変数 m 成分ベクトル $\boldsymbol{f} = (f_1(\boldsymbol{r}), \cdots, f_m(\boldsymbol{r}))$，$\boldsymbol{r} = (x_1, \cdots, x_n)$ の場合のヤコビ行列は，$m \times n$ 行列で

$$\frac{\partial \boldsymbol{f}}{\partial \boldsymbol{r}} = \frac{\partial(f_1, f_2, \cdots, f_m)}{\partial(x_1, x_2, \cdots, x_n)} = \begin{pmatrix} \dfrac{\partial f_1}{\partial x_1} & \dfrac{\partial f_1}{\partial x_2} & \cdots & \dfrac{\partial f_1}{\partial x_n} \\ \dfrac{\partial f_2}{\partial x_1} & \dfrac{\partial f_2}{\partial x_2} & \cdots & \dfrac{\partial f_2}{\partial x_n} \\ \vdots & \vdots & \ddots & \vdots \\ \dfrac{\partial f_m}{\partial x_1} & \dfrac{\partial f_m}{\partial x_2} & \cdots & \dfrac{\partial f_m}{\partial x_n} \end{pmatrix} \tag{3.20}$$

となり，(3.1)式に対応する式は

$$\boldsymbol{\mathit{\Delta f}} = \boldsymbol{f}(\boldsymbol{r} + \boldsymbol{\mathit{\Delta r}}) - \boldsymbol{f}(\boldsymbol{r}) \cong \frac{\partial \boldsymbol{f}}{\partial \boldsymbol{r}} \boldsymbol{\mathit{\Delta r}}$$

9）困ったことに，「ヤコビアン」という言葉はヤコビ行列 $\dfrac{\partial \boldsymbol{v}}{\partial \boldsymbol{r}}$ とヤコビ行列の行列式 $\left|\dfrac{\partial \boldsymbol{v}}{\partial \boldsymbol{r}}\right|$ のどちらにも用いられるようです．しかもさらに困ったことに，記号 $\dfrac{\partial \boldsymbol{v}}{\partial \boldsymbol{r}}$ も，ヤコビ行列ではなくヤコビ行列式の意味で用いられる場合があるようです．読者は注意してください．

そして，$\boldsymbol{\Delta r} \to \mathbf{0}$ の極限をとった定義式は，

$$\begin{pmatrix} df_1 \\ df_2 \\ \vdots \\ df_m \end{pmatrix} = \begin{pmatrix} \dfrac{\partial f_1}{\partial x_1} & \dfrac{\partial f_1}{\partial x_2} & \cdots & \dfrac{\partial f_1}{\partial x_n} \\ \dfrac{\partial f_2}{\partial x_1} & \dfrac{\partial f_2}{\partial x_2} & \cdots & \dfrac{\partial f_2}{\partial x_n} \\ \vdots & \vdots & \ddots & \vdots \\ \dfrac{\partial f_m}{\partial x_1} & \dfrac{\partial f_m}{\partial x_2} & \cdots & \dfrac{\partial f_m}{\partial x_n} \end{pmatrix} \begin{pmatrix} dx_1 \\ dx_2 \\ \vdots \\ dx_n \end{pmatrix}, \qquad d\boldsymbol{f} = \frac{\partial \boldsymbol{f}}{\partial \boldsymbol{r}} d\boldsymbol{r}$$

となります．読者は，$\dfrac{\partial \boldsymbol{f}}{\partial \boldsymbol{r}}$ と $\Delta \boldsymbol{r}$ の積が確かに $m \times n$ 行列と n 成分（列）ベクトルの積になっていることを確かめてください．

例題 3.5

xy 平面上の位置 $\boldsymbol{r} = (x, y)$ において，風速が $\boldsymbol{v}(\boldsymbol{r}) = (ay, 0)$ であるとします．ここで a は定数です．この風は，至る所 x 軸方向しか向いていませんが，その大きさが y 座標のみに依る，というものです．（つまり，$y =$ 一定の直線上では向きも大きさも変化しません．）このとき，$\boldsymbol{r}$ から $d\boldsymbol{r}$ だけ移動するときに $\boldsymbol{v}$ がどの程度変化するか，を表すのがヤコビ行列 $\dfrac{\partial \boldsymbol{v}}{\partial \boldsymbol{r}}$ です．このヤコビ行列を求めなさい．また，$d\boldsymbol{r}$ が $(dx, 0)$ と $(0, dy)$ の 2 つの場合について $d\boldsymbol{v}$ を計算し，その意味を述べなさい．

〔解〕　答えは

$$\frac{\partial \boldsymbol{v}}{\partial \boldsymbol{r}} = \begin{pmatrix} \dfrac{\partial ay}{\partial x} & \dfrac{\partial ay}{\partial y} \\ \dfrac{\partial 0}{\partial x} & \dfrac{\partial 0}{\partial y} \end{pmatrix} = \begin{pmatrix} 0 & a \\ 0 & 0 \end{pmatrix}$$

となります．この結果の意味を考えてみましょう．

まず，ある位置 (x, y) で $d\boldsymbol{r} = (dx, 0)$ 方向に移動するとき，$d\boldsymbol{v}$ は

$$\begin{pmatrix} dv_x \\ dv_y \end{pmatrix} = \begin{pmatrix} 0 & a \\ 0 & 0 \end{pmatrix} \begin{pmatrix} dx \\ 0 \end{pmatrix} = \begin{pmatrix} 0 \\ 0 \end{pmatrix}$$

です．これは，$\boldsymbol{v}$ が x によらないので x 軸に平行に移動しても $\boldsymbol{v}$ は変わらない，ということを意味しています（このことは問題文で述べたとおりです）．

一方，$d\boldsymbol{r} = (0, dy)$ ならば

$$\begin{pmatrix} dv_x \\ dv_y \end{pmatrix} = \begin{pmatrix} 0 & a \\ 0 & 0 \end{pmatrix} \begin{pmatrix} 0 \\ dy \end{pmatrix} = \begin{pmatrix} a\,dy \\ 0 \end{pmatrix}$$

となり，v_x が $a\,dy$ だけ増えることがわかります．これは y 軸正方向に進むに従って，この分だけ風速が大きくなる（向きは x 軸正方向で変わらない）ことを意味しています．

では次に，もう少し難しい例を考えてみましょう．

例題 3.6

xy 平面上の位置 $\boldsymbol{r} = (x, y)$ において，風速が

$$\boldsymbol{v}(\boldsymbol{r}) = \left(-\frac{v_0 y}{\sqrt{x^2 + y^2}}, \frac{v_0 x}{\sqrt{x^2 + y^2}} \right)$$

であるとします．ここで v_0 は定数です．このとき，$\boldsymbol{v}(\boldsymbol{r})$ のヤコビ行列を求めなさい．

〔解〕　この風速を表す関数は，図 3.11 のように，原点を中心に左回りに渦を巻く関数です．$\sqrt{x^2 + y^2} = r$ とおくと，$v_x = -\dfrac{v_0 y}{r}$，$v_y = \dfrac{v_0 x}{r}$ なので

$$\frac{\partial \boldsymbol{v}}{\partial \boldsymbol{r}} = \begin{pmatrix} \dfrac{\partial}{\partial x}\left(-\dfrac{v_0 y}{r}\right) & \dfrac{\partial}{\partial y}\left(-\dfrac{v_0 y}{r}\right) \\ \dfrac{\partial}{\partial x}\left(\dfrac{v_0 x}{r}\right) & \dfrac{\partial}{\partial y}\left(\dfrac{v_0 x}{r}\right) \end{pmatrix} = v_0 \begin{pmatrix} -\dfrac{\partial}{\partial x}\left(\dfrac{y}{r}\right) & -\dfrac{\partial}{\partial y}\left(\dfrac{y}{r}\right) \\ \dfrac{\partial}{\partial x}\left(\dfrac{x}{r}\right) & \dfrac{\partial}{\partial y}\left(\dfrac{x}{r}\right) \end{pmatrix}$$

と書けます．

ここで，例題 3.2 の計算と全く同様にして

$$\frac{\partial}{\partial x}\left(\frac{1}{r}\right) = \frac{\partial}{\partial x}\left[(x^2 + y^2)^{-\frac{1}{2}}\right] = -\frac{1}{2}(x^2 + y^2)^{-\frac{3}{2}} \cdot 2x = -\frac{x}{r^3}$$

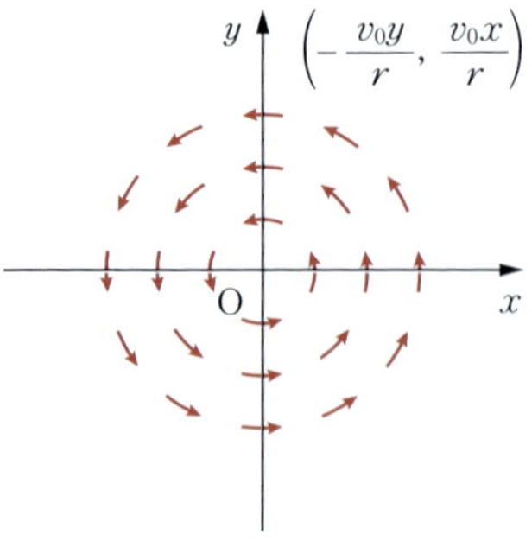

図 3.11　風速の場 $\left(-\dfrac{v_0 y}{r}, \dfrac{v_0 x}{r}\right)$

なので,

$$-\frac{\partial}{\partial x}\left(\frac{y}{r}\right)=\frac{yx}{r^3},\qquad -\frac{\partial}{\partial y}\left(\frac{y}{r}\right)=-\frac{1}{r}+\frac{y^2}{r^3}=-\frac{x^2}{r^3}$$

$$\frac{\partial}{\partial x}\left(\frac{x}{r}\right)=\frac{1}{r}-\frac{x^2}{r^3}=\frac{y^2}{r^3},\qquad \frac{\partial}{\partial y}\left(\frac{x}{r}\right)=-\frac{xy}{r^3}$$

となり，したがって，次のようになります．

$$\frac{\partial \boldsymbol{v}}{\partial \boldsymbol{r}}=v_0\begin{pmatrix}\dfrac{yx}{r^3} & -\dfrac{x^2}{r^3}\\ \dfrac{y^2}{r^3} & -\dfrac{xy}{r^3}\end{pmatrix}$$

ここで，例えば x 軸上の点 $(x_0, 0)$ では，$r=|x_0|$，$r^2=x_0^2$ となるので

$$\begin{pmatrix}dv_x\\ dv_y\end{pmatrix}=v_0\begin{pmatrix}0 & -\dfrac{1}{r}\\ 0 & 0\end{pmatrix}\begin{pmatrix}dx\\ dy\end{pmatrix}=\frac{v_0}{|x_0|}\begin{pmatrix}-dy\\ 0\end{pmatrix}$$

となります．したがって，例えば $dy=0$（x 軸上を dx だけ移動）の場合は $dv_x=0$ となり，v_x は変わりません．図 3.11 からわかるように，x 軸上の点 $(x_0, 0)$ では，$\boldsymbol{v}$ が常に y 軸方向を向いているので，v_x 成分が常に 0 であり，したがって，$dv_x=0$ となるわけです．また，式からわかるように常に $dv_y=0$ となっています．これは，$|\boldsymbol{v}|=v_0=$ 一定 なので，$\boldsymbol{v}$ の方向である y 軸方向には大きさが変化しないことを意味しています．

このように，一般には $\boldsymbol{r}$ の位置と $d\boldsymbol{r}$ の方向により $d\boldsymbol{v}$ が様々に変わってくるので，これを表すのに行列が必要になる，ということがわかるでしょう．

3.5 多変数関数におけるチェインルール

3.4 節まででですべての種類の多変数関数の微分を解説しました．そこで本節では，その合成関数の微分則，すなわちチェインルールについて解説します．これも(3.1)式からスタートすれば簡単に理解できます．

◆ チェインルールの本質と一般式

まず，$y=f(x)$ と $x=g(u)$ があるとき，合成関数 $f(g(u))$ の導関数は

$$\{f(g(u))\}'=f'(x)\,g'(u)\quad \text{あるいは}\quad \frac{dy}{du}=\frac{dy}{dx}\frac{dx}{du}\tag{3.21}$$

でした．さらに，$u=h(v)$ があると $f(g(h(v)))$ の導関数は

$$\{f(g(h(v)))\}' = f'(x)g'(u)h'(v), \qquad \frac{dy}{dv} = \frac{dy}{dx}\frac{dx}{du}\frac{du}{dv}$$

となり，一般に $y = f_1(x_1)$，$x_1 = f_2(x_2), \cdots, x_{n-1} = f_n(x_n)$ のときには

$$\frac{dy}{dx_n} = \frac{dy}{dx_1}\frac{dx_1}{dx_2}\cdots\frac{dx_{n-1}}{dx_n}$$

となります．これらの各式（の右辺）では，分母→分子（→分母…）と同じ変数（関数でもある）がちょうど鎖のようにつながっていくので，**合成関数の微分則のことをチェインルール**（chain rule：**連鎖則**あるいは**連鎖律**）**といいます**．

(3.1)式に立ち戻れば，チェインルールはごく当たり前のことであることがわかります．なぜなら，**関数** が **変数**$_1$ の関数，**変数**$_1$ が **変数**$_2$ の関数であるとすると，

$$\begin{aligned} \varDelta\textbf{関数} &\cong \boxed{\textbf{変化率}_1} \times \varDelta\textbf{変数}_1 \\ \varDelta\textbf{変数}_1 &\cong \boxed{\textbf{変化率}_2} \times \varDelta\textbf{変数}_2 \\ \therefore \quad \varDelta\textbf{関数} &\cong \boxed{\textbf{変化率}_1} \times \boxed{\textbf{変化率}_2} \times \varDelta\textbf{変数}_2 \end{aligned} \tag{3.22}$$

と書けるからです．$\boxed{\textbf{変化率}_1} \times \boxed{\textbf{変化率}_2}$ の部分がチェインルールそのものを表しています．例えば(3.21)式では

$$\begin{aligned} \varDelta y &\cong f'(x)\,\varDelta x \\ \varDelta x &\cong g'(u)\,\varDelta u \\ \therefore \quad \varDelta y &\cong f'(x)\,g'(u)\,\varDelta u \end{aligned}$$

となります．したがって，両辺を $\varDelta u$ で割って $\varDelta u \to 0$ の極限をとれば

$$\frac{dy}{du} = f'(x)g'(u) = \frac{dy}{dx}\frac{dx}{du}$$

となって，(3.21)式が得られます．

以上のことから，(3.22)**式がチェインルールの本質を表す式であり，多変数関数やベクトル関数も，この式を適用すればよいのです**．ただし，× は場合によって，単なる掛け算，ベクトルの内積，そして行列とベクトルの積，の３種類があることはすでに読者は知っているでしょう．（すぐ後に述べますが，最も一般の場合は，行列と行列の積になります．）

ではいきなりですが，チェインルールの一般式を述べましょう．

$$\boldsymbol{f}(\boldsymbol{r}) = (f_1(\boldsymbol{r}), f_2(\boldsymbol{r}), \cdots, f_l(\boldsymbol{r})) \qquad (l\ \text{成分の多変数ベクトル関数})$$

$$\boldsymbol{r}(\boldsymbol{u}) = (r_1(\boldsymbol{u}), r_2(\boldsymbol{u}), \cdots, r_m(\boldsymbol{u})) \qquad (m\ \text{成分の多変数ベクトル関数})$$

$$\boldsymbol{u} = (u_1, u_2, \cdots, u_n) \qquad (n\ \text{成分のベクトル変数})$$

を考えて，(3.20)を(3.22)に適用すると，

$$\varDelta \boldsymbol{f} = \boldsymbol{f}(\boldsymbol{r} + \varDelta \boldsymbol{r}) - \boldsymbol{f}(\boldsymbol{r}) \cong \frac{\partial \boldsymbol{f}}{\partial \boldsymbol{r}} \varDelta \boldsymbol{r}$$

$$\varDelta \boldsymbol{r} = \boldsymbol{r}(\boldsymbol{u} + \varDelta \boldsymbol{u}) - \boldsymbol{r}(\boldsymbol{u}) \cong \frac{\partial \boldsymbol{r}}{\partial \boldsymbol{u}} \varDelta \boldsymbol{u}$$

$$\therefore \quad \varDelta \boldsymbol{f} \cong \frac{\partial \boldsymbol{f}}{\partial \boldsymbol{r}} \frac{\partial \boldsymbol{r}}{\partial \boldsymbol{u}} \varDelta \boldsymbol{u}$$

となり，両辺で $\varDelta \boldsymbol{u} \to \boldsymbol{0}$ の極限をとった

$$d\boldsymbol{f} = \frac{\partial \boldsymbol{f}}{\partial \boldsymbol{r}} \frac{\partial \boldsymbol{r}}{\partial \boldsymbol{u}} d\boldsymbol{u} \tag{3.23}$$

が合成微分の定義式となります．$\dfrac{\partial \boldsymbol{f}}{\partial \boldsymbol{r}}$ は $l \times m$ のヤコビ行列，$\dfrac{\partial \boldsymbol{r}}{\partial \boldsymbol{u}}$ は $m \times n$ のヤコビ行列であり，**チェインルールは一般にヤコビ行列の積となります**．これを成分で書くと

$$\begin{pmatrix} df_1 \\ df_2 \\ \vdots \\ df_l \end{pmatrix} = \begin{pmatrix} \dfrac{\partial f_1}{\partial r_1} & \dfrac{\partial f_1}{\partial r_2} & \cdots & \dfrac{\partial f_1}{\partial r_m} \\ \dfrac{\partial f_2}{\partial r_1} & \dfrac{\partial f_2}{\partial r_2} & \cdots & \dfrac{\partial f_2}{\partial r_m} \\ \vdots & \vdots & \ddots & \vdots \\ \dfrac{\partial f_l}{\partial r_1} & \dfrac{\partial f_l}{\partial r_2} & \cdots & \dfrac{\partial f_l}{\partial r_m} \end{pmatrix} \begin{pmatrix} \dfrac{\partial r_1}{\partial u_1} & \dfrac{\partial r_1}{\partial u_2} & \cdots & \dfrac{\partial r_1}{\partial u_n} \\ \dfrac{\partial r_2}{\partial u_1} & \dfrac{\partial r_2}{\partial u_2} & \cdots & \dfrac{\partial r_2}{\partial u_n} \\ \vdots & \vdots & \ddots & \vdots \\ \dfrac{\partial r_m}{\partial u_1} & \dfrac{\partial r_m}{\partial u_2} & \cdots & \dfrac{\partial r_m}{\partial u_n} \end{pmatrix} \begin{pmatrix} du_1 \\ du_2 \\ \vdots \\ du_n \end{pmatrix} \tag{3.24}$$

となります．

さらに，この行列の積は $l \times n$ の1つの行列となっているので，(3.23)は $\boldsymbol{f}$ の $\boldsymbol{u}$ に関するヤコビ行列の定義そのものです．ただし，関数の形は $\boldsymbol{f}(\boldsymbol{u})$ ではなく，$\boldsymbol{f}(\boldsymbol{r}(\boldsymbol{u}))$ であることに注意しなければいけません．このことを忘れないようにするために，合成関数では必ず $\boldsymbol{f}$ を $\boldsymbol{f}(\boldsymbol{r}(\boldsymbol{u}))$ のようにキチンと書く習慣をつけましょう．

以上のことから，$\boldsymbol{f}$ を $\boldsymbol{u}$ の関数として微分する場合の一般のチェインルールは

$$\frac{\partial \boldsymbol{f}(\boldsymbol{r}(\boldsymbol{u}))}{\partial \boldsymbol{u}} = \frac{\partial \boldsymbol{f}}{\partial \boldsymbol{r}} \frac{\partial \boldsymbol{r}}{\partial \boldsymbol{u}} \tag{3.25}$$

と書き表すことができ，これを成分で書くと

$$\begin{pmatrix} \frac{\partial f_1}{\partial u_1} & \frac{\partial f_1}{\partial u_2} & \cdots & \frac{\partial f_1}{\partial u_n} \\ \frac{\partial f_2}{\partial u_1} & \frac{\partial f_2}{\partial u_2} & \cdots & \frac{\partial f_2}{\partial u_n} \\ \vdots & \vdots & \ddots & \vdots \\ \frac{\partial f_l}{\partial u_1} & \frac{\partial f_l}{\partial u_2} & \cdots & \frac{\partial f_l}{\partial u_n} \end{pmatrix} = \begin{pmatrix} \frac{\partial f_1}{\partial r_1} & \frac{\partial f_1}{\partial r_2} & \cdots & \frac{\partial f_1}{\partial r_m} \\ \frac{\partial f_2}{\partial r_1} & \frac{\partial f_2}{\partial r_2} & \cdots & \frac{\partial f_2}{\partial r_m} \\ \vdots & \vdots & \ddots & \vdots \\ \frac{\partial f_l}{\partial r_1} & \frac{\partial f_l}{\partial r_2} & \cdots & \frac{\partial f_l}{\partial r_m} \end{pmatrix} \begin{pmatrix} \frac{\partial r_1}{\partial u_1} & \frac{\partial r_1}{\partial u_2} & \cdots & \frac{\partial r_1}{\partial u_n} \\ \frac{\partial r_2}{\partial u_1} & \frac{\partial r_2}{\partial u_2} & \cdots & \frac{\partial r_2}{\partial u_n} \\ \vdots & \vdots & \ddots & \vdots \\ \frac{\partial r_m}{\partial u_1} & \frac{\partial r_m}{\partial u_2} & \cdots & \frac{\partial r_m}{\partial u_n} \end{pmatrix} \tag{3.26}$$

となります．すぐ上でキチンと書きなさい，と言っておきながら何ですが，各成分で $\frac{\partial f_i(\boldsymbol{r}(\boldsymbol{u}))}{\partial u_j}$ 等と書いているとさすがに大変なので，ほとんどの本でこれを(3.26)のように $\frac{\partial f_i}{\partial u_j}$ と書いています．

しかし，これではいくら何でも一般的すぎてわからない，と読者から苦情が来そうです．そこで以下に，典型的な例を３つ解説しましょう．

◆ $f(u)$ と $u(x, y) = u(\boldsymbol{r})$ の場合

関数 f がスカラー関数 u を通して $\boldsymbol{r}$ の関数となっている場合です．(3.13)を(3.22)に適用すると，

$$\Delta f = f(u + \Delta u) - f(u) \cong \frac{df}{du} \Delta u$$

$$\varDelta u = u(\boldsymbol{r} + \varDelta\boldsymbol{r}) - u(\boldsymbol{r}) \cong \nabla u(\boldsymbol{r})\cdot\varDelta\boldsymbol{r}$$

$$\therefore\quad \varDelta f \cong \frac{df}{du}\nabla u(\boldsymbol{r})\cdot\varDelta\boldsymbol{r}$$

したがって，$\varDelta\boldsymbol{r} \to \boldsymbol{0}$ の極限をとって

$$df = \frac{df}{du}\nabla u(\boldsymbol{r})\cdot d\boldsymbol{r} \tag{3.27}$$

となります．(3.14)式と比べると(3.27)式は f の勾配の定義式であることがわかるので，$f(u(\boldsymbol{r}))$ の $\boldsymbol{r}$ に関する微分のチェインルールは

$$\nabla f(u(\boldsymbol{r})) = \frac{df}{du}\nabla u(\boldsymbol{r})$$

です．これをもっとチェインルールらしく表記すれば

$$\frac{\partial f(u(\boldsymbol{r}))}{\partial\boldsymbol{r}} = \frac{df}{du}\frac{\partial u}{\partial\boldsymbol{r}}$$

となります．

この式を(3.25)式と比べると，1×1 のヤコビ行列 $\dfrac{df}{du}$ (1 行 1 列なので実際にはスカラー）と 1×2 のヤコビ行列 $\dfrac{\partial u}{\partial\boldsymbol{r}}$ (1 行 2 列なので実際には列ベクトル）の積とみることもできます．$\dfrac{df}{du}$ が $\dfrac{\partial f}{\partial u}$ でないのは，f が 1 変数 u のみの関数だからです．

◆ $f(\boldsymbol{r})$ と $\boldsymbol{r}(t) = (x(t), y(t))$ の場合

関数 f が $\boldsymbol{r}$ を通じて t の関数となっている場合です．例えば，時刻 $t = 0$ にある地点を出発し，曲線 $\boldsymbol{r}$ に沿って移動しながら，各地点 $\boldsymbol{r} = (x, y)$ の高さ f を測定する，というような例が考えられます．(3.13)式と(3.3)式を(3.22)式に適用すると，

$$\varDelta f = f(\boldsymbol{r} + \varDelta\boldsymbol{r}) - f(\boldsymbol{r}) \cong \nabla f(\boldsymbol{r})\cdot\varDelta\boldsymbol{r}$$

$$\varDelta\boldsymbol{r} = \boldsymbol{r}(t + \varDelta t) - \boldsymbol{r}(t) \cong \frac{d\boldsymbol{r}(t)}{dt}\varDelta t$$

$$\therefore\quad \varDelta f \cong \nabla f(\boldsymbol{r})\cdot\frac{d\boldsymbol{r}(t)}{dt}\varDelta t$$

となります．この場合はΔtで割れるので，そのまま割って$\Delta t \to 0$の極限をとると，チェインルールは

$$\frac{df(\boldsymbol{r}(t))}{dt} = \nabla f(\boldsymbol{r})\cdot\frac{d\boldsymbol{r}(t)}{dt} = \frac{\partial f}{\partial \boldsymbol{r}}\cdot\frac{d\boldsymbol{r}}{dt} \tag{3.28}$$

となります．内積を成分で具体的に書くと

$$\frac{df(\boldsymbol{r}(t))}{dt} = \frac{\partial f}{\partial x}\frac{dx}{dt} + \frac{\partial f}{\partial y}\frac{dy}{dt}$$

です．

この合成微分を図形的に理解すると次のようになります．$\boldsymbol{r}(t)$は曲線を表すので，$f(\boldsymbol{r}(t))$はこの曲線上のfの値です．これを曲線のパラメーターtで微分する，ということは，**曲線$\boldsymbol{r}(t)$に沿ったfのtに対する変化率**を求めている，ということになります．ここで，$\nabla f(\boldsymbol{r})$は最大変化率の大きさと向きを表し，一方で$\dfrac{d\boldsymbol{r}}{dt}$は曲線の向きを表すので，曲線に沿った$f$の$t$に対する変化率は$\nabla f(\boldsymbol{r})$の$\dfrac{d\boldsymbol{r}}{dt}$方向の射影，つまり両者の内積になるわけです．

◆ $T(\boldsymbol{v}) = T(v_x, v_y)$ と $\boldsymbol{v} = (v_x(\boldsymbol{r}), v_y(\boldsymbol{r}))$ の場合

関数Tが$\boldsymbol{v}$を通して$\boldsymbol{r}$の関数となっている場合です．例えば，各地点$\boldsymbol{r}$の気温Tが$\boldsymbol{r}$での風速$\boldsymbol{v}$で決まる，というような例が考えられます．

(3.13)式と(3.18)式を(3.22)式に適用すると，

$$\Delta T = T(\boldsymbol{v}+\Delta\boldsymbol{v}) - T(\boldsymbol{v}) \cong \nabla_v T(\boldsymbol{v})\cdot\Delta\boldsymbol{v}$$

$$\Delta\boldsymbol{v} = \boldsymbol{v}(\boldsymbol{r}+\Delta\boldsymbol{r}) - \boldsymbol{v}(\boldsymbol{r}) \cong \frac{\partial\boldsymbol{v}}{\partial\boldsymbol{r}}\Delta\boldsymbol{r}$$

$$\therefore\quad \Delta T \cong \nabla_v T(\boldsymbol{v})\cdot\frac{\partial\boldsymbol{v}}{\partial\boldsymbol{r}}\Delta\boldsymbol{r}$$

したがって，$\Delta\boldsymbol{r}\to\boldsymbol{0}$の極限をとると

$$dT = \nabla_v T(\boldsymbol{v})\cdot\frac{\partial\boldsymbol{v}}{\partial\boldsymbol{r}}d\boldsymbol{r} \tag{3.29}$$

となります．ただし，∇_vは$\boldsymbol{v}$に関して勾配をとる，すなわち

$$\nabla_{\boldsymbol{v}} \equiv \left(\frac{\partial}{\partial v_x}, \frac{\partial}{\partial v_y} \right)$$

ということを表すとします．

(3.14)式と比べると，(3.29)式は T の勾配の定義式であることがわかるので，$T(v(\boldsymbol{r}))$ の $\boldsymbol{r}$ に関する微分のチェインルールは

$$\nabla T(\boldsymbol{v}(\boldsymbol{r})) = \nabla_{\boldsymbol{v}} T(\boldsymbol{v}) \frac{\partial \boldsymbol{v}}{\partial \boldsymbol{r}} \tag{3.30}$$

となります．

ここで注意点が1つあります．それは，(3.29)式の段階では，1×2 の行ベクトル $\nabla_{\boldsymbol{v}} T(\boldsymbol{v})$ と 2×1 の列ベクトル $\dfrac{\partial \boldsymbol{v}}{\partial \boldsymbol{r}} d\boldsymbol{r}$ の内積だったのですが，$d\boldsymbol{r}$ をとり去ったため，(3.30)式では 1×2 の行ベクトル $\nabla_{\boldsymbol{v}} T(\boldsymbol{v})$ と 2×2 の行列 $\dfrac{\partial \boldsymbol{v}}{\partial \boldsymbol{r}}$ の（行列の）積となり，内積の記号「·」もとり去っていることです．この両者の積は，行列の積のルールから 1×2 の行ベクトルとなるので，(3.30)式で $d\boldsymbol{r}$ を付けると

$$dT = \nabla T(\boldsymbol{v}(\boldsymbol{r})) \cdot d\boldsymbol{r} = \nabla_{\boldsymbol{v}} T(\boldsymbol{v}) \frac{\partial \boldsymbol{v}}{\partial \boldsymbol{r}} \cdot d\boldsymbol{r}$$

のように，$d\boldsymbol{r}$ との間で内積をとることになります．

また，チェインルールらしく表せば

$$\frac{\partial T(\boldsymbol{v}(\boldsymbol{r}))}{\partial \boldsymbol{r}} = \frac{\partial T}{\partial \boldsymbol{v}} \frac{\partial \boldsymbol{v}}{\partial \boldsymbol{r}}$$

となり，これを成分表示すると

$$\left(\frac{\partial T(\boldsymbol{v}(\boldsymbol{r}))}{\partial x}, \frac{\partial T(\boldsymbol{v}(\boldsymbol{r}))}{\partial y} \right) = \left(\frac{\partial T}{\partial v_x}, \frac{\partial T}{\partial v_y} \right) \begin{pmatrix} \dfrac{\partial v_x}{\partial x} & \dfrac{\partial v_x}{\partial y} \\ \dfrac{\partial v_y}{\partial x} & \dfrac{\partial v_y}{\partial y} \end{pmatrix}$$

となって，行列の積の計算をした結果は

$$\frac{\partial T(\boldsymbol{v}(\boldsymbol{r}))}{\partial x} = \frac{\partial T}{\partial v_x} \frac{\partial v_x}{\partial x} + \frac{\partial T}{\partial v_y} \frac{\partial v_y}{\partial x}, \quad \frac{\partial T(\boldsymbol{v}(\boldsymbol{r}))}{\partial y} = \frac{\partial T}{\partial v_x} \frac{\partial v_x}{\partial y} + \frac{\partial T}{\partial v_y} \frac{\partial v_y}{\partial y}$$

となります．

第4章 線積分・面積分・体積積分

第3章では，多変数・ベクトル関数の微分について解説しました．では，これらの関数の積分とはどのようなものでしょうか．本章では，「積分の本質の式」からスタートして，多変数・ベクトル関数の積分である線積分・面積分・体積積分について解説します．

4.1 積分とは？

微分の本質の式(3.1)の **変化率** を **微分** に書き直すと，Δ**関数** $\cong$ **微分** $\times \Delta$**変数** となります．これを足し上げた **関数** $\cong \sum \Delta$**関数** $\cong \sum$ **微分** $\times$ Δ**変数** が積分であり，関数 $y = F(x)$ についてこれを図にしたものが図4.1 (a)です．I は，最初（$x = a$）と最後（$x = b$）の変数のときの**関数値の差** $F(b) - F(a)$ です．しかし積分という計算の出発点は，「微分した関数がわかっている（つまり，$F'(x)$ はわかっていて，そこから未知である $F(x)$ を

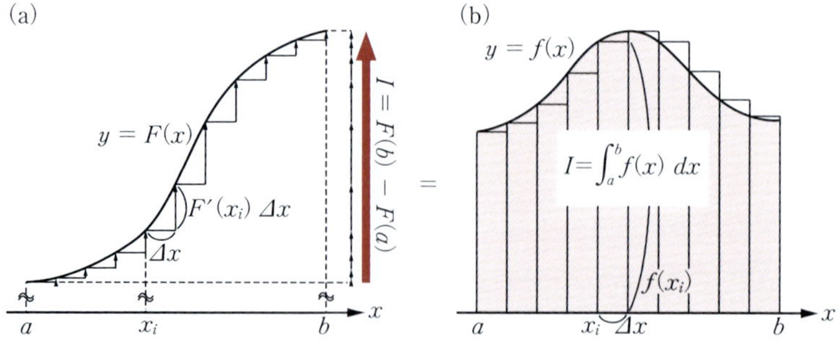

図4.1 積分の意味
(a) a から b まで $F'(x)\Delta x_i$ を足し上げたものが $I = F(b) - F(a)$ である．
(b) $f(x)$（$= F'(x)$）と x 軸に囲まれた面積が I である．

求める)」というところにあります．そこで，**微分** を**関数**に，**関数**を **積分** に書き直しましょう．

$$\boxed{積分} \cong \sum \boxed{\varDelta 積分} \cong \sum 関数 \times \varDelta 変数 \tag{4.1}$$

これが積分の本質の式です．$y = f(x)$ について図にしたものが図 4.1(b)であり，積分 I は $f(x)$ **と** x **軸とに囲まれた面積**を意味します．

さて，前章の微分と同様に，積（×）は関数と変数の組み合わせによって異なりますが，前章と異なる点が1つだけあります．それは，**本書で扱う積分はスカラー**であることです[1]．したがって，**⊿変数** がスカラーならば関数もスカラーで × は単なる積，ベクトルならば関数もベクトル関数で × は内積，となります．また，積分は各変数に関して足し上げたもの（いわば「偏積分」）をさらに合計したものなので，n 変数の場合は n 回だけ積分を繰り返します．そこで変数の数で積分を分類すると

(1)　1変数：　スカラー関数の線積分とベクトル関数の線積分

(2)　2変数：　スカラー関数の面積分とベクトル関数の面積分

(3)　3変数：　スカラー関数の体積積分

のように分類できることになります．なぜ(3)がスカラー関数だけかというと，3次元空間に住んでいる我々にとって，線と面までは向きがつけられます（＝ベクトルにできます）が，立体にはつけられないからです．抽象的には，3変数でベクトル関数の積分や4変数以上の高次の積分も考えられますが，理工系の各分野で重要な積分は具体的に扱えるものばかりなので，それらは，今は気にしなくて大丈夫です．そこで本章では，変数は位置ベクトル $\boldsymbol{r} = (x, y, z)$ を想定し，多変数関数はしばしば場と表現します．では，上記(1)～(3)について，順に解説していきましょう．

4.2 線 積 分

高等学校で学んだ積分は，直線である x 軸上の（定）積分 $\int_a^b f(x)dx$ でした．ところで，曲線はパラメーター1つで表せて（1.6節を参照），また

1）結果がベクトルになるような，もっと難しい積分も考えられますが，本書では扱いません．また，ベクトルの各成分でスカラーになるものは，スカラーの積分です．

どのような曲線の長さも非常に細かく区切った線分の集まりで表すことができます（1.4節を参照）．そして，積分とは(4.1)式のように，その短い区間の（関数の値の）足し合わせです．したがって，x軸のような直線上だけでなく，一般に曲線の上でも同じような積分が定義できるのではないか，と考えるのは自然なことです．これが，曲線に沿った積分である**線積分**です．

4.2.1　スカラー関数の線積分

x軸上の定積分の定義は

$$\int_a^b f(x)dx \equiv \lim_{n\to\infty}\sum_{i=1}^{n} f(x_i)\varDelta x_i$$

です．ここで$\varDelta x_i$は，積分する領域をn個に分けたときに**隣り合う2点の位置の差**$\varDelta x_i \equiv x_{i+1} - x_i$です[2]．そこで全く同様に，$xy$平面上のスカラー関数$f(\boldsymbol{r})$の，点P（位置ベクトル$\boldsymbol{r}_{\mathrm{P}}$）から点Q（位置ベクトル$\boldsymbol{r}_{\mathrm{Q}}$）までの**曲線**C**に沿った線積分**を

$$_{(\mathrm{C})}\int_{\boldsymbol{r}_{\mathrm{P}}}^{\boldsymbol{r}_{\mathrm{Q}}} f(\boldsymbol{r})\,dl \equiv \lim_{n\to\infty}\sum_{i=1}^{n} f(\boldsymbol{r}_i)\,\varDelta l_i \tag{4.2}$$

と定義します．(C)は「Cに沿って」という意味です．$\varDelta l_i$は位置の差なので，位置がベクトルになっていることも考えると$\varDelta l_i = |\boldsymbol{r}_{i+1} - \boldsymbol{r}_i|$でよさそうな気がしますが，これだと大きさだけになってしまうので，「積分する向き」が逆になったときに負号が付きません[3]．そこで向きを付けて

$$\varDelta l_i \equiv \pm|\boldsymbol{r}_{i+1} - \boldsymbol{r}_i| \qquad \text{（符号は積分方向と一致するときに正）} \tag{4.3}$$

と定義します．(4.3)式を符号なしで定義する方法は，すぐ後で述べます．

(4.2)式を図にすると，図4.2の左図のようになります．図形的な意味は，x軸上の定積分と同様に，$f(\boldsymbol{r})$とxy平面上の曲線Cで囲まれた面積

2）$\varDelta x_i$は，すべて同じ長さでも，iごとにバラバラでもOKです．また，うるさく言うと，$i=1$がa，$i=n+1$がbです．

3）$\int_b^a f(x)dx = -\int_a^b f(x)dx$からわかるように，積分は，もともと積分する向きも含めて定義されています．実はそうすることで不定積分と微分が互いに逆演算の関係となることが確立できます．詳しくは解析学の専門書を参照してください．

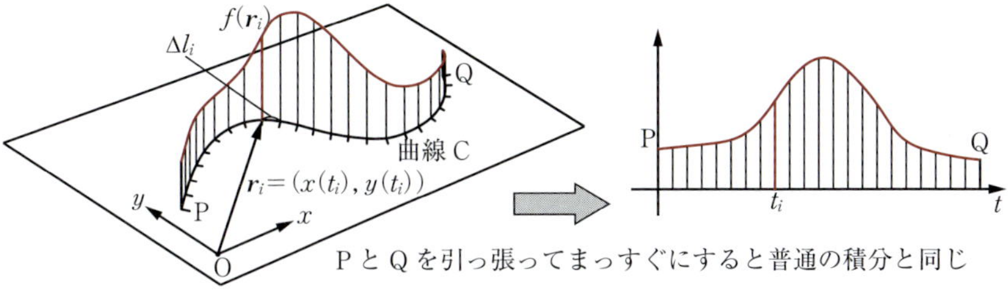

図 4.2 xy 平面上の曲線 C. z 軸方向は関数 $f(\boldsymbol{r})$ の値を表している. 間に囲まれた縦線の面積が線積分である. 横軸を t に書き直せば普通の積分と同じである.

(に符号が付いたもの) です. 具体的に計算するには, dl をうまく具体的に表さなくてはなりませんが, 曲線は 1 次元なので, 1 つのパラメーター t だけで表せます. したがって, t が増えるにつれて点が曲線 C 上を P から Q に移動するように t を決めれば, t を積分変数にすることができます.

そこで, t ($t_{\mathrm{P}} \leqq t \leqq t_{\mathrm{Q}}$) を用いて, 曲線 C を

$$\mathrm{C}: \quad \boldsymbol{r}(t) = (x(t), y(t)), \quad \boldsymbol{r}(t_{\mathrm{P}}) \equiv \boldsymbol{r}_{\mathrm{P}}, \quad \boldsymbol{r}(t_{\mathrm{Q}}) \equiv \boldsymbol{r}_{\mathrm{Q}}$$

と表すと, Δl は「$t \to t + \Delta t$ としたときの $\boldsymbol{r}$ の変化分で, かつ Δt の符号 (P → Q で正, 逆向きで負) を含んでいる (がベクトルではない) もの」と定義できます. ここで, $\boldsymbol{r}$ の変化分が(4.3)式より $|\Delta \boldsymbol{r}|$, また Δt の符号は $\dfrac{\Delta t}{|\Delta t|}$ で表せるので, (4.3)式より

$$\Delta l = |\Delta \boldsymbol{r}| \frac{\Delta t}{|\Delta t|} = \left| \frac{\Delta \boldsymbol{r}}{\Delta t} \right| \Delta t, \quad \text{すなわち} \quad dl = \lim_{\Delta t \to 0} \left| \frac{\Delta \boldsymbol{r}}{\Delta t} \right| \Delta t = \left| \frac{d\boldsymbol{r}}{dt} \right| dt$$

となり, (4.2)式は

$$_{(\mathrm{C})}\int_{\boldsymbol{r}_{\mathrm{P}}}^{\boldsymbol{r}_{\mathrm{Q}}} f(\boldsymbol{r}) dl = \int_{t_{\mathrm{P}}}^{t_{\mathrm{Q}}} f(\boldsymbol{r}(t)) \left| \frac{d\boldsymbol{r}}{dt} \right| dt \tag{4.4}$$

のように具体的に表すことができます. t へ変数変換することは, x, y を忘れて曲線 C 上の 1 次元パラメーター t のみで f を表すことに相当するので, 図 4.2 の右図のように, t の関数 f の積分を考えていることと同じです. いわばこれは, 「P と Q を引っ張ってまっすぐにして, t という軸を付けた」ことに相当します. なお, t を時間とすると, $\left| \dfrac{d\boldsymbol{r}}{dt} \right|$ は(3.5)式ですでに登場

した「速さ」です．

$f(\boldsymbol{r}) = 1$ という特別な場合，線積分(4.4)式は

$$\int_{(C)\,r_P}^{r_Q} dl = \int_{t_P}^{t_Q} \left| \frac{d\boldsymbol{r}}{dt} \right| dt = \int_{t_P}^{t_Q} \sqrt{\left\{ \frac{dx(t)}{dt} \right\}^2 + \left\{ \frac{dy(t)}{dt} \right\}^2} \, dt$$

となり，**曲線Cの**（積分の向きを含んだ）**長さ**を表します．これはちょうど

$$\int_a^b dx = b - a$$

が2点 a, b 間の（向きを含んだ）数直線上の距離を表していることにぴったり対応しています．

例題 4.1

$\boldsymbol{r} = (x, y)$，$f(\boldsymbol{r}) = x + y$ のとき，$(R, 0)$ から $(0, R)$ まで，原点中心で半径 R の円に沿って反時計回りに $f(\boldsymbol{r})$ を積分しなさい．

〔解〕　この経路は曲線 $\boldsymbol{r} = (R\cos t, R\sin t)$，$0 \leqq t \leqq \pi/2$ と表せるので

$$f(\boldsymbol{r}(t)) = R\cos t + R\sin t = \sqrt{2}R\sin\left(t + \frac{\pi}{4}\right)$$

$$\frac{d\boldsymbol{r}}{dt} = (-R\sin t, R\cos t), \qquad \left|\frac{d\boldsymbol{r}}{dt}\right| = \sqrt{R^2\sin^2 t + R^2\cos^2 t} = R$$

であり，求める積分は

$$\begin{aligned} \int_0^{\frac{\pi}{2}} \sqrt{2}\,R\sin\left(t + \frac{\pi}{4}\right) R\,dt &= \sqrt{2}\,R^2\left[-\cos\left(t + \frac{\pi}{4}\right)\right]_0^{\frac{\pi}{2}} \\ &= -\sqrt{2}\,R^2\left\{\cos\left(\frac{\pi}{2} + \frac{\pi}{4}\right) - \cos\frac{\pi}{4}\right\} \\ &= 2R^2 \end{aligned}$$

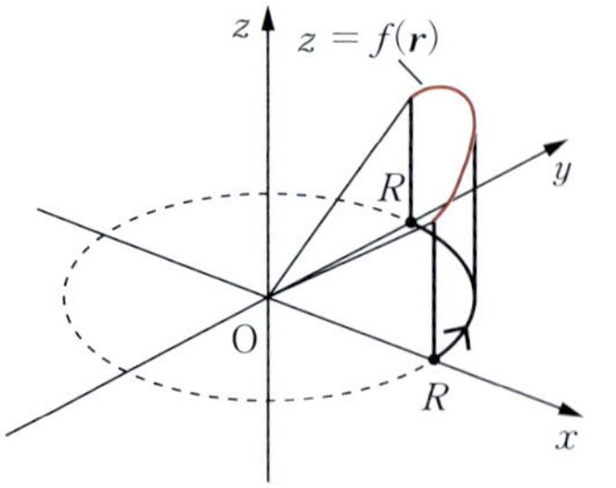

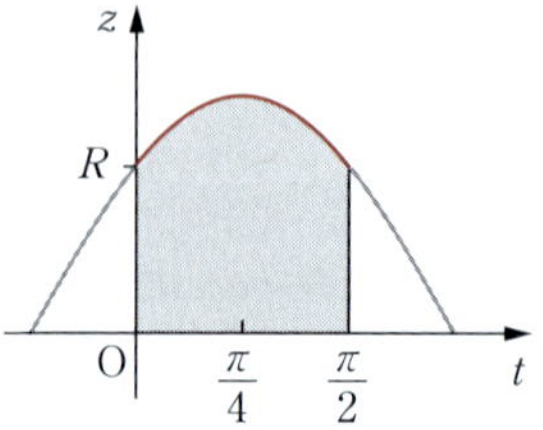

図 4.3　$f(\boldsymbol{r}) = x + y$ の半径 R の円に沿った線積分（左図）と実際に実行する積分（右図）

となります（図 4.3）.

x 軸上の積分と同じように，この積分は，積分経路上で $f(\boldsymbol{r})$ と xy 平面上の半径 R の円（の一部）とに挟まれる曲面の面積です．（ただし，積分経路が逆向きだと負号が付きます.）

4.2.2 ベクトル関数の線積分

図 4.4 のように，矢印で表した風が吹く中を飛行機が飛んでいるとします．ただし，飛行機は高度を変えずに xy 平面上を運動するとし，風も xy 平面内で吹いているとしましょう．このとき，風は飛行機に力 $\boldsymbol{F}$ を作用しますが，その大きさと向きは場所によって異なるので，**風力の場** $\boldsymbol{F}(\boldsymbol{r})$ を定義できます．

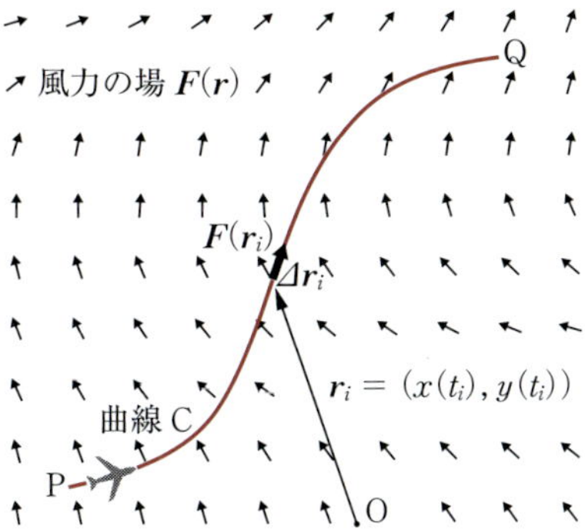

図 4.4 風力の場 $\boldsymbol{F}(\boldsymbol{r})$ の中を曲線 C に沿って飛ぶ飛行機

飛行機が曲線 C に沿って点 P から点 Q まで飛ぶとき，飛行機は各点で曲線 C に沿って $\Delta\boldsymbol{r}_i$ ずつ進んで行くので，風力の場が飛行機になす微小な仕事は各点で $\Delta\boldsymbol{r}_i$ 進むごとに $\boldsymbol{F}(\boldsymbol{r}_i)\cdot\Delta\boldsymbol{r}_i$ となります．したがって，飛行機が P から Q まで飛ぶときに風力 $\boldsymbol{F}(\boldsymbol{r})$ が飛行機になす全仕事 W は

$$W = \lim_{n\to\infty}\sum_{i=1}^{n}\boldsymbol{F}(\boldsymbol{r}_i)\cdot\Delta\boldsymbol{r}_i \equiv {}_{(\mathrm{C})}\!\int_{\boldsymbol{r}_\mathrm{P}}^{\boldsymbol{r}_\mathrm{Q}}\boldsymbol{F}(\boldsymbol{r})\cdot d\boldsymbol{r}$$

となります．

このように，**ベクトル関数の曲線方向の成分を曲線に沿って足し上げたものがベクトル関数の線積分**の定義です．これは $\boldsymbol{F}(\boldsymbol{r})$ の曲線 C に沿った成分をスカラー関数であるとみなして，スカラー関数の線積分を行うことと同じです．

この線積分を具体的に計算するためには，スカラー関数の場合と同様に曲線 C をパラメーター表示して

$${}_{(\mathrm{C})}\!\int_{\boldsymbol{r}_\mathrm{P}}^{\boldsymbol{r}_\mathrm{Q}}\boldsymbol{F}(\boldsymbol{r})\cdot d\boldsymbol{r} = \int_{t_\mathrm{P}}^{t_\mathrm{Q}}\boldsymbol{F}(\boldsymbol{r}(t))\cdot\frac{d\boldsymbol{r}}{dt}\,dt \tag{4.5}$$

とすればよいということになります．では，実際に計算してみましょう．

例題 4.2

$\boldsymbol{F}(\boldsymbol{r}) = (-y, x)$ のとき，$y = ax^2$（a は定数）に沿って $(1, a)$ から $(3, 9a)$ まで $\boldsymbol{F}(\boldsymbol{r})$ を積分しなさい．

〔解〕 この経路は，パラメーター t を用いて $\boldsymbol{r} = (t, at^2)$，$1 \leqq t \leqq 3$ と表せるので[4)]

$$F(\boldsymbol{r}(t)) = (-at^2, t), \qquad \frac{d\boldsymbol{r}}{dt} = (1, 2at)$$

$$F(\boldsymbol{r}(t))\cdot\frac{d\boldsymbol{r}}{dt} = -at^2 + 2at^2 = at^2$$

であり，求める積分は(4.5)式より

$$\int_1^3 at^2\,dt = a\left[\frac{t^3}{3}\right]_1^3 = \frac{a}{3}(27-1) = \frac{26}{3}a$$

となります．

◆ 勾配で定義されるベクトル関数の線積分

ところで，もし $\boldsymbol{F}(\boldsymbol{r})$ が，例題 3.3 で扱った重力やクーロン力のように，$\boldsymbol{F}(\boldsymbol{r}) = \nabla f(\boldsymbol{r})$ とおけるような関数ならば，(4.5)式の右辺の被積分関数は(3.28)式の右辺と全く同じです．そこで(3.28)式の両辺を t で積分して(4.5)式と比較すると

$$\int_{t_\mathrm{P}}^{t_\mathrm{Q}} \frac{df(\boldsymbol{r}(t))}{dt}\,dt = \int_{t_\mathrm{P}}^{t_\mathrm{Q}} \nabla f(\boldsymbol{r})\cdot\frac{d\boldsymbol{r}}{dt}\,dt = {}_{(\mathrm{C})}\!\int_{\boldsymbol{r}_\mathrm{P}}^{\boldsymbol{r}_\mathrm{Q}} \nabla f(\boldsymbol{r})\cdot d\boldsymbol{r} \qquad (4.6)$$

となります．

一方，(4.6)式の左辺は t で微分したものを t で積分するのだから f に戻るはずで

$$\int_{t_\mathrm{P}}^{t_\mathrm{Q}} \frac{df(\boldsymbol{r}(t))}{dt}\,dt = {}_{(\mathrm{C})}\!\int_{\boldsymbol{r}_\mathrm{P}}^{\boldsymbol{r}_\mathrm{Q}} df(\boldsymbol{r}) = f(\boldsymbol{r}_\mathrm{Q}) - f(\boldsymbol{r}_\mathrm{P}) \qquad (4.7)$$

となります．中央の式は f を細切れにした $df(\boldsymbol{r})$ を足していく（だから，右の式で $f(\boldsymbol{r})$ に戻る）という意味です．したがって，(4.6)式と(4.7)式から

4）　パラメーターは x のままでも構いません！

$$\int_{(C)\,\boldsymbol{r}_P}^{\boldsymbol{r}_Q} \nabla f(\boldsymbol{r})\cdot d\boldsymbol{r} = f(\boldsymbol{r}_Q) - f(\boldsymbol{r}_P)$$

が得られます．

この段階では左辺の積分は経路 C を想定して積分していますが，右辺の f の値は $\boldsymbol{r}_P$ と $\boldsymbol{r}_Q$ のみによって決まり，経路には無関係です．したがって，左辺の記号(C)にはもはや意味がなく，**積分の始点と終点を定めれば，積分経路には関係なく**

$$\int_{\boldsymbol{r}_P}^{\boldsymbol{r}_Q} \nabla f(\boldsymbol{r})\cdot d\boldsymbol{r} = f(\boldsymbol{r}_Q) - f(\boldsymbol{r}_P) \tag{4.8}$$

が成り立ちます．これは，ちょうど x 軸上の積分の

$$\int_a^b \frac{df(x)}{dx}\,dx = f(b) - f(a)$$

を線積分に一般化したものです（ただし，x 軸上だと経路は 1 つしかないので，経路によらないのは当たり前です！）．

なぜ $\nabla f(\boldsymbol{r})$ の線積分(4.8)式の結果が経路によらないかというと，$\nabla f(\boldsymbol{r})$ が $f(\boldsymbol{r})$ の微分，すなわち $f(\boldsymbol{r})$ の変化率だからです（3.3.2 項を参照）．つまり $f(\boldsymbol{r})$ が微分可能なので必ず連続であり[5]，$f(\boldsymbol{r})$ の値にはどの $\boldsymbol{r}$ でも「飛び」がありません．そして，$\nabla f(\boldsymbol{r})\cdot d\boldsymbol{r}$ は，$d\boldsymbol{r}$ 進むときの f の増分 df を表す（(3.14) 式を参照）ので，経路が違っても 1 ステップごとの df が違うだけで，積み上げていくと（飛びがないから）経路によらずに始点と終点だけで決まるわけです．

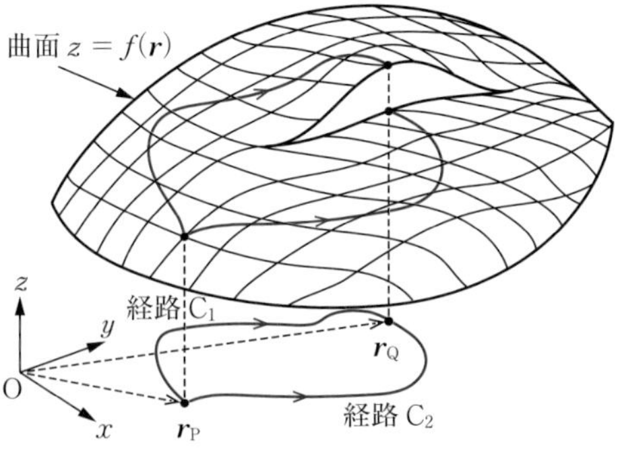

図 4.5 崖のある曲面 $z = f(\boldsymbol{r}) = f(x, y)$ についての $\nabla f(\boldsymbol{r})$ の積分．経路 C_1 と C_2 では $f(\boldsymbol{r}_Q)$ の値が異なるので，積分の結果も異なる．

このことは逆に，不連続な $f(\boldsymbol{r})$ の場合を考えるとわかります．図 4.5 はそのような

5） 微分可能＝「なめらか」です．なめらかなら必ず連続ですが，連続でも尖っていればなめらかではありません（＝連続だが微分可能ではありません）．

$f(\boldsymbol{r})$ を絵にしたものです．もし，「崖っぷち」（すなわち f の不連続点）に $\boldsymbol{r}_{\mathrm{Q}}$ があるとすると，$f(\boldsymbol{r}_{\mathrm{Q}})$ の値が $\boldsymbol{r}_{\mathrm{Q}}$ への近づき方によって異なります．つまり，結果が積分経路による，ということになるわけです．

◈ ポテンシャル

物理学では，力 $\boldsymbol{F}$ が $\boldsymbol{F}(\boldsymbol{r}) = -\nabla\phi(\boldsymbol{r})$ と書けるような $\phi(\boldsymbol{r})$ を，$\boldsymbol{F}(\boldsymbol{r})$ のポテンシャル（あるいはポテンシャルエネルギー）とよびます（**定義に負号が付いていることに注意！**）．ここでは，先ほどの風力の場 $\boldsymbol{F}(\boldsymbol{r})$ の例で考えてみましょう．

もし $\boldsymbol{F}(\boldsymbol{r}) = -\nabla\phi(\boldsymbol{r})$ と書けたとすると，その線積分 W は

$$W = \int_{\boldsymbol{r}_{\mathrm{P}}}^{\boldsymbol{r}_{\mathrm{Q}}} \boldsymbol{F}(\boldsymbol{r})\cdot d\boldsymbol{r} = -\int_{\boldsymbol{r}_{\mathrm{P}}}^{\boldsymbol{r}_{\mathrm{Q}}} \nabla\phi(\boldsymbol{r})\cdot d\boldsymbol{r} = \phi(\boldsymbol{r}_{\mathrm{P}}) - \phi(\boldsymbol{r}_{\mathrm{Q}}) \tag{4.9}$$

となります．W は風力の場が飛行機になす仕事なので，飛行機が P から Q に移動したとき，風力の場は W だけエネルギーを失っています．つまり，この分のエネルギーを風力の場はもともと（＝潜在的（potential）に）もっていた，ということになります．そこで，$\phi(\boldsymbol{r})$ を風力の場が潜在的にもっているエネルギー（ポテンシャルあるいはポテンシャルエネルギー）と定義し，仕事をするとその分だけポテンシャルが減っていく，と考えるのです．(4.9)式は，（P での値から Q での値を引いているので）$\phi(\boldsymbol{r})$ の減少分を表していて，確かにこの定義に合った式となっています[6]．このような，**ポテンシャルで記述できる力のことを保存力とよびます．**

保存力の代表例は，例題 3.3 で見たように，重力とクーロン力です．重力を例にすると，原点に質量 M がある場合，原点以外の位置 $\boldsymbol{r}$ にある質量 m の質点に働く力は，万有引力定数を G として，$\boldsymbol{F}(\boldsymbol{r}) = -G\dfrac{Mm}{r^3}\boldsymbol{r}$ と表せます．このとき，$\phi(\boldsymbol{r}) = -G\dfrac{Mm}{r}$ とおくと $\boldsymbol{F}(\boldsymbol{r}) = -\nabla\phi_g(\boldsymbol{r})$ と書けることがわかります．実際の計算は例題 3.3 のとおりです．

6） $\boldsymbol{F}$ の定義に負号がないと増加分になってしまうので，定義に負号が必要だったわけです．

4.3 スカラー関数の面積分

4.3.1 xy 平面上のスカラー関数の面積分

今度は線積分を1次元上げて，「曲面に沿った」(あるいは「曲面上の」) 積分を考えます．まず簡単のために，図4.6(a)のように xy **平面上**のスカラー関数 $f(\boldsymbol{r})$ の積分を考えます．$z = f(\boldsymbol{r}) = f(x, y)$ は xyz 空間内の曲面を表します．

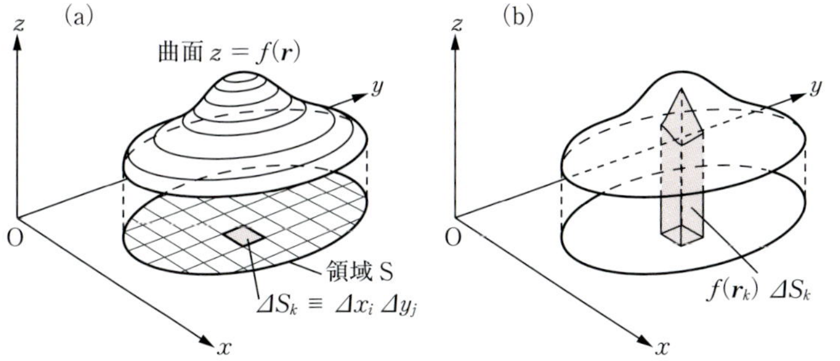

図 4.6　領域Sにおける，スカラー関数 $f(\boldsymbol{r})$ の面積分．

領域Sを n 個の微小領域に分割し，$\boldsymbol{r}_k = (x_k, y_k)$ を含む微小領域の面積を ΔS_k とします．この微小領域を**面積素片**，**面素**，あるいは**面素片**とよび，個々の面積素片のことも ΔS_k で表します．このとき

$$\int_S f(\boldsymbol{r}) dS \equiv \lim_{n\to\infty} \sum_{k=1}^{n} f(r_k) \, \Delta S_k \tag{4.10}$$

を，$f(\boldsymbol{r})$ の領域S上の**面積分**と定義します[7)]．

$f(\boldsymbol{r}_k)\Delta S_k$ は各 $\boldsymbol{r}_k$ における微小面積 ΔS_k に $f(\boldsymbol{r}_k)$ という高さを掛けたものなので，図4.6(b)のような細長いビルの微小体積を表しています[8)]．したがって，これを足し合わせた(4.10)式は $z = f(x, y)$ と xy 平面に囲まれた部分の体積に相当します．もし $f(x, y) = 1$ ならば，(4.10)式は

$$\int_S dS \equiv \lim_{n\to\infty} \sum_{k=1}^{n} \Delta S_k \tag{4.11}$$

7）番号 k の付け方をどうしたらよいのか，と思うかもしれませんが，実はどのような順番で k を振っていっても大丈夫なので気にしなくて構いません．

8）ただし，高さが負なら微小「体積」も負となります．

となり，領域Sの面積を表します．このことは，高さ1のビルの体積なので明らかでしょう．

ところで面積分(4.10)は線積分の場合と異なり，積分する方向に注意して，領域Sの面積(4.11)が負にならないように積分しなくてはなりません．というのは，線積分の $\varDelta l_i$ と異なり，$\varDelta S_k$ は面積であって，常に正の量だからです．具体的な計算では x 方向と y 方向に分けて積分し，そのときは積分区間を逆向きにできてしまいますが，片方だけ逆向きにすると微小面積が（元々が正ならば）負になって，定義式(4.10)と一致しなくなります．注意しましょう．

さて，具体的に計算するためには，図4.6(a)のように分割線を x 軸と y 軸に平行に入れます．すると，$\varDelta S_k \equiv \varDelta x_i \varDelta y_j$ と書き直せるので，改めて $\boldsymbol{r}_{ij} \equiv (x_i, y_j)$ とおくと，(4.10)式は

$$
\begin{aligned}
\int_{\mathrm{S}} f(\boldsymbol{r})dS &\equiv \lim_{n,m\to\infty}\sum_{i=1}^{n}\sum_{j=1}^{m} f(x_i, y_j)\ \varDelta x_i\,\varDelta y_j \\
&= \lim_{n\to\infty}\sum_{i=1}^{n}\left\{\lim_{m\to\infty}\sum_{j=1}^{m} f(x_i, y_j)\ \varDelta y_j\right\}\varDelta x_i \\
&= \lim_{n\to\infty}\sum_{i=1}^{n}\left\{\int f(x_i, y)\ dy\right\}\varDelta x_i = \int\left\{\int f(x, y)\ dy\right\}dx \\
&\equiv \iint_{\mathrm{S}} f(x, y)\ dx\,dy\left(= \iint_{\mathrm{S}} f(\boldsymbol{r})\ dx\,dy\right) \qquad (4.12)
\end{aligned}
$$

と書き直すことができます．(4.12)の第3式は，まず x を定数として扱って{　}の中の y の積分を実行した後に，x の積分を実行する，という意味で[9)]，これを図示したのが図4.7です．

まず，x を X に固定して y について積分すると，$x = X$ で切った切り口の曲線と領域Sに挟まれた，赤茶色の部分の面積が求まります（図4.7の右図）．次に，この結果を x について積分するのですが，図4.7の左図のように，厚さ $\varDelta x$ の赤茶色の薄板を x 方向に足していくことになるので，図4.6と同様に，結果は $z = f(x, y)$ と領域Sとに挟まれた部分の体積に相当

9）　x と y のどちらを先に積分するかは，第2式でどちらを{　}の中に入れたかで決まりますが，これはまさにどちらでもよいので，最終形ではどちらから先に積分してもよく，計算のやりやすい方を選べばよいのです．

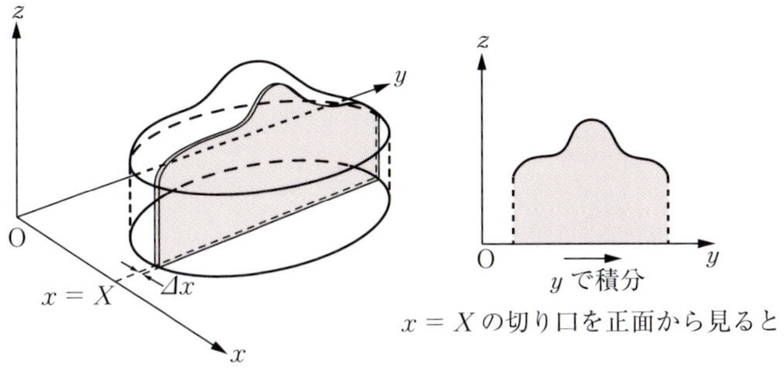

図 4.7　$\iint_S f(\boldsymbol{r})\,dx\,dy$ の積分の意味

します[10].

(4.12)式のように積分記号が2つ重なっている積分を**2重積分**といい，n 個なら**n 重積分**，一般には**多重積分**といいます．x を固定して y で積分する，という操作からわかるように，**多重積分は偏微分の逆演算に相当します．**

例題 4.3

$f(\boldsymbol{r}) = 3x^2 - y^2$，$xy$ 平面上の領域 $-1 \leqq x \leqq 1$ かつ $-2 \leqq y \leqq 2$ を領域 S_1 とするとき，領域 S_1 上での $f(\boldsymbol{r})$ の面積分を求めなさい．

〔解〕　求める面積分を I_1 とすると

$$I_1 = \int_{-1}^{1}\int_{-2}^{2}(3x^2 - y^2)\,dx\,dy$$

となります．しかし，この書き方ではどちらの積分区間がどちらの変数かが不明確なので，これをしばしば

$$\int_{-1}^{1}dx\int_{-2}^{2}dy(3x^2 - y^2) \quad \text{あるいは} \quad \int_{-1}^{1}\left\{\int_{-2}^{2}(3x^2 - y^2)\,dy\right\}dx$$

と書いて明確にします．上記の場合はどちらも，まず x を定数として扱って y で積分を行い，そしてその後に，残った x を積分します[11]．したがって，

$$I_1 = \int_{-1}^{1}dx\left[3x^2y - \frac{y^3}{3}\right]_{-2}^{2} = \int_{-1}^{1}dx\left\{\left(6x^2 - \frac{8}{3}\right) - \left(-6x^2 + \frac{8}{3}\right)\right\}$$

10）もちろん，x, y のどちらかを逆方向に積分すると負号が付いてしまいます．

11）数学では，右から左に演算していく，括弧の中を先に計算する，というルールがあるからです．x から積分したければ $\int_{-2}^{2}dy\int_{-1}^{1}dx\,(3x^2 - y^2)$ となります．

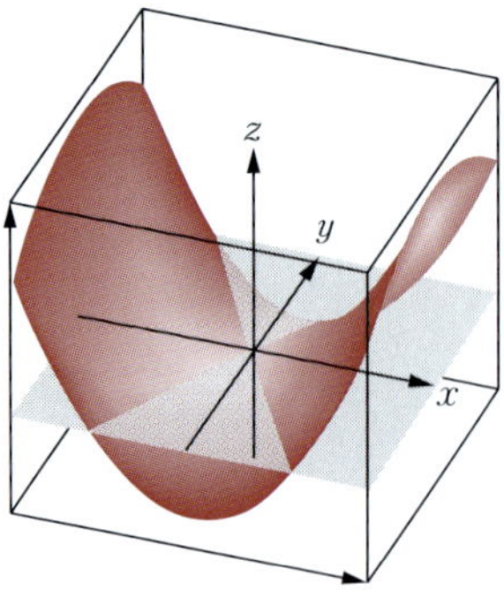

図 4.8 $z = f(\boldsymbol{r}) = 3x^2 - y^2$

$$= \int_{-1}^{1} dx \left(12x^2 - \frac{16}{3}\right) = \left[4x^3 - \frac{16}{3}x\right]_{-1}^{1} = \left(4 - \frac{16}{3}\right) \times 2 = -\frac{8}{3}$$

となります．

◆ 座標系の変更と積分変数の変換

では，例題 4.3 の $f(\boldsymbol{r})$ を，図 4.9(a) に示す $x^2 + y^2 \leqq 1$ かつ $0 \leqq y$ という半円形の領域 S_2 上で積分する場合はどうなるでしょうか．今度は，求める積分 I_2 の積分領域が定数では書けません．というのは，ある x での y の範囲は x の関数で，$0 \leqq y \leqq \sqrt{1 - x^2}$ と書けるからです．したがって，まず x を固定して y をこの範囲で積分した後に x で積分し，

$$I_2 = \int_{-1}^{1} dx \int_{0}^{\sqrt{1-x^2}} dy\ (3x^2 - y^2) = \int_{-1}^{1} dx \left[3x^2 y - \frac{y^3}{3}\right]_{0}^{\sqrt{1-x^2}}$$

$$= \int_{-1}^{1} dx \sqrt{1 - x^2} \left(3x^2 - \frac{1 - x^2}{3}\right)$$

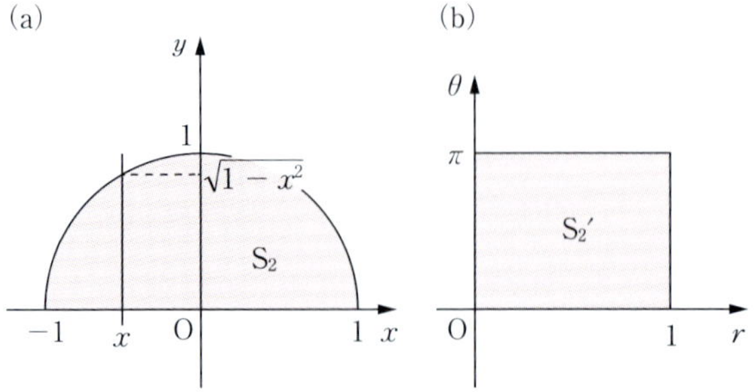

図 4.9 領域 S_2，および S_2 を変数変換した領域 S_2'．

$$= \frac{10}{3}\int_{-1}^{1} dx\, x^2\sqrt{1-x^2} - \frac{1}{3}\int_{-1}^{1} dx\sqrt{1-x^2} \tag{4.13}$$

とします．(4.13)式の後半の積分は領域 S_2 の面積の $-1/3$ 倍なので $-\pi/6$ です．前半の積分は，$x = \sin\theta$ とおくと $dx = \cos\theta\, d\theta$ となり，積分区間が $-\pi/2$ から $\pi/2$ となるので

$$\begin{aligned}\int_{-\pi/2}^{\pi/2} d\theta \cos\theta \sin^2\theta\sqrt{1-\sin^2\theta} &= \int_{-\pi/2}^{\pi/2} d\theta(\sin\theta\cos\theta)^2 \\ &= \frac{1}{4}\int_{-\pi/2}^{\pi/2} d\theta \sin^2 2\theta \\ &= \frac{1}{4}\int_{-\pi/2}^{\pi/2} d\theta\, \frac{1-\cos 4\theta}{2} = \frac{\pi}{8}\end{aligned}$$

$$\therefore \quad I_2 = \frac{5\pi}{12} - \frac{\pi}{6} = \frac{\pi}{4}$$

と計算できます．しかしなかなか面倒です．そこで，視点を変えて領域の形に注目してみましょう．

領域 S_2 は半円なので，積分の方向を動径方向と円周方向にとることができれば，積分区間の両端をすべて定数にすることができます．したがって，そのような座標系があれば，その座標系ではきっと簡単に計算ができるだろうと思われます．これは，「**考えている図形の対称性に合った座標系を選ぶべし**」という数学の基本鉄則の一例です．

では，そのような都合の良い座標系はあるのか，というと，確かにあります．2 次元極座標系 (r, θ) がそれです．$x = r\cos\theta$，$y = r\sin\theta$ なので，領域 S_2 は $0 \leqq r \leqq 1$ かつ $0 \leqq \theta \leqq \pi$ であり，どちらの変数についても積分区間の両端が定数で書けます．この領域を領域 S_2' としましょう（図 4.9(b)）．後は dS を r と θ で表せれば計算ができます．

dS を求めるには，図 4.10 のような図を描きます．極座標の座標軸に沿って分割線を考えると dS は微小な扇形となりますが，微小なので長方形とみなせて，$dS = r\,dr\,d\theta$ と書けることがわかります．したがって，求める面積分 I_2 は，

$$I_2 = \iint_{S_2} f(x,y)\, dx\, dy = \iint_{S_2'} f(r\cos\theta, r\sin\theta)\, r\, dr\, d\theta$$

となり，$f(x,y)$ を領域 S_2 上で積分する代わりに $r f(r\cos\theta, r\sin\theta)$ を領

域 S_2' 上で積分すればよいことになります．

$\cos 2\theta = \cos^2\theta - \sin^2\theta$ を用いれば

$$3x^2 - y^2 = r^2(4\cos^2\theta - 1) = r^2(2\cos 2\theta + 1)$$

となるので，

$$I_2 = \int_0^1 dr \int_0^\pi d\theta\, r^3(2\cos 2\theta + 1) = \int_0^1 dr\, r^3[\sin 2\theta + \theta]_0^\pi = \pi\int_0^1 dr\, r^3 = \frac{\pi}{4}[r^4]_0^1 = \frac{\pi}{4}$$

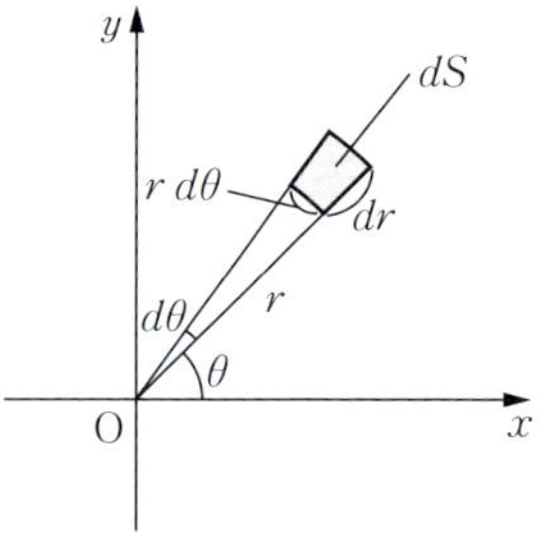

図 4.10　2次元極座標での微小面積 dS

となります．先ほどよりかなり簡単な計算になりました．

〔注意〕　この dS を求めるときに，$dS = dx\,dy$ であり，x, y と r, θ の関係式から $dx = dr\cos\theta - r\sin\theta\, d\theta$ 及び $dy = dr\sin\theta + r\cos\theta\, d\theta$ なので

$$dS = dx\,dy = (dr\cos\theta - r\sin\theta\,d\theta)(dr\sin\theta + r\cos\theta\,d\theta) = \cdots = \frac{dr^2 - r^2\,d\theta^2}{2}\sin 2\theta + r\,dr\,d\theta\cos 2\theta$$

としたくなるかもしれません．これは計算自体は合っていますが，極座標の dS を求める計算としては間違いです．実は，xy 座標の $dS(dS_{xy})$ と極座標の $dS(dS_{r\theta})$ は，もともと形も面積も異なるのです．それは図 4.11 を見れば明らかです．この図は，$dr, d\theta$ の大きさを固定して（つまり $dS_{r\theta}$ の面積を固定して），様々な θ の位置に置いた図です（r は一定にしてあります）．θ が変わるにつれて dx, dy が変化し，dS_{xy} も変わることがわかります．

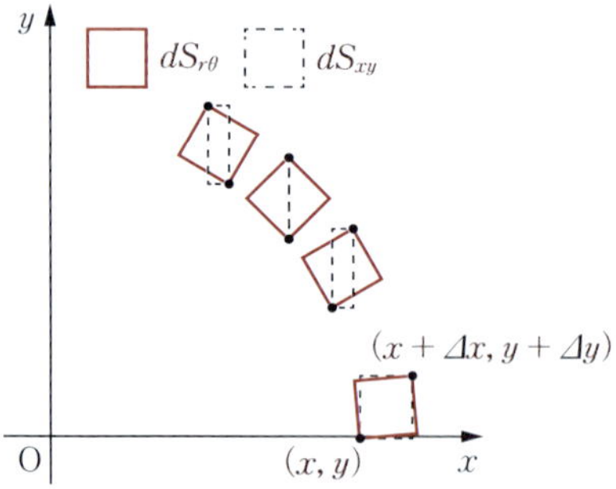

図 4.11

4.3.2 曲面上のスカラー関数の面積分

今度は3次元空間内の**一般の曲面上で定義される**スカラー関数を考えます．といっても，定義式自体は z 座標が増えるだけで(4.10)式と変わりません．3次元空間内のある曲面領域Sを n 個の微小領域に分割すると，**各微小曲面の面積は，微小平面（面素）の面積で近似できます**[12]．そこで，$\boldsymbol{r}_k = (x_k, y_k, z_k)$ を含む面素の面積を ΔS_k とするとき

$$\int_S f(\boldsymbol{r})\, dS \equiv \lim_{n\to\infty} \sum_{k=1}^{n} f(\boldsymbol{r}_k)\, \Delta S_k \tag{4.14}$$

を，$f(\boldsymbol{r})$ の領域S上の面積分と定義します．この積分は図4.12のように，曲面上に立っている[13]ビル形の微小体積の和であり，この曲面を地球の表面だと思えば，ちょうどニューヨークの高層ビルの体積を足していくような感じになります．では，具体例を見てみましょう．

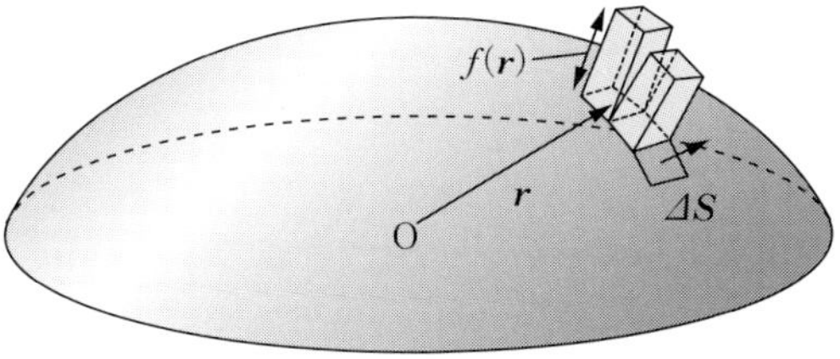

図4.12 曲面S上の面積分．ただし，$f(\boldsymbol{r})$ の高さは xyz 座標とは無関係の量である．

例題4.4

$f(\boldsymbol{r}) = x^2 + y^2 - z^2$ のとき，原点中心で半径 a の球面S上での $f(\boldsymbol{r})$ の面積分を求めなさい．

〔解〕 考えている積分領域Sは球面なので，直交座標ではなく3次元極座標を用いると，Sと dS が簡単に表せます．$x = r\sin\theta\cos\phi$, $y = r\sin\theta\sin\phi$, $z = r\cos\theta$ と書き直せば，領域Sは $r = a$ かつ $0 \leqq \theta \leqq \pi$ かつ $0 \leqq \phi \leqq 2\pi$ となります．図4.13のように，$r = a$ において3次元極座標の座標軸に沿って分割線を考えると，dS は微小な長方形 $a\,d\theta \times a\sin\theta\,d\phi = a^2 \sin\theta\,d\theta\,d\phi$ となります．また $f(\boldsymbol{r})$ を極座標表示すれば

12） これは曲線の微小領域の長さが直線の長さで近似できることと同じです．

13） ただし，その高さは xyz 座標とは別の軸で表されていることにします．

$$x^2 + y^2 - z^2 = r^2(\sin^2\theta\cos^2\phi + \sin^2\theta\sin^2\phi - \cos^2\theta)$$
$$= r^2(\sin^2\theta - \cos^2\theta) = r^2(1 - 2\cos^2\theta)$$

となります．S上では $r = a$ であることに注意すると，求める面積分 I は，

$$I = \int_0^{\pi} d\theta \int_0^{2\pi} d\phi\, a^2(1 - 2\cos^2\theta)a^2\sin\theta$$
$$= a^4\int_0^{\pi} d\theta(1 - 2\cos^2\theta)\sin\theta\int_0^{2\pi} d\phi$$
$$= 2\pi a^4\int_0^{\pi} d\theta(1 - 2\cos^2\theta)\sin\theta$$

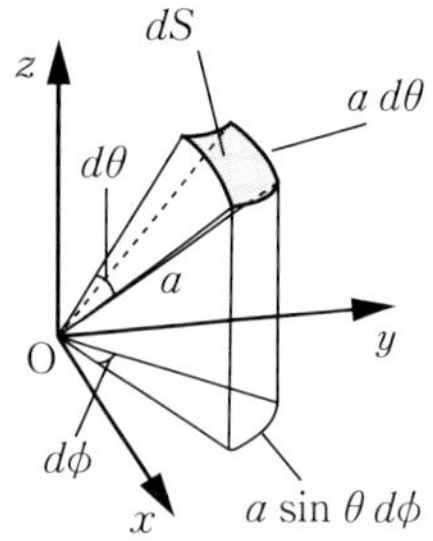

図 4.13 3次元極座標での，半径 a の球面上の微小面積 dS.

となります．ここで $\cos\theta = t$ とおくと，$dt = -\sin\theta\, d\theta$ であり，$0 \leqq \theta \leqq \pi$ は $1 \geqq t \geqq -1$ となるので

$$I = 2\pi a^4\int_1^{-1}(-dt)(1 - 2t^2) = 2\pi a^4\int_{-1}^{1} dt(1 - 2t^2)$$
$$= 2\pi a^4\left[t - \frac{2}{3}t^3\right]_{-1}^{1} = \frac{4\pi a^4}{3}$$

となります．

このように，曲面上でも S や dS **をうまく表せれば**，xy 平面上の2重積分と同様に計算ができます．

4.4 流量とベクトル関数の面積分

4.4.1 流 量

ベクトル関数の面積分の意味を理解するために，まず流体の流量の話から始めます．なお，流体の話はすぐ後の5.1節で引き続き扱うので，そちらも併せて読むと，よりわかりやすいでしょう．

いま，空間に何かの小さな粒子が流体として流れているとします．この流体の運動を記述するのに，一粒一粒の動きを追うこともできますが，その代わりに，ある位置 $\boldsymbol{r}$ にカメラを据えて，そこを単位時間当たりに通過する粒子が，どれくらいの数（＝密度）で，どのように動く（＝速度）かを見ることもできます[14]．そこで，ここでは後者の方法に従って，流体の密度（場）$\rho(\boldsymbol{r})$ と速度（場）$\boldsymbol{v}(\boldsymbol{r})$ を定義して，話を始めます．

さて，短い時間 Δt の間に，$\boldsymbol{r}$ にある微小面積 ΔS を通過する粒子（つまり流体）の質量はどれくらいでしょうか？ Δt の間に粒子は $|\boldsymbol{v}(\boldsymbol{r})|\,\Delta t$ だけ

14） 粒子を追う記述法をラグランジュ表現，場による記述法をオイラー表現といいます．

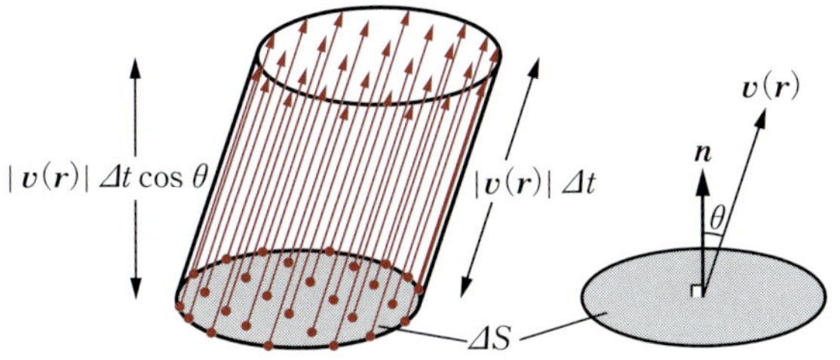

図 4.14　微小面積 ΔS を流体が通過する様子

進みますが，一般には ΔS に対して垂直に粒子が通過せず，図 4.14 のような斜円柱内の粒子が Δt の間に ΔS を通過した粒子になります．ΔS と $\boldsymbol{v}(\boldsymbol{r})$ が角度 θ をなしているとすれば，この斜円柱の高さは $|\boldsymbol{v}(\boldsymbol{r})|\,\Delta t\cos\theta$ であり，その質量は密度 × 体積，つまり $\rho\,|\boldsymbol{v}(\boldsymbol{r})|\,\Delta t\,\Delta S\cos\theta$ となります[15]．

ここで，スカラー量である面素（片）をベクトル量に一般化した**面素（片）ベクトル** $\Delta\boldsymbol{S}$ を

$$\Delta\boldsymbol{S} \equiv \Delta S\,\boldsymbol{n}$$

と定義します．ここで，$\boldsymbol{n}$ は ΔS の法線ベクトルです．

なお，$\boldsymbol{n}$ の向きは，図 4.14 でいえば上向きにとっても下向きにとってもよいので，$\Delta\boldsymbol{S}$ の決め方には 2 通りの任意性があります．そこで，球面のような閉曲面では，一般に外向きを正にとり，それ以外では，その時その時に自然な方向を定義する，というのが習慣となっています．

$\Delta\boldsymbol{S}$ を用いると，単位時間当たりに ΔS を通過する粒子の質量，すなわち流量（正しい専門用語では「流束（flux）」）$\Delta\Phi$ は

$$\Delta\Phi = \rho(\boldsymbol{r})\,|\boldsymbol{v}(\boldsymbol{r})|\,\Delta S\cos\theta = \rho(\boldsymbol{r})\,\boldsymbol{v}(\boldsymbol{r})\cdot\Delta\boldsymbol{S} \equiv \boldsymbol{j}(\boldsymbol{r})\cdot\Delta\boldsymbol{S} \qquad (4.15)$$

のようにベクトルの内積を用いて表せます．ここで $\rho(\boldsymbol{r})\,\boldsymbol{v}(\boldsymbol{r}) \equiv \boldsymbol{j}(\boldsymbol{r})$ は単位時間，単位面積当たりの流量（＝流束）なので，**流束密度（ベクトル）**とよばれています．もし流れる粒子が電荷で，$\rho(\boldsymbol{r})$ が電荷密度ならば，$\boldsymbol{j}(\boldsymbol{r})$ は電流密度，$\Delta\Phi$ は ΔS を通過する電流となります．

では，ある大きさの曲面領域 S を通過する流束 Φ を計算したかったら…，

15）　別の見方をすれば，ΔS に平行に進む粒子は決して ΔS を通過しないから，各粒子で考えれば，通過する速度は ΔS に垂直な成分，すなわち $|\boldsymbol{v}(\boldsymbol{r})|\cos\theta$ である，と考えることもできます．

そう！(4.15)式を足し合わせればよいはずです．でもその前に，$\Delta\boldsymbol{S}$の向きがどうなっているかを一応チェックしましょう．Sを微小領域ΔSに分割したとき，各ΔSはその点での接平面となっているので，$\Delta\boldsymbol{S}$は接平面の法線方向を向いていて，曲面に垂直です．つまり，曲面の各点で図4.14と(4.15)式が実現しており，この式を足し合わせれば確かにΦが求まることになります．

こうして，ベクトル場（関数）の面積分の必要性がわかったのではないかと思います．

4.4.2 ベクトル関数の面積分

3次元空間内の一般の曲面上で定義されるベクトル関数$\boldsymbol{A}(\boldsymbol{r})$を考えます．定義式は(4.14)式とそっくりで，3次元空間内のある曲面領域Sをn個の微小領域に分割し，$\boldsymbol{r}_k = (x_k, y_k, z_k)$の位置の面素ベクトルを$\Delta\boldsymbol{S}_k$とするとき

$$\int_{\mathrm{S}} \boldsymbol{A}(\boldsymbol{r})\cdot d\boldsymbol{S} \equiv \lim_{n\to\infty}\sum_{k=1}^{n} \boldsymbol{A}(\boldsymbol{r}_k)\cdot\Delta\boldsymbol{S}_k \tag{4.16}$$

を，$\boldsymbol{A}(\boldsymbol{r})$の領域S上の**面積分**と定義します．4.4.1項の話に沿うならば，$\boldsymbol{A}(\boldsymbol{r}) = \boldsymbol{j}(\boldsymbol{r})$であり，領域Sを貫く全流束$\Phi$は(4.16)式より

$$\Phi = \int_{\mathrm{S}} d\Phi = \int_{\mathrm{S}} \boldsymbol{j}(\boldsymbol{r})\cdot d\boldsymbol{S}$$

ということになります．もし$\boldsymbol{j}(\boldsymbol{r})$が電流密度ならば，$\Phi$は電流ということになります．では，具体的な計算例を見てみましょう．

例題 4.5

$\boldsymbol{A}(\boldsymbol{r}) = \dfrac{\alpha}{r^3}\boldsymbol{r}$（$\alpha$は定数）とするとき，原点中心で半径$a$の球面S上での$\boldsymbol{A}(\boldsymbol{r})$の面積分を求めなさい．

〔解〕 3次元極座標における動径方向の単位ベクトルを$\boldsymbol{e}_r$，球面Sの面素ベクトルを$d\boldsymbol{S}$とすると

$$\boldsymbol{A}(\boldsymbol{r}) = \frac{\alpha}{r^2}\boldsymbol{e}_r, \qquad d\boldsymbol{S} = dS\,\boldsymbol{e}_r$$

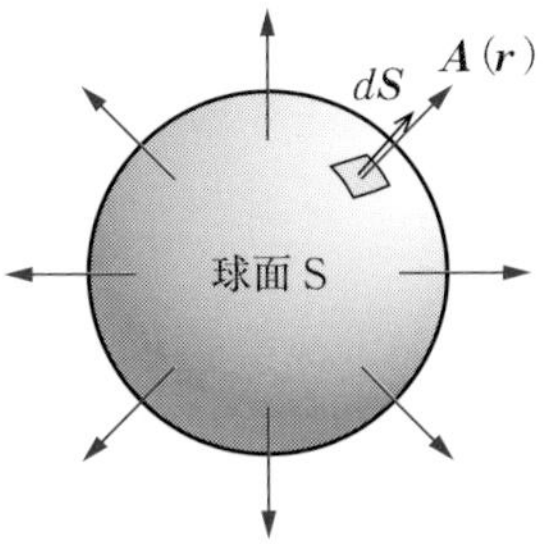

図 4.15 球面 S と，その面素ベクトル $d\boldsymbol{S}$，およびベクトル場 $\boldsymbol{A}(\boldsymbol{r})$．

となります（図 4.15）．求める面積分 I は例題 4.4 と同様に計算できて

$$\begin{aligned} I &= \int_{\mathrm{S}} \boldsymbol{A}(\boldsymbol{r})\cdot d\boldsymbol{S} \\ &= \int_{\mathrm{S}} \frac{\alpha}{r^2}\,\boldsymbol{e}_r\cdot dS\,\boldsymbol{e}_r = \alpha\int_{\mathrm{S}} \frac{1}{r^2}\,dS = \alpha\int_0^{\pi} d\theta \int_0^{2\pi} d\phi\,\frac{1}{a^2}\,a^2 \sin\theta \\ &= \alpha\int_0^{\pi} d\theta \sin\theta \int_0^{2\pi} d\phi = 2\pi\alpha\left[-\cos\theta\right]_0^{\pi} = 4\pi\alpha \end{aligned}$$

となります．

〔余談〕

真空中の電磁気学において，原点にある電荷 q がつくる電場 $\boldsymbol{E}(\boldsymbol{r})$ は $\dfrac{q}{4\pi\varepsilon_0 r^3}\boldsymbol{r}$ と表せるので，例題 4.5 の $\boldsymbol{A}(\boldsymbol{r})$ として $\boldsymbol{E}(\boldsymbol{r})$ をとれば $\alpha = \dfrac{q}{4\pi\varepsilon_0}$ であり，

$$\int_{\mathrm{S}} \boldsymbol{E}(\boldsymbol{r})\cdot d\boldsymbol{S} = 4\pi\cdot\frac{q}{4\pi\varepsilon_0} = \frac{q}{\varepsilon_0}$$

が得られます．したがって，電束密度 $\boldsymbol{D}(\boldsymbol{r})$ を $\boldsymbol{D}(\boldsymbol{r}) \equiv \varepsilon_0 \boldsymbol{E}(\boldsymbol{r})$ と定義すれば

$$\int_{\mathrm{S}} \boldsymbol{D}(\boldsymbol{r})\cdot d\boldsymbol{S} = q = \mathrm{S}\text{ 内の全電荷}$$

となります．これが真空中のガウスの法則です．

4.5 体積積分

最後が体積積分です．4.1 節で述べたとおり，体積積分はスカラー関数のみです[16]．

16） ベクトル関数を考えても，各成分というスカラー関数を考えることと同じになります．

ある立体 V 内の各点で定義される関数を $f(\boldsymbol{r})$ とし，V を n 個の微小領域に分割し，$\boldsymbol{r}_p = (x_p, y_p, z_p)$ の位置の微小体積を $\varDelta V_p$ とするとき

$$\int_{\mathrm{V}} f(\boldsymbol{r})dV \equiv \lim_{n\to\infty}\sum_{p=1}^{n} f(\boldsymbol{r}_p)\,\varDelta V_p$$

を，$f(\boldsymbol{r})$ の V における**体積積分**と定義します．単に xy 平面上のスカラー関数の面積分を１次元上げたもの[17] なので難しくはないでしょう．

具体的な計算は３重積分で実行できます．$\varDelta V$ を切り分ける分割線を x, y, z 軸に平行に入れれば $\varDelta V_p \equiv \varDelta x_i\,\varDelta y_j\,\varDelta z_k$ と書けるので，(4.12)式と同様に

$$\begin{aligned}\int_{\mathrm{V}} f(\boldsymbol{r})\,dV &\equiv \lim_{l,n,m\to\infty}\sum_{i=1}^{l}\sum_{j=1}^{m}\sum_{k=1}^{n} f(x_i, y_j, z_k)\,\varDelta x_i\,\varDelta y_j\,\varDelta z_k \\ &= (\text{省略}) = \iiint_{\mathrm{V}} f(x, y, z)\,dx\,dy\,dz\ \left(= \iiint_{\mathrm{V}} f(\boldsymbol{r})dx\,dy\,dz\right)\end{aligned}$$

と書き直すことができます．

実際の計算では，座標系をうまく選ぶことが大事であるということは，面積分の場合と同じです．

17）　曲面の３次元版である「曲がった」空間は３次元内では定義できないのです！

第5章 ベクトル場の発散と回転

大学1, 2年の物理学で一番わかりにくいのが，電磁気学で登場する発散（divergence）と回転（rotation）という概念ではないでしょうか．特に，回転はわかりません．何が回っているのかわかりません．筆者Sもわかりませんでした．いったい，$\mathrm{div}\,\boldsymbol{B}(\boldsymbol{r},t)=0$ や $\mathrm{rot}\,\boldsymbol{E}(\boldsymbol{r},t)=-\partial_t\boldsymbol{B}(\boldsymbol{r},t)$ とは何なのでしょう．

そこで，まず最初に発散と回転を考える意義を考察し，納得してから発散と回転の意味を考えることにしましょう．本章では特に断らない限り，登場するベクトル $\boldsymbol{A}$ は常に位置 $\boldsymbol{r}=(x,y,z)$（と時間 t）の関数であるとし，ベクトル場 $\boldsymbol{A}(\boldsymbol{r})$（あるいは $\boldsymbol{A}(\boldsymbol{r},t)$）として扱います．

また，どうしてそのように表せるのかは後で解説するとして，ベクトルの発散と回転の式自体は知っているものとして話を進めます．

5.1 ベクトル場の発散と回転を考える理由

第3章の風速の場 $\boldsymbol{v}(\boldsymbol{r})$ の例からもわかるように，ベクトル場とは，各点に様々な大きさと方向の矢印を張り付けたものです．一方で，「何か」の「流れ」が空間にあるとすると，これも各点における矢印の大きさと方向で表せます．つまり，**流れはベクトル場**であり，逆に**ベクトル場は，何も流れていなくても何かが流れているものと仮想的にみることが常にできるのです**[1)]．したがって，**ベクトル場を理解することと流れを理解することは同じこと**であり，ここにベクトル場の発散と回転という概念を考える意義があるわけです．というのは，どちらも流れに対して直観的に有効な概念だからです．だとすれば，「流れていない」電場 $\boldsymbol{E}(\boldsymbol{r},t)$ や磁束密度 $\boldsymbol{B}(\boldsymbol{r},t)$ で回転を考えて，

1） $\boldsymbol{v}(\boldsymbol{r})$ は風量ではなくて風速の場なので，「何か」として空気の質量（正しくは密度）を考えるのは正しくないのですが，それでも「流れ」とみなすことはできます．

「何が回転しているのだろう？」と首をひねるのは当然です！まず読者は，「そんなことは気にしなくてもよいのだ！」と安心しましょう．

次に，回転という概念が必要で有効な実例を見てみましょう．今，ベクトル場

$$\boldsymbol{A}(\boldsymbol{r}) = \left(-\frac{y}{r^2}, \frac{x}{r^2}, 0\right), \qquad r = \sqrt{x^2+y^2} \tag{5.1}$$

を考えます．z 成分が 0 なので，(x, y) について 2 次元極座標 $x = r\cos\theta$, $y = r\sin\theta$ を導入すれば $\boldsymbol{A}(\boldsymbol{r}) = (-\sin\theta/r, \cos\theta/r, 0)$ となり，図 5.1 のように，原点を中心に反時計回りに渦を巻くベクトル場であることがわかります．どう見ても「回って」いる[2)] のですが，rot $\boldsymbol{A}$ を計算してみると

$$(\mathrm{rot}\,\boldsymbol{A})_x = \partial_y A_z - \partial_z A_y = 0$$
$$(\mathrm{rot}\,\boldsymbol{A})_y = \partial_z A_x - \partial_x A_z = 0$$
$$(\mathrm{rot}\,\boldsymbol{A})_z = \partial_x A_y - \partial_y A_x = \frac{-x^2+y^2}{r^2} - \frac{-x^2+y^2}{r^2} = 0$$

となって，何とゼロになります！つまり，ベクトル場全体は（流れとみなすと）原点を中心に回転しているのに，**各点では回転していない**のです．

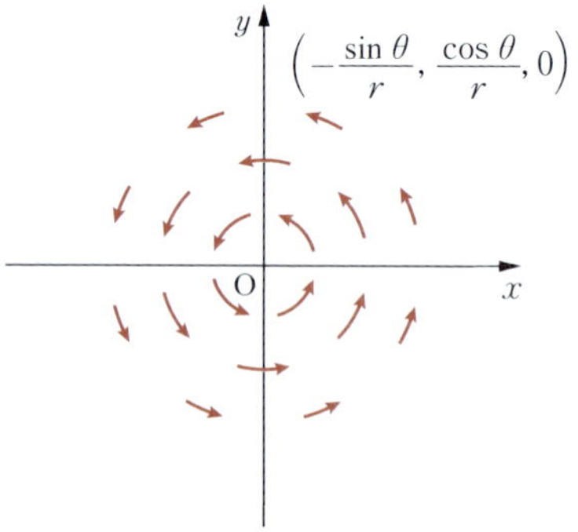

図 5.1 ベクトル場 $(-\sin\theta/r, \cos\theta/r, 0)$．$(-\sin\theta, \cos\theta, 0)$ の場合でも，絵にするとほとんど同じである．

一方で，似ているけれども少しだけ違うベクトル場

$$\boldsymbol{A}'(\boldsymbol{r}) = \left(-\frac{y}{r}, \frac{x}{r}, 0\right) = (-\sin\theta, \cos\theta, 0)$$

2）これが実際の水流で $\theta = \omega t$ と書けるとすると，本当にグルグルと回っていることになります．

は，場全体は(5.1)式と同様に回転していますが，計算してみると rot $\boldsymbol{A}' = (0, 0, 1/r)$ となって，今度はゼロではありません．この2つのベクトル場の違いを理解するには，「回転」という概念がどうしても必要です．

さて，流れる「もの」を**流体**といいますが，実際の流体は密度が変化する可能性があります．しかしここで考える流体は，ベクトル場のアナロジーとして考える「抽象的な」流体なので，その素性は考える必要がありません．そこで，面倒なことはなるべく避けるために，流体の密度 ρ は一定だとしましょう（このような流体のことを**非圧縮性流体**といいます）．その上で，具体例を使ってベクトル場をイメージできれば好都合です．空気はちょっと圧力を変えると簡単に密度が変わる（しかも目に見えない）ので，例に適しません．その点，水は最適です．今後，一般のベクトル場を流れとしてイメージする際には，いつでも水の流れを思い描くことにしましょう．

5.2 発散 (divergence) ― ベクトルの伸び ―

図 5.2(a)のような，幅の狭いまっすぐな川の流れを考えます．流れの途中には穴があって，水の湧き出しがあるとします．穴の下流では元の流れと湧き出しを合わせた流量の流れがありますが，これを単なるベクトル場とみれば，図 5.2(a)の右図のように，穴の下流ではベクトルが伸びていると解釈できます．逆も同じで，何かの流れに対応しない一般のベクトル場でも，**ベクトルがある場所で伸びていれば，そこに（仮想的な）湧き出しがある，**

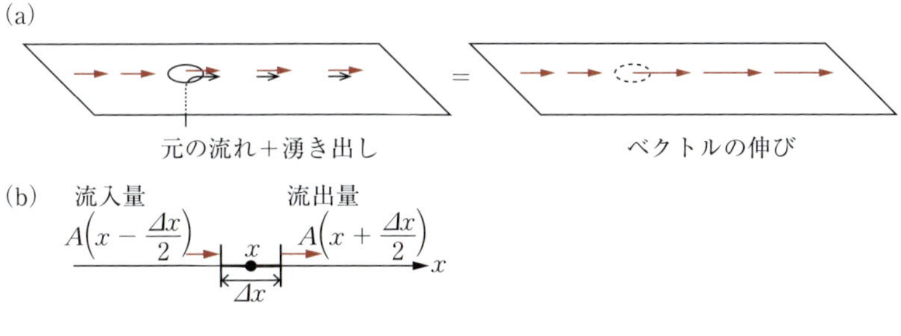

図 5.2 「川の流れ ＋ 湧き出し」は「ベクトルの伸び」と同じである(図(a))．微小区間 Δx から湧き出す量 ＝ 流出量 － 流入量 である(図(b))．

とみなせるのです[3)]．

この状況を式にするのは簡単です．図5.2(b)を見てください．1次元なので流れは単なる関数 $A(x)$ と表せて，値が正ならば x 軸の正方向に流れていることを表しています．点 x に湧き出しがあるとすると，湧き出す量は，点 $x+\dfrac{\varDelta x}{2}$ を通って流出する量から点 $x-\dfrac{\varDelta x}{2}$ を通って流入する量を引いて

$$A\left(x+\frac{\varDelta x}{2}\right)-A\left(x-\frac{\varDelta x}{2}\right)$$
$$\cong A(x)+\frac{dA(x)}{dx}\frac{\varDelta x}{2}-\left\{A(x)-\frac{dA(x)}{dx}\frac{\varDelta x}{2}\right\}$$
$$=\frac{dA(x)}{dx}\varDelta x$$

と表せます．単位長さ当たりの湧き出し量はこれを $\varDelta x$ で割った量であり，1点を考える $\varDelta x\to 0$ の極限では $\dfrac{dA(x)}{dx}$ に厳密に等しくなります．

これを「流れ」とみない立場で考えると，「ベクトルの伸び」とは（今は1次元なので）量の増加ですから，単位長さ当たりでは増加率，つまり微分であり，やはり同じ結果となります．

2次元でも3次元でも，考えている場所で流れの方向に x 軸をとれば，話は1次元と全く同じです．しかし，実際には場所ごとに座標軸を変えるわけにいかないので，流れのベクトルの各成分ごとに考えればよい，ということになります．

図5.3(a)で2次元の流れ $\boldsymbol{A}(\boldsymbol{r})=(A_x(x,y),A_y(x,y))$ の場合を考えましょう．点 $\boldsymbol{r}=(x,y)$ を中心とするこの長方形の内部から湧き出す総量は，各辺を横切って外に出る量の和となります．今は2次元なので，$\boldsymbol{A}(\boldsymbol{r})$ は流れに対して垂直な線（A_x なら $\varDelta y$，A_y なら $\varDelta x$）の単位長さ当たりを通過する流量で定義されます．このとき，長方形内から湧き出す総量は

$$x\text{ 方向：}\quad \left\{A_x\left(x+\frac{\varDelta x}{2},y\right)-A_x\left(x-\frac{\varDelta x}{2},y\right)\right\}\varDelta y\cong\frac{\partial A_x}{\partial x}\varDelta x\,\varDelta y$$

3）　もちろん，マイナスの湧き出しは吸い込みであり，ベクトルの縮みに対応します．

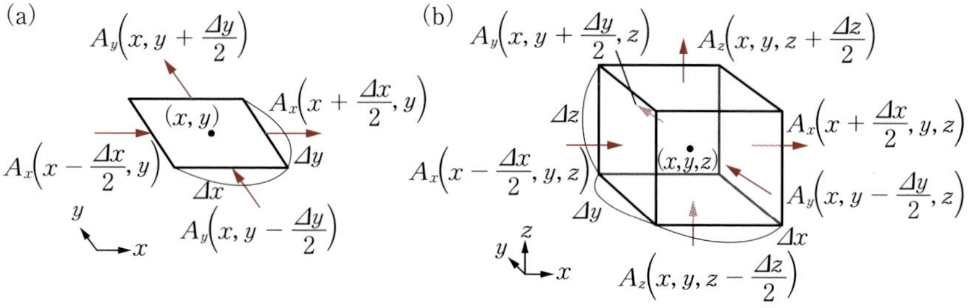

図 5.3 2次元上の微小面積から湧き出す様子(図(a))と
3次元内の微小体積から湧き出す様子(図(b))

$$y\text{ 方向}:\quad \left\{A_y\left(x, y+\frac{\Delta y}{2}\right) - A_y\left(x, y-\frac{\Delta y}{2}\right)\right\}\Delta x \cong \frac{\partial A_y}{\partial y}\Delta y\,\Delta x$$

と表せます．これらの両辺を長方形の面積 $\Delta x\,\Delta y$ で割って単位面積当たりの値に直し，$\Delta x \to 0$，$\Delta y \to 0$ の極限をとると

$$x\text{ 方向}:\quad \lim_{\Delta x\to 0}\frac{A_x\left(x+\frac{\Delta x}{2}, y\right) - A_x\left(x-\frac{\Delta x}{2}, y\right)}{\Delta x} = \frac{\partial A_x}{\partial x}$$

$$y\text{ 方向}:\quad \lim_{\Delta y\to 0}\frac{A_y\left(x, y+\frac{\Delta y}{2}\right) - A_y\left(x, y-\frac{\Delta y}{2}\right)}{\Delta y} = \frac{\partial A_y}{\partial y}$$

となり，両者の和 $\frac{\partial A_x}{\partial x} + \frac{\partial A_y}{\partial y}$ が点 $\boldsymbol{r}$ における単位面積からの湧き出し量であることがわかります．

3次元でも全く同じで，$\boldsymbol{A}(\boldsymbol{r})$ を流れに垂直な面の単位面積当たりを通過する流量であると定義すれば，**点 $\boldsymbol{r}$ における単位体積からの湧き出し量**は

$$\operatorname{div}\boldsymbol{A}(\boldsymbol{r}) \equiv \frac{\partial A_x(\boldsymbol{r})}{\partial x} + \frac{\partial A_y(\boldsymbol{r})}{\partial y} + \frac{\partial A_z(\boldsymbol{r})}{\partial z} \qquad (5.2)$$

と表せます．この $\operatorname{div}\boldsymbol{A}(\boldsymbol{r})$ を**ベクトル $\boldsymbol{A}(\boldsymbol{r})$ の発散**といいます．

(5.2)式の右辺は，内積の定義を用いると形式的に

$$\left(\frac{\partial}{\partial x}, \frac{\partial}{\partial y}, \frac{\partial}{\partial z}\right)\cdot(A_x(\boldsymbol{r}), A_y(\boldsymbol{r}), A_z(\boldsymbol{r})) = \nabla\cdot\boldsymbol{A}(\boldsymbol{r})$$

と書けるので，ベクトル $\boldsymbol{A}(\boldsymbol{r})$ の発散を表す表記として $\nabla\cdot\boldsymbol{A}(\boldsymbol{r})$ もよく用いられます．

例題 5.1

図 5.3(b)を参考にして，3 次元のベクトル場において，単位体積からの湧き出し量が(5.2)式の div $\boldsymbol{A}(\boldsymbol{r})$ であることを確かめなさい．

〔解〕 図 5.3(b)の直方体から湧き出す量の合計は

$$\left\{A_x\left(x+\frac{\varDelta x}{2},y,z\right)-A_x\left(x-\frac{\varDelta x}{2},y,z\right)\right\}\varDelta y\,\varDelta z$$
$$+\left\{A_y\left(x,y+\frac{\varDelta y}{2},z\right)-A_y\left(x,y-\frac{\varDelta y}{2},z\right)\right\}\varDelta z\,\varDelta x$$
$$+\left\{A_z\left(x,y,z+\frac{\varDelta z}{2}\right)-A_z\left(x,y,z-\frac{\varDelta z}{2}\right)\right\}\varDelta x\,\varDelta y$$
$$\cong\left\{\frac{\partial A_x(\boldsymbol{r})}{\partial x}+\frac{\partial A_y(\boldsymbol{r})}{\partial y}+\frac{\partial A_z(\boldsymbol{r})}{\partial z}\right\}\varDelta x\,\varDelta y\,\varDelta z \tag{5.3}$$

となります．これを直方体の体積 $\varDelta x\,\varDelta y\,\varDelta z$ で割って $\varDelta x\to 0$，$\varDelta y\to 0$，$\varDelta z\to 0$ の極限をとれば，(5.2)式が得られます．

◆ 伸びていないのに伸びているベクトル場

ところが「伸びていない」ベクトル場でも div $\boldsymbol{A}(\boldsymbol{r})\neq 0$ となることもあります．伸びていないのだから湧いていないように思えますが，とにかく次の例題を見てください．

例題 5.2

$\boldsymbol{r}=(x,y,z)$ とすると，3 次元のベクトル場 $\boldsymbol{A}(\boldsymbol{r})=\dfrac{\boldsymbol{r}}{r}$ は常に大きさが 1 で「伸び」がありません．div $\boldsymbol{A}(\boldsymbol{r})$ はどうなるでしょうか．

〔解〕 $r=\sqrt{x^2+y^2+z^2}$ だから

$$\frac{\partial A_x}{\partial x}=\frac{1}{r}-\frac{x^2}{r^3},\qquad \frac{\partial A_y}{\partial y}=\frac{1}{r}-\frac{y^2}{r^3},\qquad \frac{\partial A_z}{\partial z}=\frac{1}{r}-\frac{z^2}{r^3}$$
$$\therefore\quad \operatorname{div}\boldsymbol{A}(\boldsymbol{r})=\frac{\partial A_x}{\partial x}+\frac{\partial A_y}{\partial y}+\frac{\partial A_z}{\partial z}=\frac{2}{r}$$

となり，ベクトル自身は「伸び」ていないけれども，div $\boldsymbol{A}(\boldsymbol{r})\neq 0$ となります．

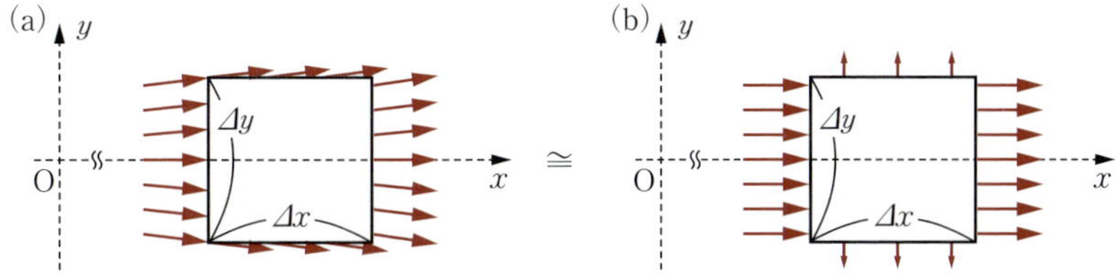

図 5.4 微小な長方形の左側から中点に流れ $\boldsymbol{r}/r$ が垂直に入る様子(図(a))と 1 次近似の範囲内で x 方向と y 方向を分離した様子(図(b))

例題 5.2 で $\mathrm{div}\,\boldsymbol{A}(\boldsymbol{r}) \neq 0$ である理由は，$\boldsymbol{A}$ が原点から放射状に広がるベクトルなので，原点から離れる向きにベクトルの先端が「開いている」からです．図 5.4 で 2 次元の場合を考えてみましょう．

微小な長方形のある辺の中点に流れ $\boldsymbol{r}/r$ が垂直に入るとすると，中点の両側では極めて小さな角度 θ をなして流れが入るので，1 次近似では $\cos\theta \cong 1$ となって，x 軸方向では図 5.4 の左の $\varDelta y$ に入る流入量と右の $\varDelta y$ から出る流出量が等しくなり，湧き出し量はゼロとなります．しかし y 軸方向では $\sin\theta \cong \theta$ となるので，図 5.4 の上の $\varDelta x$ では上向きに，下の $\varDelta x$ では下向きに流れが通過し，合計して正の湧き出し量があります．したがって，ベクトル場が「開いている」と発散がゼロにならないのです．「湧き出し」とは周囲との比較で出てくる概念なので，その点だけでなく周囲も含んだ (無限に小さい) 微小体積を考えることになり，隣接するベクトルの向きが変わっていく (相対的に横方向に伸びていく) ときは，ベクトルの大きさ自体が変わらなくても，発散はゼロでなくなるのです．

まとめると，ベクトル場のある点での**発散** $\mathrm{div}\,\boldsymbol{A}(\boldsymbol{r})$ **とは，その点近傍でのベクトルの「伸び」の総量のことです**．そして，ベクトル場を流れとみれば，これは流れの湧き出しの総量を表します．なお，伸びの総量なので，$\mathrm{div}\,\boldsymbol{A}(\boldsymbol{r})$ **はスカラー量である**ことに注意しましょう．

5.3 回転 (rotation) ― ベクトルのずれ ―

今度は xy 平面上で幅のある川を考えましょう．図 5.5(a)のように，y 軸方向の川幅が L で x 軸正方向に流れる川に，不均一な流速 $\boldsymbol{A}(x, y, z) =$

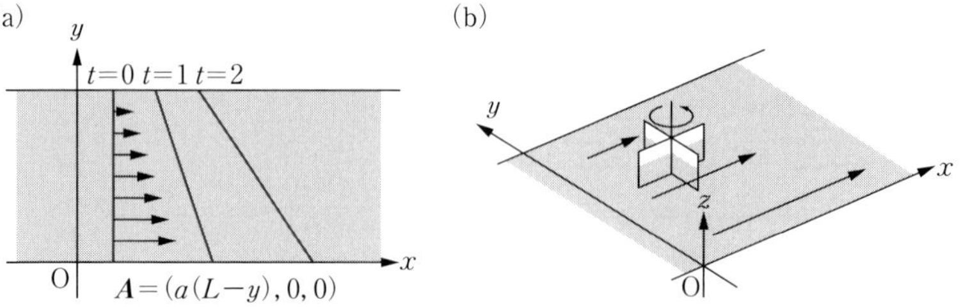

図 5.5 x 軸正方向に流れる川．$\boldsymbol{A}=(a(L-y),0,0)$ で表される．$t=0$ で流れに垂直に描いた線は時間が経つにつれて傾いていく(図(a))．この流れに「十字水車」を入れると，中心軸の両側の流速の違いにより回る(図(b))．

$(a(L-y),0,0)$ $(a,L>0)$ の水流があるとします．もし時刻 $t=0$ に，水に浮く粉で，流れに垂直に（つまり y 軸に平行に）さっと線を描いたとすると，y 軸方向に流速の違いがあるので，時間が経つにつれて線は図のように傾いていくでしょう．したがって，流れに小さな十字水車を入れると，図 5.5(b)のように流れに合わせて回転することになります．rot **とは，この十字水車（すなわち，流れ）の回転の勢いをベクトルで表したもの**です．

なぜ回転の勢いがベクトルになるのかというと，**回転には「速さ」という量と「回転軸」という「向き」がある**からです（この例では回転軸は z 軸）．今は $\boldsymbol{A}$ を流速ベクトルとしているので，この「回転の勢い」とは「回転する速さ」である角速度ベクトル $\boldsymbol{\omega}$ であり，もし流量ベクトルならば角流量ベクトルとなります[4)]．この角速度 $\omega\equiv|\boldsymbol{\omega}|$ を求めるには，回転運動している点の速さを回転中心からの腕の長さで割ればよいのです[5)]．$A\equiv(A_x,0,0)$ とおいて，これを求めましょう．

まず「回転運動している点の速さ」とは，回転中心 $(x,y,0)$ から見たものなので，図 5.6 のように，$(x,y,0)$ を挟んだ両側の 2 点 $\mathrm{P}\left(x,y-\dfrac{\Delta y}{2},0\right)$

4） 厳密な定義では，角速度とは「速度」なので「ベクトル」といわなくてもベクトル量ですが，通常ほとんどの場合，スカラー量である「角速度の大きさ」のことを指しています．そこで，はっきり区別したいときにはこのように表現します．本書でも誤解のない場合は「角速度」をスカラー量として扱います．

5） 等速円運動の式 $v=r\omega$ を思い出しましょう！

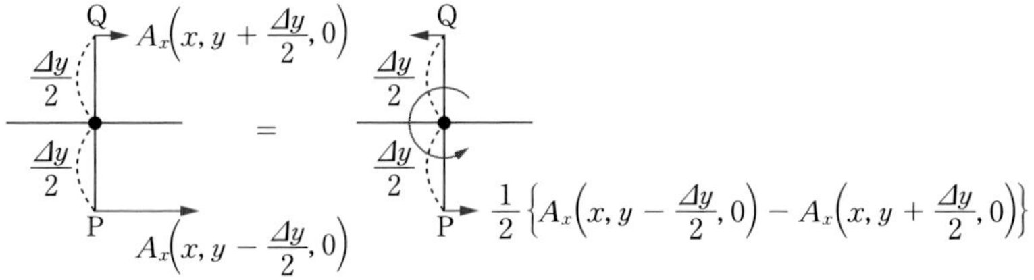

図 5.6　十字水車を用いた，x 軸方向の流れの角速度の求め方．

と Q $\left(x, y+\dfrac{\Delta y}{2}, 0\right)$ での流速の差 ΔA_x の半分

$$\frac{\Delta A_x(x, y, 0)}{2}=\frac{1}{2}\left\{A_x\left(x, y-\frac{\Delta y}{2}, 0\right)-A_x\left(x, y+\frac{\Delta y}{2}, 0\right)\right\}$$

となります[6]．ただし，回転の正方向は左回り（反時計回り）にとる約束なので，y 軸方向では下側にある点 P での値から上側にある点 Q での値を引くことに注意してください．

一方，中心から 2 点までの腕の長さは $\dfrac{\Delta y}{2}$ なので，角速度 ω は $\dfrac{\Delta A_x}{2}$ を $\dfrac{\Delta y}{2}$ で割ったものであり，$\Delta y \to 0$ の極限で

$$\lim_{\Delta y \to 0} \frac{\Delta A_x}{\Delta y}=\lim_{\Delta y \to 0} \frac{A_x\left(x, y-\dfrac{\Delta y}{2}\right)-A_x\left(x, y+\dfrac{\Delta y}{2}\right)}{\Delta y}=-\frac{\partial A_x}{\partial y} \tag{5.4}$$

となります．回転の正方向の定義のために，負号が付いていることに注意してください．

さて，xy 平面上の一般の川では，水流が x 軸方向とは限りません．そこで図 5.7 のように，水流を x 成分と y 成分に分けて考えることになります．x 成分は(5.4)式で，y 成分は図 5.7 から $\dfrac{\partial A_y}{\partial x}$ となります（今度は負号が付かないことはすぐにわかると思います）．したがって，角速度は回転方向（正なら左回り，負なら右回り）も含めて $\dfrac{\partial A_y}{\partial x}-\dfrac{\partial A_x}{\partial y}$ となります．図 5.5 の例

6）ΔA_x は 2 点での流速の差なので，中心の (x, y) からは点 P で $\dfrac{\Delta A_x}{2}$，点 Q で $-\dfrac{\Delta A_x}{2}$ の流速で流れているように見えます．

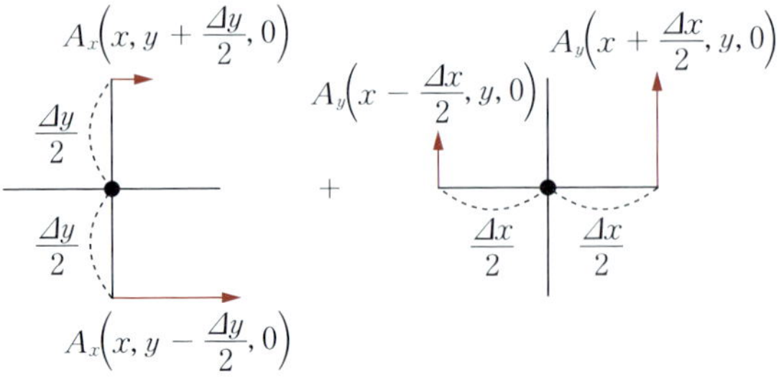

図 5.7 十字水車を用いた，xy 面内の一般の流れの角速度の求め方．

では

$$\frac{\partial A_y}{\partial x} - \frac{\partial A_x}{\partial y} = 0 - (-a) = a$$

となります．

ここで，xy 平面上での回転が正（つまり z 軸の正方向から見て左回り）のとき，角速度ベクトル $\boldsymbol{\omega}$ は面の法線ベクトルである z 軸正方向を向いている，と**定義します**．そうすると，$\boldsymbol{\omega} = \left(0, 0, \frac{\partial A_y}{\partial x} - \frac{\partial A_x}{\partial y}\right)$ と書けて，**回転軸の向きと軸周りの回転の向き，およびその大きさをすべて1つのベクトルで表すことができます**[7]．

3次元空間内の一般の水流では回転面が xy 平面とは限らず，どこか一般の向きを向いています．この場合は，x, y, z 方向を軸としてそれぞれどれだけ回っているかを，上記と同様に計算して足し合わせればよい，ということになります．その結果，**ベクトル $\boldsymbol{A}$ の回転** rot $\boldsymbol{A}$ は

$$\begin{cases} (\mathrm{rot}\,\boldsymbol{A}(\boldsymbol{r}))_x \equiv \dfrac{\partial A_z}{\partial y} - \dfrac{\partial A_y}{\partial z} \\[2ex] (\mathrm{rot}\,\boldsymbol{A}(\boldsymbol{r}))_y \equiv \dfrac{\partial A_x}{\partial z} - \dfrac{\partial A_z}{\partial x} \\[2ex] (\mathrm{rot}\,\boldsymbol{A}(\boldsymbol{r}))_z \equiv \dfrac{\partial A_y}{\partial x} - \dfrac{\partial A_x}{\partial y} \end{cases} \tag{5.5}$$

と定義できます．なお，(5.5)式はベクトル積の定義を用いると $\nabla \times \boldsymbol{A}(\boldsymbol{r})$

7）日常生活で「回転の向き」というと，実際に流体が回っている向きを指しますが，これは（まさに回っているので）考える場所によって向きが変わってしまいます．そのため，「角速度ベクトルの向き」を回転軸の向きで定義するのです．

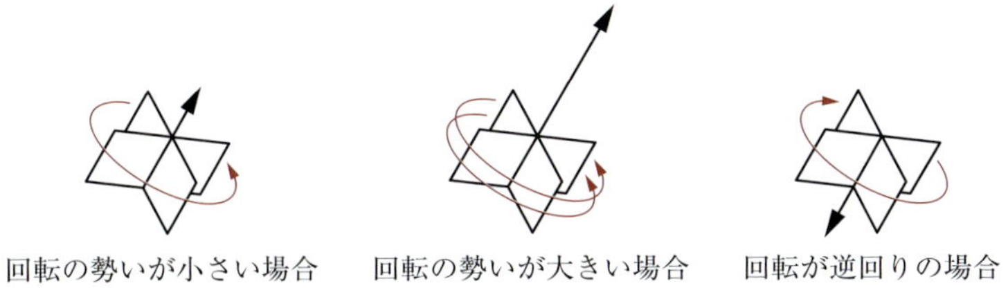

図 5.8　rot $\boldsymbol{A}$ の視覚イメージ

と書くことができるので，この表記もよく用いられます．

rot $\boldsymbol{A}$ のイメージを絵にすると，図 5.8 のような，軸が伸び縮みする十字水車になります．この十字水車をベクトル場 $\boldsymbol{A}$ の様々な場所に「浸す」と，回転の勢いが大きければ大きいほど軸が伸び，逆回りならば逆方向に伸びることになります[8]．

まとめると，流れにおいて回転が生じる理由は，隣り合う流速ベクトルの大きさが違うことにあります．したがって一般のベクトル場で考えれば，**ベクトル場 $\boldsymbol{A}(\boldsymbol{r})$ のある点での回転 rot $\boldsymbol{A}(\boldsymbol{r})$ とは，その点の近傍で隣り合うベクトルのずれ**であるといえます．

5.4　ガウスの定理とストークスの定理 － 1 次元ずらす技術 －

さて，div と rot の定義(5.2)および(5.5)式は，$\dfrac{\partial}{\partial x}$ 等が入っていることからわかるように，デカルト座標系でしか使えません．しかし，**ベクトルの利点は座標系に依らない記述ができることにあります**．そこで，座標系に依らない定義をしてみましょう．その過程で自然に得られる重要な定理が**ガウスの定理**と**ストークスの定理**です．

5.4.1　div $\boldsymbol{A}$ の再定義とガウスの定理

(5.3)式で $\varDelta V \equiv \varDelta x\, \varDelta y\, \varDelta z$ とすれば，微小体積 $\varDelta V$ の直方体からの $\boldsymbol{A}$ の湧き出し量の合計は div $\boldsymbol{A}(\boldsymbol{r})\, \varDelta V$ となります．一方で，これは直方体の各面から垂直に外に出る $\boldsymbol{A}$ の総量に等しいので，

8）　もちろん，逆立ちしてみると「順」回りになります！

$$\mathrm{div}\,\boldsymbol{A}(\boldsymbol{r})\,\Delta V \cong \int_S \boldsymbol{A}(\boldsymbol{r}')\cdot d\boldsymbol{S} \qquad (5.6)$$

が成り立ちます[9]．ここで，S は ΔV の表面，$d\boldsymbol{S}$ は S の外向きを正とした面素片ベクトルを表します．したがって，(5.6)式の両辺を ΔV で割って $\Delta V \to 0$ の極限をとれば

$$\mathrm{div}\,\boldsymbol{A}(\boldsymbol{r}) \equiv \lim_{\Delta V\to 0}\frac{\int_S \boldsymbol{A}(\boldsymbol{r})\cdot d\boldsymbol{S}}{\Delta V}$$

となります[10]．これが座標系に依らない $\mathrm{div}\,\boldsymbol{A}(\boldsymbol{r})$ の定義です．

さて，任意の体積 V を n 個の微小体積 ΔV_i に分割し，それぞれに(5.6)式を適用して足し上げると，V 全体で

$$\sum_{i=1}^{n}\mathrm{div}\,\boldsymbol{A}(\boldsymbol{r}_i)\,\Delta V_i \cong \sum_{i=1}^{n}\int_{S_i}\boldsymbol{A}(\boldsymbol{r}_i')\cdot d\boldsymbol{S}_i$$

となります．ところが図5.9のように，隣り合う2つの ΔV_i の境界面の面積分は，$\boldsymbol{A}(\boldsymbol{r}_i')$ が同一で $d\boldsymbol{S}_i$ の向きだけが逆なので，互いに打ち消し合います．したがって，V 全体では隣の ΔV_i が存在しない V の表面の積分のみが残ることになり，

$$\sum_{i=1}^{n}\mathrm{div}\,\boldsymbol{A}(\boldsymbol{r}_i)\,\Delta V_i \cong \int_S \boldsymbol{A}(\boldsymbol{r}')\cdot d\boldsymbol{S} \quad (S \text{ は } V \text{ の表面})$$

となります．ここで $n\to\infty$（つまり各 $\Delta V_i \to 0$）の極限をとれば，左辺は体積積分となり，$\cong$ も $=$ となって

$$\int_V \mathrm{div}\,\boldsymbol{A}(\boldsymbol{r})\,dV = \int_S \boldsymbol{A}(\boldsymbol{r})\cdot d\boldsymbol{S} \quad (S \text{ は } V \text{ の表面})$$

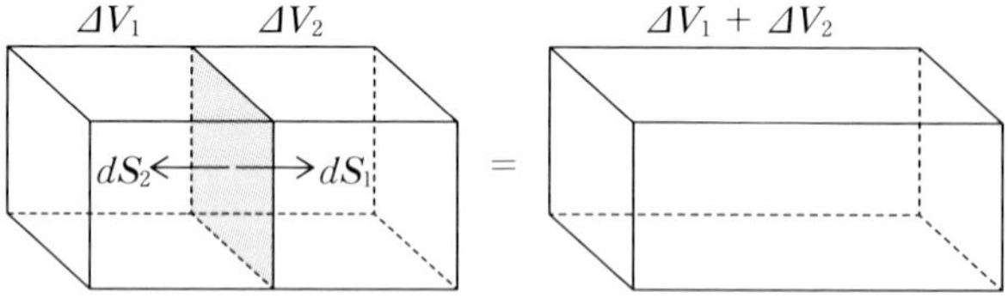

図5.9　隣り合う2つの ΔV の境界面における面積分は打ち消し合う．

9）右辺の $\boldsymbol{r}$ は積分変数であることを強調するために $\boldsymbol{r}'$ に変えました．

10）この式では $\Delta V\to 0$ のために $\boldsymbol{r}=\boldsymbol{r}'$ となるので，$\boldsymbol{r}'$ を再び $\boldsymbol{r}$ に戻しました．

という式が得られます[11]．これを**ガウスの定理**といいます．

5.4.2 rot $\boldsymbol{A}$ の再定義とストークスの定理

図5.10に示す xy 平面上の微小な長方形ABCD（面積 $\Delta x \Delta y \equiv \Delta S$）のふちを1周する $\boldsymbol{A}$ の線積分 I

$$I = \oint_l \boldsymbol{A}(\boldsymbol{r}')\cdot d\boldsymbol{r}'$$

を計算しましょう．積分経路を4つに分ければ

$$I = \int_{\mathrm{A}}^{\mathrm{B}} + \int_{\mathrm{B}}^{\mathrm{C}} + \int_{\mathrm{C}}^{\mathrm{D}} + \int_{\mathrm{D}}^{\mathrm{A}}, \qquad d\boldsymbol{r}' = (dx', dy')$$

です．

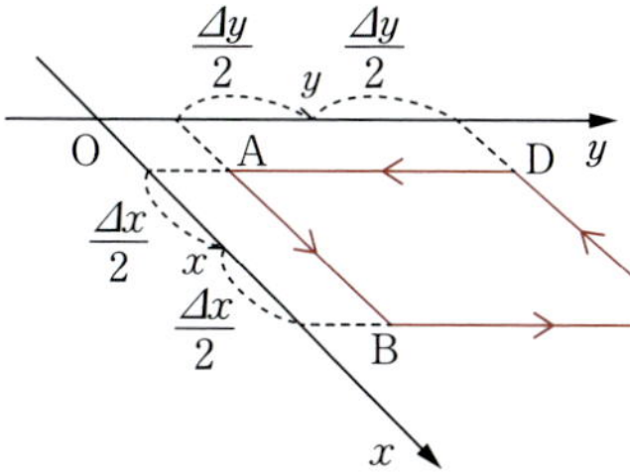

図5.10 微小な長方形ABCDのふちを1周する線積分

まず，経路A→Bでは $x - \dfrac{\Delta x}{2} \leqq x' \leqq x + \dfrac{\Delta x}{2}$，$y' = y - \dfrac{\Delta y}{2}$ なので $dy' = 0$，$\boldsymbol{A}\cdot d\boldsymbol{r}' = A_x\, dx'$ であり

$$\int_{\mathrm{A}}^{\mathrm{B}} \boldsymbol{A}(\boldsymbol{r}')\cdot d\boldsymbol{r}' = \int_{x-\frac{\Delta x}{2}}^{x+\frac{\Delta x}{2}} A_x\left(x', y - \frac{\Delta y}{2}\right) dx' \cong A_x\left(x, y - \frac{\Delta y}{2}\right)\Delta x$$

となります．同様に，

$$\int_{\mathrm{B}}^{\mathrm{C}} \boldsymbol{A}(\boldsymbol{r}')\cdot d\boldsymbol{r}' = \int_{y-\frac{\Delta y}{2}}^{y+\frac{\Delta y}{2}} A_y\left(x + \frac{\Delta x}{2}, y'\right) dy' \cong A_y\left(x + \frac{\Delta x}{2}, y\right)\Delta y$$

$$\int_{\mathrm{C}}^{\mathrm{D}} \boldsymbol{A}(\boldsymbol{r}')\cdot d\boldsymbol{r}' = \int_{x+\frac{\Delta x}{2}}^{x-\frac{\Delta x}{2}} A_x\left(x', y + \frac{\Delta y}{2}\right) dx' \cong A_x\left(x, y + \frac{\Delta y}{2}\right)(-\Delta x)$$

$$\int_{\mathrm{D}}^{\mathrm{A}} \boldsymbol{A}(\boldsymbol{r}')\cdot d\boldsymbol{r}' = \int_{y+\frac{\Delta y}{2}}^{y-\frac{\Delta y}{2}} A_y\left(x - \frac{\Delta x}{2}, y'\right) dy' \cong A_y\left(x - \frac{\Delta x}{2}, y\right)(-\Delta y)$$

11）両辺の $\boldsymbol{r}$ とも積分変数であることに注意してください．つまり，この2つの $\boldsymbol{r}$ は同一ではありません．

となるので，合計は

$$I \cong \left\{A_y\left(x+\frac{\varDelta x}{2}, y\right)-A_y\left(x-\frac{\varDelta x}{2}, y\right)\right\}\varDelta y$$

$$-\left\{A_x\left(x, y+\frac{\varDelta y}{2}\right)-A_x\left(x, y-\frac{\varDelta y}{2}\right)\right\}\varDelta x$$

$$\cong \frac{\partial A_y}{\partial x}\varDelta x\,\varDelta y-\frac{\partial A_x}{\partial y}\varDelta y\,\varDelta x=(\mathrm{rot}\boldsymbol{A}(\boldsymbol{r}))_z\,\varDelta S \qquad (5.7)$$

となります．

今は xy 平面上の長方形を考えているので rot $\boldsymbol{A}$ は z 成分しかなく，かつ $\varDelta S$ の法線ベクトル $\boldsymbol{n}$ も z 軸の正方向なので，(5.7) 式は $I \cong \mathrm{rot}\,\boldsymbol{A}(\boldsymbol{r})\cdot\boldsymbol{n}\,\varDelta S$ を意味します．この式はもはや座標系によらないので，xy 平面上だけでなく一般の方向について，

$$\mathrm{rot}\,\boldsymbol{A}(\boldsymbol{r})\cdot\boldsymbol{n}\,\varDelta S \cong \oint_l \boldsymbol{A}(\boldsymbol{r}')\cdot d\boldsymbol{r}' \qquad (5.8)$$

と表せます．そこで，

$$\mathrm{rot}\,\boldsymbol{A}(\boldsymbol{r})\cdot\boldsymbol{n} \equiv \lim_{\varDelta S\to 0}\frac{\oint_l \boldsymbol{A}(\boldsymbol{r})\cdot d\boldsymbol{r}}{\varDelta S}$$

を rot $\boldsymbol{A}(\boldsymbol{r})$ の座標系に依らない定義とします[12]．

さて，任意の曲面 S を N 個の面素 $\varDelta S_i$ に分割し[13]，それぞれに (5.8) 式を適用して足し上げると，曲面 S 全体では

$$\sum_{i=1}^{N}\mathrm{rot}\,\boldsymbol{A}(\boldsymbol{r}_i)\cdot\boldsymbol{n}_i\,\varDelta S_i \cong \sum_{i=1}^{N}\oint_l \boldsymbol{A}(\boldsymbol{r}_i')\cdot d\boldsymbol{r}_i'$$

となります．ところが図 5.11 のように，隣り合う 2 つの $\varDelta S_i$ の境界線上の線積分は $d\boldsymbol{r}$ の向きがちょうど逆となり，互いに打ち消し合います．したがって，面の内側ではすべて打ち消し合うので，曲面 S 全体では一番外側にある，S のふちの 1 周積分のみが残ることになります．つまり，

$$\sum_{i}^{N}\mathrm{rot}\,\boldsymbol{A}(r_i)\cdot\boldsymbol{n}_i\,\varDelta S_i \cong \oint_{\partial S}\boldsymbol{A}(\boldsymbol{r}')\cdot d\boldsymbol{r}' \qquad (\partial S \text{ は S のふち})$$

12）$\varDelta S\to 0$ の極限なので $\boldsymbol{r}=\boldsymbol{r}'$ となるため，$\boldsymbol{r}'$ を $\boldsymbol{r}$ に変えました．

13）法線ベクトルに $\boldsymbol{n}$ を用いているので，混乱を避けるために n ではなく N を用いています．

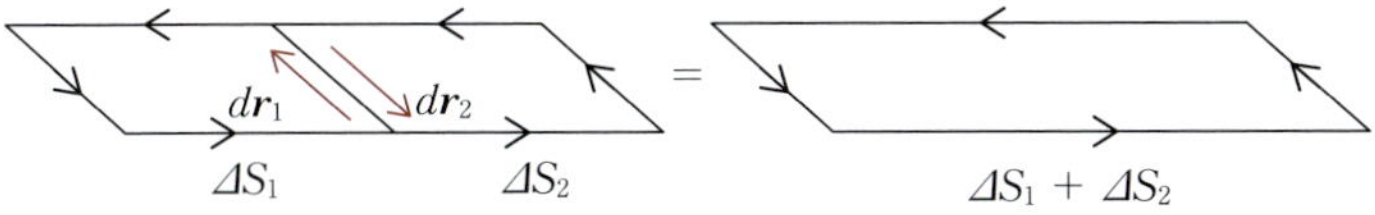

図 5.11　隣り合う 2 つの $\varDelta S$ の境界線上の線積分は打ち消し合う．

となります．ここで $N \to \infty$（つまり各 $\varDelta S_i \to 0$）の極限をとると左辺は面積分となり，≅ も = となって

$$\int_S \mathrm{rot}\, \boldsymbol{A}(\boldsymbol{r})\cdot d\boldsymbol{S} = \int_{\partial S} \boldsymbol{A}(\boldsymbol{r})\cdot d\boldsymbol{r} \qquad (\partial S \text{ は S のふち})$$

という式が得られます[14]．これを**ストークスの定理**といいます．

5.4.3　微分した関数の積分 − 1 次元ずらす技術 −

4.2 節で扱った線積分の式とストークス，ガウスの定理を並べてみましょう．比較しやすいように，記号 ∇ を使うと

$$\begin{cases} \displaystyle\int_L \nabla f(\boldsymbol{r})\cdot d\boldsymbol{r} = f(\boldsymbol{r}_2) - f(\boldsymbol{r}_1) \\ \displaystyle\int_S \nabla \times \boldsymbol{A}(\boldsymbol{r})\cdot d\boldsymbol{S} = \int_{\partial S} \boldsymbol{A}(\boldsymbol{r})\cdot d\boldsymbol{r} \\ \displaystyle\int_V \nabla\cdot \boldsymbol{A}(\boldsymbol{r})\, dV = \int_{\partial V} \boldsymbol{A}(\boldsymbol{r})\cdot d\boldsymbol{S} \end{cases} \tag{5.9}$$

となります．ただし，L は線積分の経路で，始点は $\boldsymbol{r}_1$，終点は $\boldsymbol{r}_2$ です．∂V は V の表面を表します[15]．

これら 3 つの式を比較すると，下に行くに従って次元が 1 つずつ上がっているだけで，いずれも共通して，**「微分した関数をある領域で積分 = その関数を領域のふちで積分」**という関係になっていることがわかります．「ふち」というのは領域の境界のことであり，立体の境界はその表面，曲面の境界はそのふち（これが本来の「ふち」），曲線の境界は両端点です．（そのため，(5.9) 第 1 式の右辺は 2 点しかなく，積分のやりようがないので差になったのです！）つまり，これらの式は親戚であり，このようにまとめると理解し

14）　再び，両辺の $\boldsymbol{r}$ とも積分変数であることに注意してください．

15）　∂V は，V という領域の境界を表す記号です．

やすくなります.

領域の境界はその領域より１次元下がっているので，(5.9)式は，いわば「同じ内容で１次元ずらした式をつくる技術」といえます．例えば，電磁気学で学ぶガウスの法則（「定理」ではありません！）

$$\int_{\partial V} \boldsymbol{D}(\boldsymbol{r}, t) \cdot d\boldsymbol{S} = \int_V \rho(\boldsymbol{r}, t)\, dV$$

は，ガウスの定理を用いれば

$$\int_{\partial V} \boldsymbol{D}(\boldsymbol{r}, t) \cdot d\boldsymbol{S} = \int_V \nabla \cdot \boldsymbol{D}(\boldsymbol{r}, t)\, dV$$

と書けるので，この２式から，積分の関係式ではなく，$\nabla \cdot \boldsymbol{D}(\boldsymbol{r}, t) = \rho(\boldsymbol{r}, t)$ という，各点における微分の関係式に直すことができます．こうして，微分形のマクスウェルの方程式が得られるわけです.

第6章
フーリエ級数・変換とラプラス変換

フーリエ級数・フーリエ変換・ラプラス変換に共通するのは，**関数を関数に対応させる処理**です．そして，これら3つの違いは，与えられた関数から対応する関数を計算する方法の違いです．関数は数を数に対応させる規則ですが，ここで扱う「変換」は，関数同士を対応させます．

実は，すでに第2章のテイラー展開のところで，すべての微分可能な関数をべき級数に変換する処理を扱っていました．同様に，**フーリエ級数**を使えば，すべての周期関数を三角関数の和(級数)で表現できるのです．これは，**すべての周期的な関数は波の重ね合せで表せる**ことを意味します．

さらに，フーリエ級数を拡張した**フーリエ変換**を使うと，多くの関数は周波数を変数とする関数として表すことができます．具体的な例を挙げると，マイクでひろった時間変化する音の信号をフーリエ変換すると，各々の周波数がどれだけの強さ(パワーとよばれる)をもつかがわかります．つまり，音をフーリエ変換して，図6.1のように周波数帯の強さを表示できる装置を使えば，ソプラノの歌声は高周波数のパワーが強く，低音は低周波数のメーターが上がるように見えるというわけです．このように，信号データがどんな周波数をもつかを知りたいときに，フーリエ変換は頻繁に用いられます．

ではなぜ，フーリエ変換だけでなくラプラス変換も学ぶ必要があるのでしょうか．実は，フーリエ変換の対象としている関数は，振動していることを前提としています．つまり，三角関数である必要はありませんが，基本的に振動する傾向をもっていることが前提であり，値が無限大に発散するような関数を変換することは想定外なのです．フーリエ変換の処理は積分計算を行わなければなりませんが，想定外の

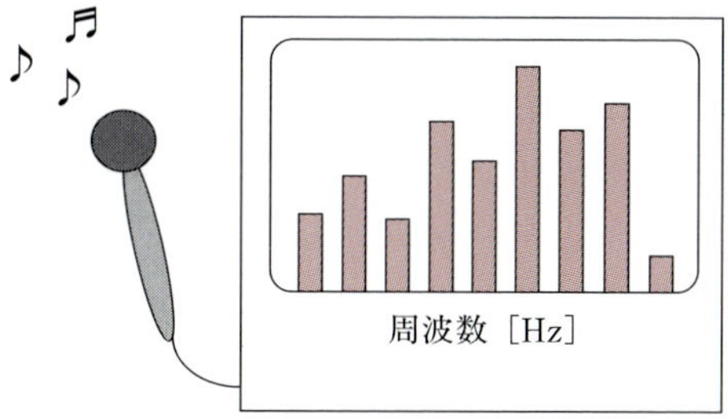

図6.1 音を波の視点で見ると，新たに見えてくるものがある．

関数では積分値も発散してしまい，フーリエ変換ができないのです．

そこで登場するのが，ラプラス変換です．大学の学部で学ぶ2つの重要な関数である振動系と発散・収束系のうち，振動系ならばフーリエ変換が可能ですが，指数関数のような発散系の関数も変換できる処理が**ラプラス変換**です．ラプラス変換は，フーリエ変換がもつ都合のよい性質を受け継ぎながら，指数関数のような値の発散する関数も変換できるのです．そのため，微分方程式を解くときなどに役に立つことがあり，ラプラス変換もフーリエ変換と同様に理工系の本で紹介されることが多くあります．本章では，フーリエ級数・フーリエ変換とラプラス変換について解説します．

6.1　フーリエ級数・フーリエ変換とは？

フーリエ級数・フーリエ変換をおおざっぱに言えば，**対象を波としてとらえるという視点の大変換**です．なぜそんなことをするのかというと，世の中には「波」のようなものがあふれていて，しかも，波は通常の時間軸や位置座標の視点だけでとらえるのは不十分だからです(図6.2)．

図6.2　現象を波として見るという視点の変換がフーリエ変換

例えば，音波は空気中を伝わる波であって，我々の聴覚はその音色を感じることができます．音の高低は波の振動数と深く関係し，音の強弱は波の振幅と関係があります．つまり，音の高低や強さは，音を波としてとらえなければ理解しにくい性質です．「○○さんを動物にたとえると何？」なんて質問がありますが，**「この現象を波としてみるとどうよ？」**と見直してみると，非常にスッキリと見えてくることが理工学の分野ではわりとあるのです．

光は「波」の性質をもっているし，交流回路は電気信号が振動しているし，そして，信号処理の分野や量子力学の分野でも「波」を扱うことが多くあります．そのときに，とりあえず**フーリエ変換すれば，それまで見えなかった波の性質が見えてくる**というわけです．

フーリエ変換によって**視点ががらりと変わる**ので，関数の変数 x の座標軸の意味が変わります．変換する前の関数 $f(x)$ の変数 x が時間または位置座標の場合は，$f(x)$ をフーリエ変換すると，普通は $f(x)$ とは全く違う $F(\omega)$ という形の関数となり，しかも，**変数も角振動数 ω に変わる**ことになります．つまり，**振動数という波のもつ変数から見た性質をあらわにできる**のです．

フーリエ変換は，変換対象の関数が周期的である必要はありません．もし対象が周期的という特別な場合は，三角関数の級数(sin 関数と cos 関数の足し算)として表すことができます．まさに，ある周期的な変化を波の重ね合わせとしてとらえたことになるわけで，これがフーリエ級数なのです．

6.2　限定範囲を三角関数の和で表現する

まず，図 6.3 のように区間 $-\pi < x \leqq \pi$ のパターンを繰り返す周期関数を考えましょう．

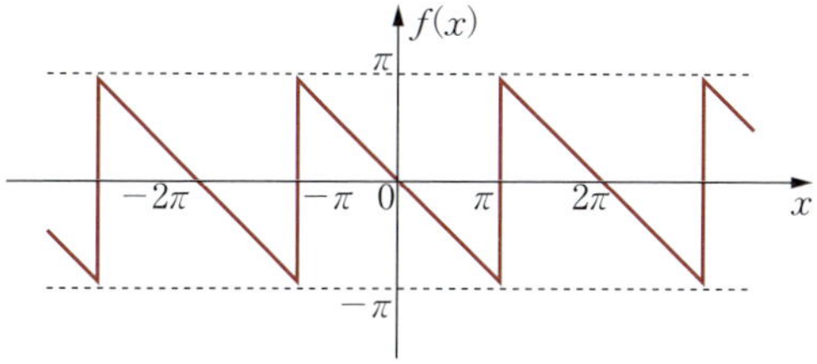

図 6.3　周期関数の一例

この周期関数 $f(x)$ が三角関数 $\cos kx$ と $\sin kx$ (k は 1 以上の整数)を使って次の(6.1)式のように表せると仮定すると，定数 a_0，係数 a_k, b_k をどうやって決めればよいでしょうか．

$$f(x) = a_0 + \sum_{k=1}^{\infty} a_k \cos kx + \sum_{k=1}^{\infty} b_k \sin kx \qquad (6.1)$$

意外かもしれませんが，a_0 の値は $\int_{-\pi}^{\pi} f(x)dx$ という積分値から簡単に計算できるので，とりあえず $\int_{-\pi}^{\pi} f(x)dx$ を計算するところから始めましょう．

$\int_{-\pi}^{\pi} f(x)dx$ を計算するには，(6.1)式から $\int_{-\pi}^{\pi} \cos kx\, dx$ と $\int_{-\pi}^{\pi} \sin kx\, dx$ を求めて $\sum$(シグマ)の計算(つまり $k = 1, 2, \cdots$ の和をとる)をしなければなり

ません．一見面倒に見えますが，実は超簡単に答えが出ます．

例えば$k=1$のとき，図6.4(a)を見ると，$x=-\pi$から$x=0$までの積分値と$x=0$から$x=\pi$までの積分値は大きさが同じで符号は正負が逆なので，$x=-\pi$から$x=\pi$までの積分値は合計でちょうど0になることがわかります．この$\sin x$のような原点対称($f(-x)=-f(x)$が成り立つ)の関数は奇関数とよばれ，πだけでなくどんな積分範囲aに対しても$\int_{-a}^{a} f(x)dx=0$が成り立ちます．$\cos x$の積分については，図6.4(b)の積分

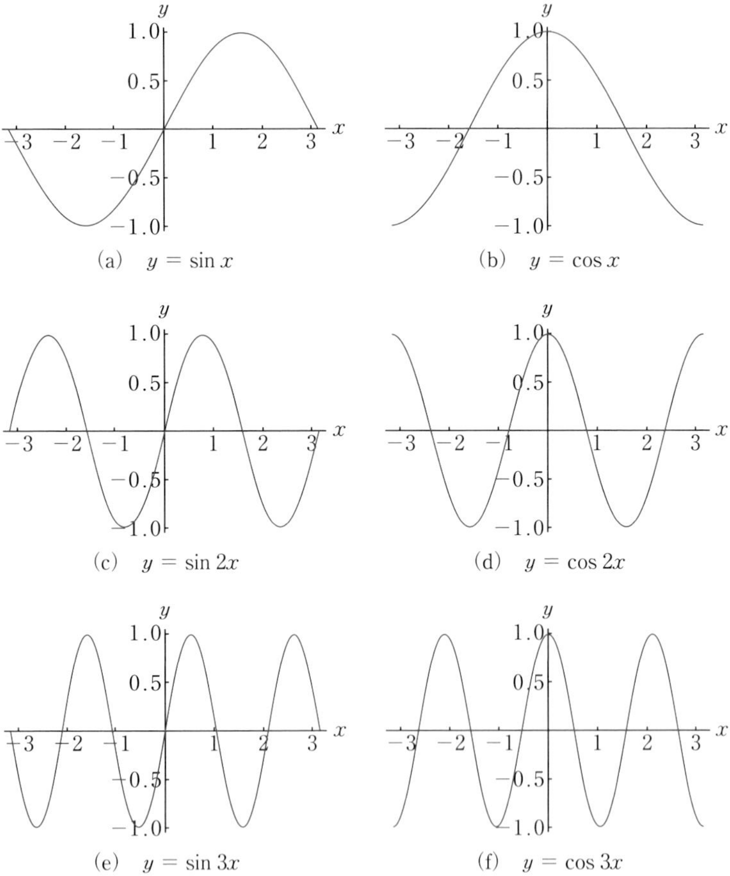

(a)　$y=\sin x$　(b)　$y=\cos x$

(c)　$y=\sin 2x$　(d)　$y=\cos 2x$

(e)　$y=\sin 3x$　(f)　$y=\cos 3x$

図6.4　三角関数の例

範囲では $\int_{-\pi}^{\pi} \cos x\,dx = 0$ が成り立ちます．$k = 2, 3, \cdots$ の場合も同じように正値と負値で相殺されるパターンが 2, 3, …回繰り返されていくだけで，積分値はやはり 0 になります(図 6.4(c)～(f))．

つまり，k が 0 以外の整数のときは，どれも

$$\int_{-\pi}^{\pi} \cos kx\,dx = 0, \qquad \int_{-\pi}^{\pi} \sin kx\,dx = 0 \tag{6.2}$$

なのです．これらを踏まえると，$f(x)$ が(6.1)式で表せると仮定するならば，$f(x)$ を $x = -\pi$ から $x = \pi$ まで積分した

$$\int_{-\pi}^{\pi} f(x)\,dx = \int_{-\pi}^{\pi} a_0\,dx + \sum_{k=1}^{\infty} a_k \int_{-\pi}^{\pi} \cos kx\,dx + \sum_{k=1}^{\infty} b_k \int_{-\pi}^{\pi} \sin kx\,dx$$

の第 2, 3 項は 0 なので，

$$\int_{-\pi}^{\pi} f(x)\,dx = \int_{-\pi}^{\pi} a_0\,dx = 2\pi a_0$$

となります．よって a_0 は，

$$a_0 = \frac{1}{2\pi} \int_{-\pi}^{\pi} f(x)\,dx$$

を計算することによって求められます．

次に，a_n は $\int_{-\pi}^{\pi} f(x) \cos nx\,dx$ の計算によって求められることを示します．上記と同様に，$f(x)$ が(6.1)式で表せるならば，

$$\int_{-\pi}^{\pi} f(x) \cos nx\,dx = \int_{-\pi}^{\pi} a_0 \cos nx\,dx + \sum_k \int_{-\pi}^{\pi} a_k \cos kx \cos nx\,dx + \sum_k \int_{-\pi}^{\pi} b_k \sin kx \cos nx\,dx$$

となり，第 1 項は(6.2)式より 0 であり，第 3 項の積分も奇関数の $-\pi$ から π までの k 周期分の積分なので，やはり 0 となります．第 2 項の三角関数の積は

$$\cos kx \cos nx = \frac{\cos(k+n)x + \cos(k-n)x}{2}$$

と表せるので，(6.2)式より $k \neq n$ ならば，この右辺の $-\pi$ から π までの積分値は 0 となります．ところが $k = n$ のときは

$$\cos kx \cos nx = \frac{\cos 2kx}{2} + \frac{1}{2}$$

なので，$-\pi$ から π までの積分値は π となり，結局，$\sum$ の中の $k=n$ のときだけ値が残って，$\int_{-\pi}^{\pi} f(x)\cos nx\,dx = \pi a_n$ となります．

したがって，

$$a_n = \frac{1}{\pi}\int_{-\pi}^{\pi} f(x)\cos nx\,dx$$

によって係数 a_n を決めればよいことがわかります．そして，同様に計算すると，

$$b_n = \frac{1}{\pi}\int_{-\pi}^{\pi} f(x)\sin nx\,dx$$

が求まります．

以上をまとめると，区間 $-\pi \leqq x \leqq \pi$ において周期関数 $f(x)$ が(6.1)式のように表されると仮定すると，それぞれの係数は次の式で計算できます．

$$\begin{cases} a_0 = \dfrac{1}{2\pi}\displaystyle\int_{-\pi}^{\pi} f(x)\,dx \\ a_n = \dfrac{1}{\pi}\displaystyle\int_{-\pi}^{\pi} f(x)\cos nx\,dx,\quad b_n = \dfrac{1}{\pi}\displaystyle\int_{-\pi}^{\pi} f(x)\sin nx\,dx \end{cases} \tag{6.3}$$

これは，$-\pi \leqq x \leqq \pi$ における**周期関数 $f(x)$ は**，(6.3)式の計算から導き出せる係数を使えば，**sin 関数と cos 関数の和で表現できる**ことを意味します．

例題 6.1

6.2 節の最初に周期関数の例として挙げた関数(図 6.3)を三角関数の和で表しなさい．

〔解〕 (6.1), (6.3)式の $f(x)$ を具体的な式に置き換えて計算します．$-\pi \leqq x \leqq \pi$ の区間で $f(x) = -x$ なので，

$$a_0 = \frac{1}{2\pi}\int_{-\pi}^{\pi}(-x)\,dx = \frac{1}{2\pi}\left[-\frac{x^2}{2}\right]_{-\pi}^{\pi} = 0$$

です．a_n の計算は，部分積分を使って

$$a_n = \frac{1}{\pi}\int_{-\pi}^{\pi}(-x)\cos nx\,dx = \frac{1}{\pi}\int_{-\pi}^{0}(-x)\cos nx\,dx + \frac{1}{\pi}\int_{0}^{\pi}(-x)\cos nx\,dx$$

となり，第1項目の変数 x を $y=-x$ と変数変換すると

$$a_n = \frac{1}{\pi}\int_{\pi}^{0} y\cos ny(-dy) - \frac{1}{\pi}\int_{0}^{\pi} x\cos nx\,dx$$
$$= \frac{1}{\pi}\int_{0}^{\pi} y\cos ny\,dy - \frac{1}{\pi}\int_{0}^{\pi} x\cos nx\,dx$$
$$= 0$$
$$b_n = \frac{1}{\pi}\int_{-\pi}^{\pi} f(x)\sin nx\,dx = \frac{1}{\pi}\int_{-\pi}^{\pi}(-x)\sin nx\,dx$$
$$= -\frac{1}{\pi}\left(\left[x\frac{-\cos nx}{n}\right]_{-\pi}^{\pi} + \int_{-\pi}^{\pi}\frac{\cos nx}{n}\right) \qquad (6.4)$$

となります．

(6.4)式の第2項目は $n(\geqq 1)$ が何であっても cos 関数の $-\pi$ から π までの積分なので0となり(図6.4)，よって1項目だけが値として残ります．$\cos n\pi$ の値は，n が奇数か偶数かによって-1か1のどちらかなので $\cos n\pi = (-1)^n$ と表せます．したがって，b_n は

$$b_n = -\frac{1}{\pi}\left\{\pi\frac{-\cos n\pi}{n} - (-\pi)\frac{-\cos(-n\pi)}{n}\right\} = \frac{2}{n}(-1)^n$$

となり，(6.1)式から，図6.3の周期関数は

$$\sum_{n=1}^{\infty}\frac{2}{n}(-1)^n\sin nx = -2\sin x + \sin 2x - \frac{2}{3}\sin 3x + \frac{1}{2}\sin 4x - \cdots$$

と表せることがわかります．

たくさん項を足していくほど，元の関数である図6.3のギザギザにどんどん近づいていきます．第2項まで足したときと第4項まで足したときのグラフはそれぞれ図6.5(a)，(b)であり，確かに少しずつ最初の図6.3の形に近づいていく様子が見てとれます．

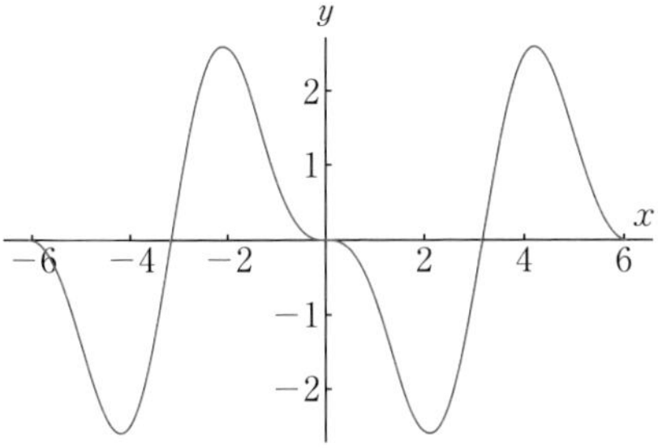

(a)　$y = -2\sin x + \sin 2x$

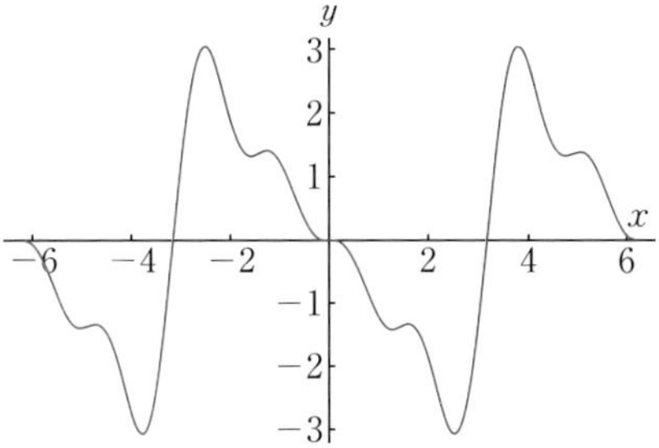

(b)　$y = -2\sin x + \sin 2x - \frac{2}{3}\sin 3x + \frac{1}{2}\sin 4x$

図6.5　図6.3の近似関数

6.3 周期関数を三角関数の和で表現する

6.2 節では $-\pi$ から π までの 2π 周期で繰り返す周期関数について，三角関数の和で表すための計算方法を示しました．実はこの方法の周期 2π は，任意の周期 $2L$ に拡張できます．つまり，任意の周期関数は，同様の計算方法で三角関数の和で表すことができるのです．具体的には $\frac{L}{\pi}x = y$ のような変数変換を行うことで，以下の式が導き出されます．

$$\begin{cases} a_0 = \dfrac{1}{2L}\displaystyle\int_{-L}^{L} f(x)\,dx \\ a_n = \dfrac{1}{L}\displaystyle\int_{-L}^{L} f(x)\cos\frac{n\pi}{L}x\,dx, \quad b_n = \dfrac{1}{L}\displaystyle\int_{-L}^{L} f(x)\sin\frac{n\pi}{L}x\,dx \end{cases}$$

周期関数 $f(x)$ と L の値が決まっていれば，これらの式の値を計算することができ，周期関数 $f(x)$ を(6.1)式のような三角関数の和で表したものを**フーリエ(Fourier)級数**とよびます．これは，すべての周期関数がフーリエ級数によって三角関数の sin 関数と cos 関数の和で表せることを示しています．

sin 関数と cos 関数の 2 つの関数の和で，どんな周期関数も表せるなんてすごくないですか？ つまり，**周期的な動きはすべて波の和で表現できる**ということです．

6.4 フーリエ変換とフーリエ逆変換

フーリエ級数を以下のように式変形すると，フーリエ変換とよばれるものが導き出されます．まず，フーリエ級数を，

$$\cos\frac{n\pi}{L}x = \frac{e^{i\frac{n\pi}{L}x} + e^{-i\frac{n\pi}{L}x}}{2}, \qquad \sin\frac{n\pi}{L}x = \frac{e^{i\frac{n\pi}{L}x} - e^{-i\frac{n\pi}{L}x}}{2i}$$

の置き換え(オイラーの公式 $e^{i\theta} = \cos\theta + i\sin\theta$)によって指数関数 $e^{i\frac{n\pi}{L}x}$ だけで表すと，係数 a_n, b_n も 1 つの複素数の係数

$$c_n = \frac{1}{2L}\int_{-L}^{L} f(x)\,e^{-i\frac{n\pi}{L}x}\,dx \qquad (n = \cdots, -1, 0, 1, 2, \cdots)$$

にまとめられるので，フーリエ級数の式は，

$$f(x) = \sum_{n=-\infty}^{\infty} c_n e^{i\frac{n\pi}{L}x}$$

とシンプルに表せます．

なお，途中の計算過程は省略します(詳しくは，巻末の参考文献[2]などを参照)が，フーリエ級数の式から，次に示すフーリエ変換とフーリエ逆変換とよばれるものが導き出されます．

関数 $f(t)$ に対して

$$F(\omega) = \int_{-\infty}^{\infty} f(t)\, e^{-i\omega t}\, dt \tag{6.5}$$

のように変数 ω で表される関数 $F(\omega)$ を**フーリエ変換**とよびます．そして，フーリエ変換した関数に対し，さらに次の式で与えられる**フーリエ逆変換**を行うと

$$f(t) = \frac{1}{2\pi}\int_{-\infty}^{\infty} F(\omega)\, e^{i\omega t}\, d\omega \tag{6.6}$$

のように元の関数に戻すことができるのです．

工学の分野で信号処理にフーリエ変換が使われる場合は，t が時間で，$f(t)$ は時間変化する信号を表すことが多く，その場合，ω は振動の**角速度**(**角振動数**または**角周波数**ともよぶ)で，$F(\omega)$ は信号中の角速度 ω で振動する成分を表します．

例えば，時間変化する音波を表す関数が $f(t)$ で表されるときに，それをフーリエ変換すると，角振動数とその強さを表す関数 $F(\omega)$ が得られるというわけです．つまり，フーリエ変換後の関数を見れば，フーリエ変換する前の関数について，どの振動数の成分が強いか弱いかがわかるというわけです．直観的にいえば，**時間変化の激しい信号には高い振動数の成分が多く含まれ，なだらかに変化する信号には低い振動数の成分の方が多く含まれる**傾向があります．

フーリエ変換は，理工学の領域で広く頻繁に利用されている計算です．数学的には上記の積分の式で表される計算を行うことになりますが，現実の問題に応用する際には，データは連続時間で得られるわけではありませんし，無限に長い時間の積分計算をやるわけにはいきません．そのため，実際のフーリエ変換の計算では，あるサンプリング周期(例えば1ミリ秒間隔)で得られる離散データを用いて，高速にフーリエ変換を行うアルゴリズム(**高速フ

ーリエ変換とよばれます）がよく使われます．

なお，これらの定義は本によって少し異なる場合があり，理学系の本では，フーリエ変換は

$$F(\omega) = \frac{1}{\sqrt{2\pi}} \int_{-\infty}^{\infty} f(t)\, e^{-i\omega t}\, dt$$

フーリエ逆変換は

$$f(t) = \frac{1}{\sqrt{2\pi}} \int_{-\infty}^{\infty} F(\omega)\, e^{i\omega t}\, d\omega$$

のように，係数のところを $1/\sqrt{2\pi}$ にしていることが多いなど，少し異なる定義の場合もあります．また，工学系の本では虚数単位を i ではなく j と表すこともありますが，これらに本質的な違いはありませんので，この章では，上述の(6.5)，(6.6)式の定義で話を進めることにします．

以上のように，実際にデータ解析などに応用するときには積分を手計算で求めなければならない状況はほとんどないと思いますが，フーリエ変換の意味を理解し，変換のイメージをもっておく必要はあります．そのイメージをもってもらうため，次に，具体的な関数がフーリエ変換によってどのように変換されるかを解説しましょう．

6.5　矩形波のフーリエ変換

まず，図6.6のように時刻 $t = -\tau/2$ から $t = \tau/2$ までの値が $1/\tau$ であり，それ以外の時間帯は0である関数(**矩形波**：長方形を矩形ともよぶ)のフーリエ変換を計算してみましょう．

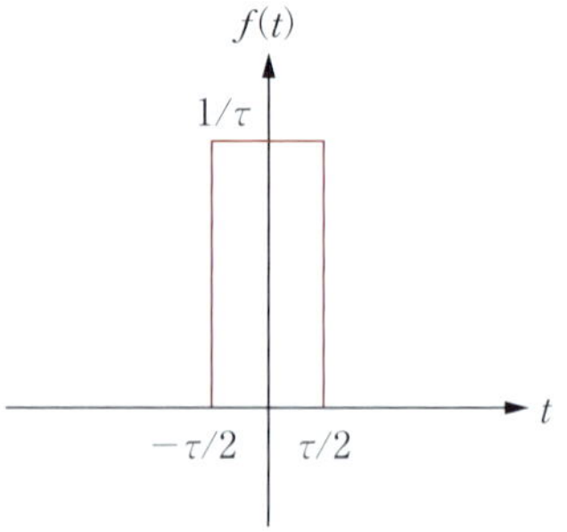

図6.6　矩形波

τ は，適当な定数とします．また，後で τ を小さくしていって，この矩形波を $x=0$ の点で無限大の値をもつ δ 関数（デルタ）に近づけるため，τ がどんな値でも矩形の面積は 1 で一定になるようにしておきます．この矩形波を式で表すと $f(t)=\frac{1}{\tau}$，$-\frac{\tau}{2} \leqq t \leqq \frac{\tau}{2}$ なので，フーリエ変換は，これを (6.5) 式に代入して

$$F(\omega) = \int_{-\frac{\tau}{2}}^{\frac{\tau}{2}} \frac{1}{\tau} e^{-i\omega t}\,dt = \frac{1}{i\tau\omega}\left(e^{i\omega\frac{\tau}{2}} - e^{-i\omega\frac{\tau}{2}}\right)$$

となります．ここでオイラーの公式を用いると $e^{i\omega\frac{\tau}{2}} - e^{-i\omega\frac{\tau}{2}} = 2i\sin\frac{\omega\tau}{2}$ なので，$\omega = 2\pi f$ とおくと

$$F(\omega) = \frac{2}{\omega\tau}\sin\frac{\omega\tau}{2} = \frac{\sin\tau\pi f}{\tau\pi f}$$

となります．

次頁の図 6.7 のように，τ の値が小さくなっていくにつれて矩形波は縦に細長くなり，$x=0$ の 1 点で無限大の値をもつ δ 関数に近づいていき，フーリエ変換した関数の形はだんだんと平らになっていきます．この極限を想像すると，δ 関数のフーリエ変換は，横軸の ω がどんな値であっても 1 となることが直観的にわかるでしょう．

一方，フーリエ変換後の関数は，

$$F(\omega) = \frac{2}{\omega\tau}\sin\frac{\omega\tau}{2} = \frac{\sin\frac{\omega\tau}{2}}{\frac{\omega\tau}{2}}$$

とも書けるので，τ が 0 に近づくと $\lim_{\tau\to 0} F(\omega) = 1$ となることがわかります（sin 関数のテイラー展開からも明らかで，第 2 章を参照）．$F(\omega)$ が周波数にかかわらず一定値ということは，どの周波数成分も均等ということです．つまり，不思議な話ではありますが，**δ 関数はあらゆる周波数成分を含んでいる**と考えられるのです．

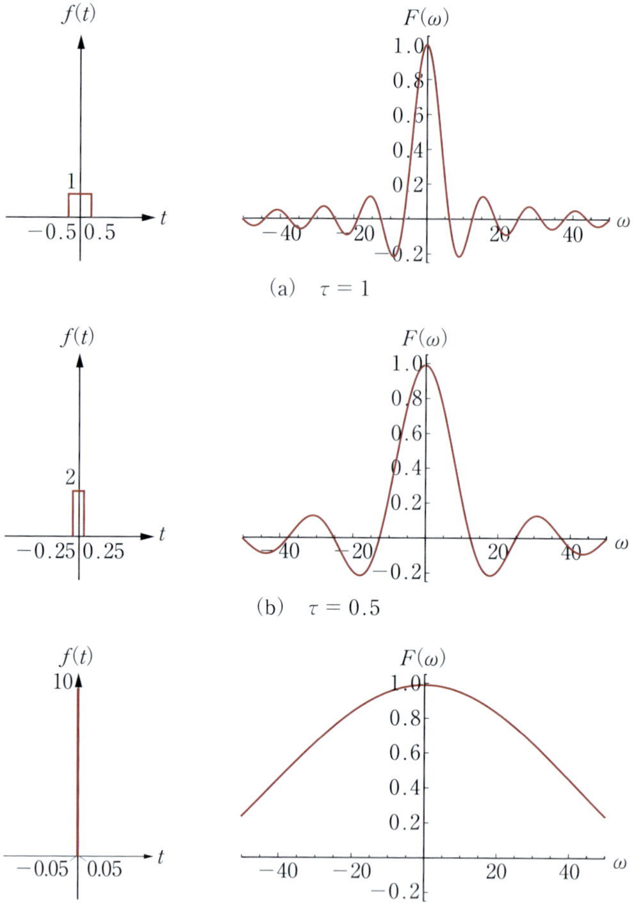

(a)　τ = 1

(b)　τ = 0.5

(c)　τ = 0.1

図 6.7　矩形波(左)とそのフーリエ変換(右)の例

6.6　フーリエ変換の3つの重要な性質

本によく載っているフーリエ変換の特性のうちでも，

(1) 線形性，(2) 対称性，(3) たたみ込み積分が積になる

の3つは特に重要な性質なので，ぜひ覚えておいてください．

ここで，各々について簡単に解説します．なお，関数 $x(t)$ をフーリエ変

換した関数を $X(\omega)$ とおいたとき，以下，矢印の記号を使ってフーリエ変換(⇒)とフーリエ逆変換(⇐)の関係を $x(t) \Leftrightarrow X(\omega)$ と書くことにします．

(1)　**線形性：**　線形結合した2つの関数のフーリエ変換は，元の2つの関数を各々フーリエ変換した関数の線形結合(実数を掛けて足したもの)と等しくなり，$x_1(t) \Leftrightarrow X_1(\omega)$，$x_2(t) \Leftrightarrow X_2(\omega)$ のときに次の式が成り立ちます．

$$a_1 x_1(t) + a_2 x_2(t) \Leftrightarrow a_1 X_1(\omega) + a_2 X_2(\omega)$$

(2)　**対称性：**　$x(t) \Leftrightarrow X(\omega) \quad \to \quad X(t) \Leftrightarrow 2\pi x(-\omega)$

この対称性が意味することは，ある関数をフーリエ変換した関数をさらにフーリエ変換すれば，最初の関数の形式に戻るということです．係数 2π と変数の符号を無視すると，$x(t) \Leftrightarrow X(\omega)$ が成り立つならば，$X(t) \Leftrightarrow x(\omega)$ も成り立つということです．つまり，フーリエ変換(フーリエ逆変換)の関係にある関数は，関係を入れ替えても成り立つのです．

なお，対称性の証明は定義式から簡単にできます．次節で，対称性を利用する具体例を見てください．

(3)　**たたみ込み積分が積になること：**　ある2つの関数のたたみ込み積分(6.8節を参照)のフーリエ変換が，2つの関数の積になるという性質です．重要な特性ですが，一言では説明しづらいので，6.8節で解説します．

6.7　色々な関数のフーリエ変換

超関数とよばれる，少し変わりものの関数である **δ関数**（デルタ関数）の定義は，次式で与えられます．

$$\begin{cases} \delta(t) = 0 & (\text{ただし，} \ t \neq 0) \\ \displaystyle\int_{-\infty}^{\infty} \delta(t)\, dt = 1 \end{cases}$$

δ 関数の定義から，この関数をフーリエ変換すると

$$\int_{-\infty}^{\infty} \delta(t)\, e^{-i\omega t}\, dt = 1 \tag{6.7}$$

となり，前述したように，矩形波のフーリエ変換の極限をとっても，この結

果を確認できます．

また，(6.7)式のフーリエ逆変換(つまり1を**フーリエ逆変換するとδ関数**になる)の式を書くと

$$\frac{1}{2\pi}\int_{-\infty}^{\infty} e^{i\omega t}\,d\omega = \delta(t)$$

となり，この式は，**δ関数のフーリエ積分表示**とよばれています．量子力学などを学ぶ際には，この積分結果を覚えていると便利かもしれません．

さて，ここでδ関数のフーリエ変換が1であることに，前節で挙げた3つの特性のうちの(2)対称性を用いると，1のフーリエ変換は$2\pi\,\delta(\omega)$となり(δ関数の定義より$\delta(\omega) = \delta(-\omega)$)，次の式が成り立つことがわかります．

$$\int_{-\infty}^{\infty} e^{-i\omega t}\,dt = 2\pi\,\delta(\omega)$$

以上の計算結果に他のいくつかの関数のフーリエ変換を追加して，主な関数のフーリエ変換を表6.1に示します．この表から，フーリエ変換の2つの特徴が直観的に読み取れます．

1つ目は，「とんがった関数⇔広がった関数」の関係です．δ関数や矩形波などのように，ある時点で局所的に存在する信号をフーリエ変換すると，大域的な値になることです．局所と大域とがフーリエ変換の関係でつながってしまうのです．

表 6.1 主な関数のフーリエ変換表(注釈は裳華房のホームページに掲載)

関数 $f(t)$	$f(t)$をフーリエ変換した関数 $F(\omega)$
$\delta(t)$	1
1	$2\pi\,\delta(\omega)$
ステップ関数	$\pi\,\delta(\omega) + \dfrac{1}{i\omega}$ (注1)
矩形波(図6.7)	$\dfrac{\sin(\omega\tau/2)}{\omega\tau/2}$
$\sin\omega_0 t$	$i\pi\{\delta(\omega+\omega_0) - \delta(\omega-\omega_0)\}$ (注2)
$\cos\omega_0 t$	$\pi\{\delta(\omega+\omega_0) + \delta(\omega-\omega_0)\}$ (注2)
$f(t-t_0)$	$e^{-i\omega t_0}F(\omega)$
$\dfrac{df(t)}{dt}$	$i\omega F(\omega)$ (注3)

もう1つは，信号の周波数成分を抽出するフーリエ変換のはたらきです．ある振動数の三角関数をフーリエ変換すると，その振動数で δ 関数がピークを示し，強い振動数を教えてくれます．工学的に，フーリエ変換は信号の周波数成分の検出，つまり，周波数の**スペクトル解析**[1] に使われることが多いのはこのためです．

このように，工学ではフーリエ変換を時間と周波数上の関数変換で考えることが多いのに対して，物理学では時間ではなく位置の関数をフーリエ変換して，波数空間上の関数として考えることが多いのです．

そもそもフーリエ変換するときに，複素数 $e^{-i\omega t}$ を掛けて積分しているのですから，結果は複素関数になります．実は，フーリエ変換によって信号を波としてとらえるときに，振動数成分の強さだけでなく，**波同士のズレ**を表す**位相**の情報を**虚数**によって表現しているのです．(横軸が実部で縦軸が虚部の2次元平面を想像するとよいでしょう．図1.6(b)を参照)．例えば，信号が時間的に t_0 だけずれるとフーリエ変換後の関数が $e^{-i\omega t_0}$ を掛けただけずれる(表6.1を参照)のは，そのためです．信号に sin 関数の成分があれば微分すると cos 関数となり，sin 関数と cos 関数の位相は $\pi/2$ だけずれています(cos 関数を微分しても同様)．ですので，表6.1のように df/dt をフーリエ変換すると，$f(t)$ を変換した関数 $F(\omega)$ も位相を 90° 回転させるべく，虚数 i が掛けられているのです(1.8節を参照)．

なお，フーリエ変換をしても形の変わらない関数が存在し，それはガウス関数です．紙面の都合で詳しい解説はしませんが，興味のある読者は自分で計算をしてみてください(裳華房のホームページに掲載の練習問題6.2を参照)．

ところで，例えば $x(t) = 2\cos 2t + 3\cos 3t$ の波をフーリエ変換すると，線形性から $X(\omega) = \pi\{2\delta(\omega+2) + \delta(\omega-2) + 3\delta(\omega+3) + 3\delta(\omega-3)\}$ となり，グラフで示すと図6.8のようになります．6.6節で述べた3つの特性のうちの線形性が成り立つため，$x(t)$ が三角関数の和で表現できるなら

1)　スペクトル解析とは，ある信号の周波数ごとの強さの分布を明らかにする解析のことです．

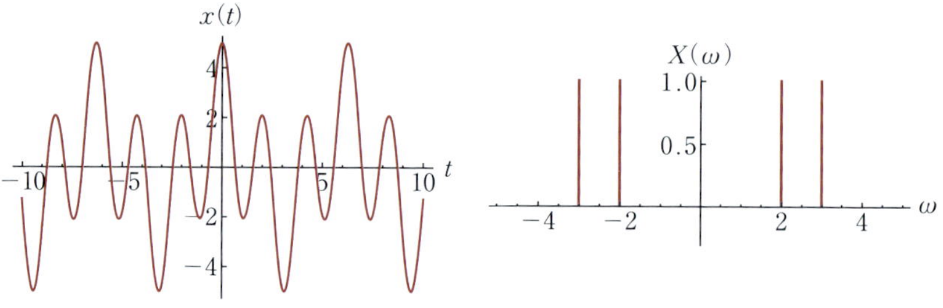

(a)　$x(t) = 2\cos t + 3\cos 3t$　　(b)　(a)のフーリエ変換

図 6.8

ば，$X(\omega)$ も δ 関数の足し合わせとなり，$x(t)$ の振動数の成分にピークをもつ関数になります．

6.8　たたみ込み積分

ここでは，2つの関数の**たたみ込み積分をフーリエ変換すると，フーリエ変換した関数の積になる**特徴を強調しておきます．これが，応用範囲の広い重要な性質であるからです．そこで，まず，たたみ込み積分とは何かを示します．

関数 $h(t)$ と $x(t)$ の**たたみ込み積分**は，次の積分の式で表されます．

$$\int_{-\infty}^{\infty} h(t-\tau)\,x(\tau)\,d\tau \tag{6.8}$$

また，このたたみ込み積分のことを "$*$" という演算記号を用いて $h(t) * x(t)$ とすっきり書く場合もあります．

なぜ，こんなややこしい積分を考えなければならないのでしょうか．それは，あらかじめわかっている入出力関係（関数）と過去の履歴をもとに，ある時点の状態（変数）を計算するような場面がよくあり，そのときにこの積分計算が必要になるからです．例えば，現時刻の電気回路の出力電圧を計算するときは，過去の回路への入力すべてと，それらの現時刻までの時間差に依存した影響が出力に加わります．たたみ込み積分に現れる $t-\tau$ は，その時間差です．その他にも，位置に依存するある物理的な状態に関して，周囲の状態が距離に応じた影響を与え合うような場合は，ある位置の状態の計算は，位置を変数として，影響のない状態の関数と影響を表す関数のたたみ込み積分になります．工学システムの応答を予想する次のような例を考えてみましょう．

ある回路の入力端子に電圧を加えると，出力端子から出力電圧が計測されるとします．時刻 t に関数 $x(t)$ で表される電圧が入力されたとき，出力はどのようになるでしょうか(図 6.9)．

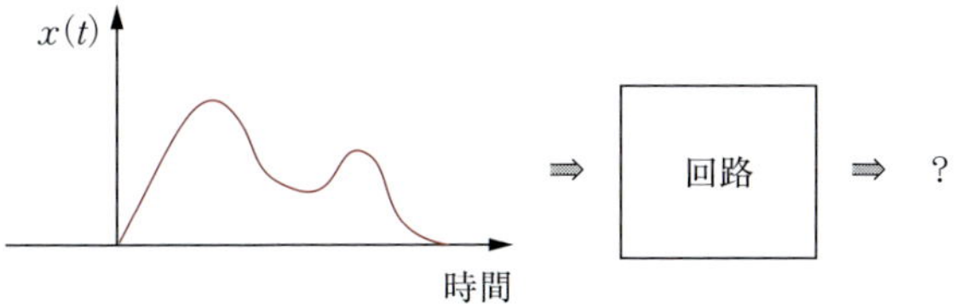

図 6.9 どんな波形が入力されても回路の応答を計算するには？

例えば，短時間に大きさ 1 の一定電圧という単純なパルス状の信号(インパルスともよばれます)が時刻 $t=0$ でこの回路に入力されたとき，回路の応答出力が図 6.10 のように得られたとします．このとき，こうした波形のことを一般に**インパルス応答**といい，本書では時刻 t の関数 $h(t)$ で表すことにします．

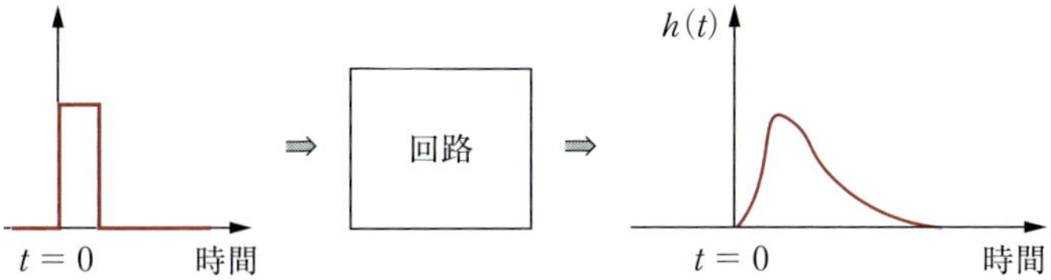

図 6.10 手掛かりは短い単純波形(インパルス)に対する応答波形

一方，時間変化する入力信号 $x(t)$ を，微小の時間幅 dt で刻んだ**パルス状の入力の和**とみなせば，**現在から過去に入力されたそれぞれのインパルス応答を時間順に足し合わせたものが実際に出力される**，と考えられます．ただし，このことは，入力が A + B に分解できるなら，入力 A の応答 X と入力 B の応答 Y の和が実際の出力になり，入力の大きさが 2 倍になれば応答も2倍になるという，入力・応答間の線形性が成り立つことが前提です．

図6.11を参照しながら，時刻tにおける応答を計算する過程を具体的に解説しましょう．$x(t)$の時刻$t=0$のときの大きさが$x(0)$だとすると，このインパルス(図中の赤茶色の短冊部分)に対する応答は，応答関数の$x(0)$倍となります．よって，時刻tにおける応答の大きさは$x(0)\times h(t)$です．同様にして，時刻$t=d\tau$に入力された$x(d\tau)$の応答の大きさは，入力された後に時間が$t-d\tau$だけ経っているので$x(d\tau)\times h(t-d\tau)$となります．短冊状の電圧が現在の時刻$t$まで次々と入力されるので，それらすべてを考慮して現在の時刻の応答の計算をしなければなりません．

このようにして，入力を細切れの短冊にして，それぞれが時刻tで寄与している応答分をすべて足し合わせれば，応答の大きさを計算できるというわけです．

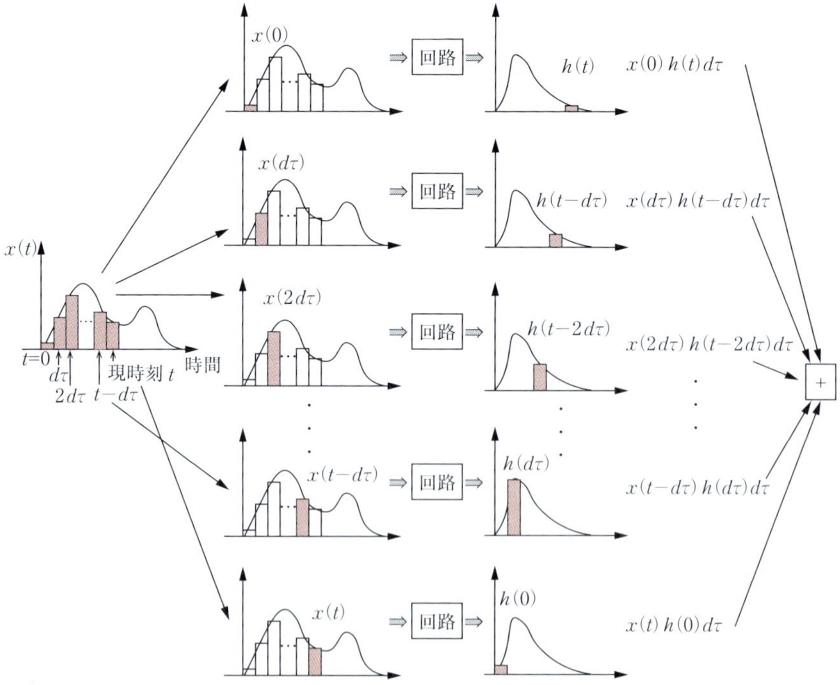

図6.11　回路の応答は，たたみ込み積分の結果に等しい．

計算したい時刻 t より昔の時刻 τ（つまり $\tau < t$）に入力されたパルスの大きさが，$x(\tau)$ です．このパルスが現在の時刻 t において出力に及ぼしている影響の大きさは，入力から $t-\tau$ だけ時間が経っているから $h(t-\tau) \times x(\tau)$ と考えてもよく，これに微小時間幅 $d\tau$ を掛けた短冊の面積を τ について過去から現在の時刻 t まで足し合わせた値，つまり τ について積分した

$$\int_{-\infty}^{t} h(t-\tau)\, x(\tau)\, d\tau \tag{6.9}$$

が，現在の時刻 t での出力です．この式は，たたみ込み積分とよばれる形になっていることがわかります．

(6.8)式は積分範囲が ∞ までになっていますが，$h(t)$ は回路に入力する前($t < 0$)はゼロだったと考えれば，(6.9)式のように書いても成り立つことがわかります．つまりたたみ込み積分は，インパルス応答 $h(t)$ の線形性が成り立つ回路に信号 $x(t)$ が入力されたときの，時刻 t における応答を示す式なのです．一方，**インパルス応答と入力関数さえわかれば出力を計算できる**ので，**回路のインパルス応答 $h(t)$ を知ることは，その回路の本質的な特性を知る上で非常に重要**なことなのです．

以上は電気回路の例ですが，機械系などのシステムにも拡張できるため，たたみ込み積分が顔を出す分野は広いのです．

一般的にいって，たたみ込み積分は計算機を使わなければできないくらい面倒な計算です．ところが，たたみ込み積分をフーリエ変換するとフーリエ変換した関数の積になる，という特性が計算に役に立ちます．すなわち，(6.8)式のフーリエ変換は，インパルス応答 $h(t)$ と入力 $x(t)$ の各々の**フーリエ変換関数 $H(\omega), X(\omega)$ を用いると，$H(\omega)\, X(\omega)$ と単純な掛け算で計算できます**．つまり，$h(t) * x(t) \Leftrightarrow H(\omega)\, X(\omega)$ となります．

よって，インパルス応答と入力から出力を計算したければ，$H(\omega)\, X(\omega)$ **のフーリエ逆変換**を計算すればよいのです．もっとも，$h(t)$ と $x(t)$ の各々のフーリエ変換 $H(\omega), X(\omega)$ と $H(\omega)\, X(\omega)$ のフーリエ逆変換が容易に計算できることが前提であることは言うまでもありません．

6.9　フーリエ変換とラプラス変換の違い

フーリエ変換と異なり，指数関数のような値が無限大に発散する関数も変換できる処理がラプラス変換です．ラプラス変換は，フーリエ変換と同様に，**たたみ込み積分を積という簡単な形に変換する性質を受け継ぎつつ，指数関数のような値の発散する関数も振動する関数も変換可能**なのです．ただし，変換後に波としての性質はあらわにはならないのが，フーリエ変換との違いです．ラプラス変換後は，振動数 ω の関数ではないのはそのためで，波としてみる場合は，フーリエ変換を使うべきなのです．ラプラス変換が役に立つ代表的な場合は微分方程式を解く場面で，微分方程式にラプラス変換を適用すると，解が簡単に求まる場合があります．

6.10　ラプラス変換とは？

関数 $f(t)$ のラプラス変換は

$$F(s) = \int_0^\infty f(t)\, e^{-st}\, dt$$

と表されます．s は複素数なので $s = a + i\omega$ (a と ω は実数) とおくと，フーリエ変換との違いは，**積分される関数に e^{-at} が掛けられている**こと，**積分範囲が 0 以上**であること，の 2 点しかありません．そのため，フーリエ変換のもつ特徴を同様にもっていることになります．例えば，ラプラス変換も線形性が成り立ち，たたみ込み積分が変換後に積になることもフーリエ変換と同じです(6.6 節を参照)．主な関数のラプラス変換表を表 6.2 に示します．

ラプラス変換をわざわざ使う理由は，ラプラス変換ならではの良い点があるからです．大きな長所は次の 2 点です．1 つ目は，e^{-at} の項が掛かっているので $a > 0$ の値を適切に選べば**積分を収束**させ，ラプラス変換の積分値 $\int_0^\infty f(t)\, e^{-st}\, dt$ を計算できるケースが多いことです．a が大きいほど，つまり s の実部が大きいほど，ラプラス変換した関数は 0 に近づく傾向があります．

2 つ目は，微分方程式がラプラス変換によって s についての**簡単な形式の関数**(分子と分母の各々が多項式で書ける分数であり有理関数とよばれる)に変わることが多いことです．この性質を利用してラプラス変換を用いると，**微分方程式がとても簡単に解けることがあります**．

表 6.2　ラプラス変換表

関数 $f(t), g(t), t \geqq 0$	ラプラス変換した関数 $F(s), G(s)$
$a\,f(t)+b\,g(t)$　(a, b は実数)	$a\,F(s)+b\,G(s)$
$f(t) * g(t)$　(たたみ込み積分)	$F(s)G(s)$
$\dfrac{df}{dt}$	$s\,F(s)-f(0)$
$\dfrac{d^2f}{dt^2}$	$s^2\,F(s)-s\,f(0)-f'(0)$
$\int f(t)dt$	$\dfrac{F(s)}{s}$
$\delta(t)$	1
ステップ関数	$\dfrac{1}{s}$
e^{-at}　(a は実数)	$\dfrac{1}{s+a}$
t	$\dfrac{1}{s^2}$
t^n　(n は整数)	$\dfrac{n!}{s^{n+1}}$
$\sin \omega t$	$\dfrac{\omega}{s^2+\omega^2}$
$\cos \omega t$	$\dfrac{s}{s^2+\omega^2}$

6.11　ラプラス変換を用いた微分方程式の解き方

このようなラプラス変換特有の性質を除けば，フーリエ変換とラプラス変換の特性はよく似ています．両者とも線形性をもつし，たたみ込みが変換後に積になる性質ももっています．また，微分・積分の演算に対する変換が乗算や除算になることも同じです．ラプラス変換の $s=a+i\omega$ を $a=0$ として $f(t)=0$，$t<0$ ならばフーリエ変換と同じなので，フーリエ変換はラプラス変換の特別な場合とも解釈できます．δ 関数を変換すると，どちらの変換でも 1 となります．

大きな違いは，使われるときの目的の違いによることが多く，フーリエ変換は関数を振動数の異なる波の重ね合わせで表そうとしますが，ラプラス変換は，変化の仕方を表そうとするのです．次の例題で，具体的な違いを見てみましょう．

例題 6.2

図6.12のように，Q[C]の電荷がチャージされた電気容量Cのコンデンサーに，$t = 0$の時刻に自己インダクタンスL[H]のコイルをつないだとき，電流の時間変化$i(t)$をラプラス変換を用いて求めなさい．

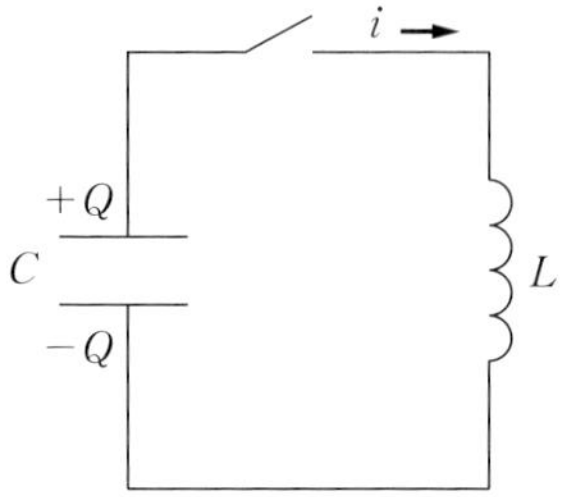

図 6.12 LC回路

〔解〕 図6.12のように，コンデンサーからコイルに向って電流iが流れるとして，回路の方程式を立てます．コイルとコンデンサーの両端にかかる電圧が等しいので，

$$\frac{Q}{C} = L\frac{di}{dt} \tag{6.10}$$

が成り立ちます．また，電流はコンデンサーに蓄えられた電荷の単位時間当たりの減少分なので，

$$i = -\frac{dQ}{dt} \tag{6.11}$$

で与えられます．(6.10)式と(6.11)式からQを消去すると

$$\frac{i}{C} + L\frac{d^2i}{dt^2} = 0 \tag{6.12}$$

が得られ，この微分方程式が，この回路の電流の変化を表すことになります．

初期状態では，$i(0) = 0$であり，$\dfrac{Q}{C} = L\dfrac{di(0)}{dt}$なので，$\dfrac{di(0)}{dt} = \dfrac{Q}{LC}$です．この初期条件の下で微分方程式(6.12)を解けば，電流$i(t)$が求められます．

表6.2を参照して，微分方程式(6.12)の両辺をラプラス変換します．ラプラス変換によって電流$i(t)$が関数$I(s)$に変換されると仮定し，表6.2の$\dfrac{d^2f}{dt^2}$が$s^2F(s) - s\,f(0) - f'(0)$と変換することを用いると，次の式になります．

$$\frac{I(s)}{C} + L\left\{s^2 I(s) - s\,i(0) - \frac{di(0)}{dt}\right\} = 0$$

この式に上述の初期値を代入して整理すると,

$$\frac{LCs^2+1}{C}I(s)=\frac{Q}{C}$$

となり, $I(s)$ が次のように求められます.

$$I(s)=\frac{Q}{LCs^2+1}=\frac{Q}{\sqrt{LC}}\frac{\frac{1}{\sqrt{LC}}}{s^2+\left(\frac{1}{\sqrt{LC}}\right)^2}$$

よって, $i(t)$ を求めるには, ラプラス変換後のこの関数 $I(s)$ を変換前の関数に戻せばよいのです(**逆ラプラス変換**するといいます).

具体的には, 表 6.2 の右の欄から同じ形式の関数を探し出し, その左欄に書かれた関数に置き換えればよいのです. $I(s)$ は $\frac{\omega}{s^2+\omega^2}$ と同じ形式であり, 定数倍 $\frac{Q}{\sqrt{LC}}$ はラプラス変換の前後で変わらない(表 6.2 の一番上)ので, 次のように $i(t)$ が求まります.

$$i(t)=\frac{Q}{\sqrt{LC}}\sin\frac{t}{\sqrt{LC}}$$

なお, (6.12)式をフーリエ変換(表 6.1)して整理すると,

$$\left(\frac{1}{C}-L\omega^2\right)I(\omega)=0$$

となり, $\frac{1}{C}-L\omega^2=0$ の場合は,

$$\omega_0=\frac{1}{\sqrt{LC}}$$

のように, 電流の振動の角振動数が求まります.

このように, ラプラス変換して計算すると, 時間の経過と共に変化する関数 $i(t)$ が明らかになりますが, フーリエ変換で計算すると, 振動の角振動数が求まります. ラプラス変換では, **関数値が比較的短い期間にどのように変化するか**(上述の回路の例では振動することであり, **過渡状態**とよばれることもあります)が変換によって失われずに, 時間の関数が導き出されるのに対して, フーリエ変換では波としての特性だけが抽出されるといえるでしょう.

第7章

微分方程式

微分方程式とは，未知の関数とその関数を微分した導関数の関係式であり，物理法則の記述だけでなく，理工系分野の多くの場面で登場します．話をわかりやすくするため，**本章では時間に関して微分することを前提**として話を進めます．座標 x に関して微分する場合は，以下の説明において，関数が時間変化する想定ではなく，場所によって変化する想定にすべて置き換えなければなりませんが，本質的に変わることはありません．

本章の目標は2つあります．第1の目標は，**微分方程式が状態の時間変化を記述する道具であり，それを解くとは，直観的には空間内に解の時間的軌道を描くこと**であると理解することです．しかし，一般に微分方程式とよばれる式は多種であり，それらすべてについて解説しようとすれば煩雑になります．そこで，第1目標を十分に達成するため，本章ではシンプルで基本的な定係数線形微分方程式に焦点をしぼりました．しかも，同次方程式だけを扱います．なぜなら，非同次方程式の解を求めるには，同次方程式から求められる一般解に，定数変化法などを使って求められる特殊解(特解ともよばれます)を足せば計算できるからです．つまり，まずは同次方程式の解を求めることが重要なのです．

未知の関数が満たす式である**微分方程式を解くとは，未知の関数を求める**ことですが，どんな関数が答えとして出てくるんだろう？と心配になる人はいないでしょうか．実は，大学初年級で学ぶ基本的な微分方程式の解の種類は，それほど多くありません．最も重要なのは，収束(または発散)する関数と振動する関数の2種類です．そこで，本章の第2の目標は，**定係数線形微分方程式の解が少数の典型的なパターンに分類される**ことを，その判別方法とともに理解することです．具体的には，解の性質を判別することが，**行列の固有値問題に帰着できる**ことを示します．これにより，多くの本で見られる，指数関数を解と仮定する理由も納得できると思います．

ところで，微分方程式を解く方法を具体的に説明しようとすると，抽象的な数式変形の連続になりがちで，その意味を見出すことは難しいのですが，専門分野における特異的な微分方程式が解けることは重要です．

そこで本章では，微分方程式の初歩である定係数線形微分方程式をとりあげ，**力学系的な相空間（ベクトル場）の考え方**と，少数の典型解を示すことによって，**微分方程式へのアプローチを見通しよくする**のが狙いです．本章で微分方程式の世界を見晴らしのよい場所から眺めた後ならば，専門性の高い分野における具体的な微分方程式やその解法テクニックを学ぶのは，格段にたやすくなるでしょう．

そんなわけで，本章の微分方程式に関する前提知識は，変数分離と1階線形微分方程式の解き方くらいです．ただ，途中で行列，ベクトルの掛け算，固有値・固有ベクトルについての知識も必要になります（第8章を参照）．本書では述べなかった，特解の求め方，微分演算子，べき級数解，偏微分方程式などに関する微分方程式の様々な技法を学びたい場合は，他の本（例えば，巻末の参考文献［3］）を参照してください．

7.1　定係数線形微分方程式とは？

$f_1(t), f_2(t), \cdots, f_n(t), g(t)$ が t のみの関数で，関数 $x(t)$ が

$$x^{(n)} + f_1(t)x^{(n-1)} + \cdots + f_{n-1}(t)x' + f_n(t)x = g(t) \qquad (7.1)$$

を満たすとき，この形式の式を **n 階線形微分方程式**といいます．ただし，$x^{(n)}$ は関数 $x(t)$ の t についての n 階微分を，x' は $\dfrac{dx}{dt}$ を表します．

さらに，線形微分方程式のうち，$f_1(t), f_2(t), \cdots, f_n(t)$ がすべて定数の場合を**定係数線形微分方程式**といい，$g(t) = 0$ のときを**同次方程式**，$g(t) \neq 0$ のときを**非同次方程式**といいます．

本章では，2階の定係数線形微分方程式（x'' は $\dfrac{d^2x}{dt^2}$ を表す）の同次方程式

$$x'' + ax' + bx = 0 \qquad (7.2)$$

を解く過程を通して，以下のようなことを解説します．

- 2階の定係数線形微分方程式は，2次元のベクトル場を表していて，その**解はベクトル場の中をとり得る軌道**であること．
- 2階の定係数線形微分方程式の解のタイプは，微分方程式から決まる**行列の固有値の計算によって次の3種類のいずれか**であるが，K_1, K_2 は，時刻 $t = t_0$ における値 $x(t_0)$，$y(t_0)$ から決まる定数であること（多くは $t_0 = 0$）．

タイプ1： 固有値が異なる2つの実数値λ, μの場合

$$x(t) = K_1 e^{\lambda t}, \quad y(t) = K_2 e^{\mu t}$$

タイプ2： 固有値が虚数解$a \pm bi$の場合

$$x(t) = e^{at}(K_1 \cos bt - K_2 \sin bt), \quad y(t) = e^{at}(K_1 \sin bt + K_2 \cos bt)$$

タイプ3： 固有値が実数の重解λの場合

$$x(t) = K_1 e^{\lambda t} + K_2 t e^{\lambda t}, \qquad y(t) = K_2 e^{\lambda t}$$

同次方程式だけを扱う理由は，本章の冒頭にも書いたように，**非同次方程式の解を求めるには，まず，同次方程式から求められる一般解を求めなければならない**からです．

例えば，次の微分方程式

$$x'' + ax' + bx = g(t), \qquad g(t) \neq 0 \tag{7.3}$$

の場合，微分方程式の解は，上式を満たす関数(**特解**)と$g(t) = 0$のときの**一般解**とを足したものになります．実際，そうやって解くものであると多くの本に書かれていますが，ここではその理由を直観的に考えてみましょう．

まず，力学を題材に，微分方程式が非同次方程式になるような具体的な状況を考えます．今，図のように壁にばねがつながっていて，ばねの先端に質量mの物体がつながっているとします．物体と床の間には摩擦はないとして，この物体に左から時間によって変化する力$f(t)$が加えられているとき，物体はどのような運動をするでしょうか．

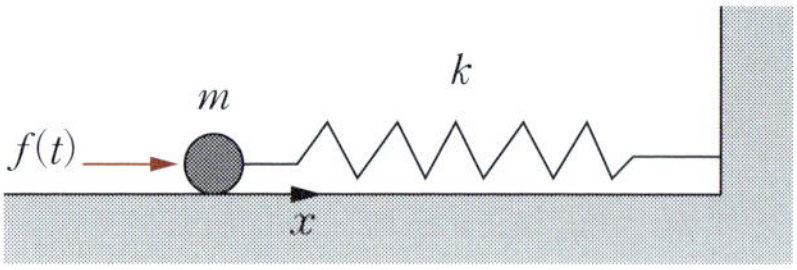

図7.1 微分方程式が非同次方程式になる力学の例

この問題を解くためには，図のように右向きに座標xをとって(ばねが自然長のときの座標を$x = 0$とする)，物体について次のような運動方程式を立てることになります．

$$mx'' = f(t) - kx \tag{7.4}$$

すなわち，$mx'' + kx = f(t)$のように，非同次方程式の形式になります．$f(t)$は物体にはたらく力であり，元々ばねと物体から構成される系(システ

ム)にはない，システムとは独立に外から勝手に加えられた要素とみなすことができます．人が，あらかじめ決められた時間のスケジュールに従って，外から物体を押したり引いたりしているようなものです．

$f(t) = 0$ の場合(同次方程式)の $mx'' = -kx$ とは，この系に対して外から何も力を加えていない場合の微分方程式です．それは，ばね係数と質量というシステム自身の特性によって決まる挙動，単振動を表します．つまり，元々このシステムは単振動するような特性をもっているけれども，それに力 $f(t)$ を加えたらどうなるだろうという問題なのです．したがって，**系の本質的な動作を表すのが一般解**であり，それに**外から加えた力も合わせて成り立つ関数である特解を上乗せすれば，この系の動きを表す**ことになる，というカラクリなのです．

電気回路でも同様の例を考えることができます．例えば，自己インダクタンス L のコイルと抵抗値 R の抵抗が直列に交流電源(電圧 $E(t)$)につながれた回路において，電流の満たす微分方程式は，

$$L\frac{di}{dt} + Ri = E(t) \tag{7.5}$$

と表され，この式は，対象の回路に $E(t)$ の電圧を加えている状態を表す式になっています．電圧を加えていないときの**系の元来の動きを表す同次方程式** $L\dfrac{di}{dt} + Ri = 0$ **の一般解に，電源** $E(t)$ **を追加したときの回路の動きを表現する特解を足し合わせれば，この回路の動きがわかる**というわけです．

以上のように考えると，同次方程式の一般解に特解を足すと非同次方程式の一般解になることは，不自然なことではないことがわかるでしょう．

7.2　変化分を知れば未来がわかる

ある**関数とそれを微分した導関数との関係式**である**微分方程式**は，ある**瞬間における時間変化を記述**しています．例えば，図 7.2 のような状況のとき，ボールが跳ねてコーヒーカップが飛ぶ瞬間から近い将来，コーヒーカップが床に砕け散る未来が予想されるでしょう．微分方程式は，ある瞬間を表したものにすぎませんが，これを解いた結果から，しばらく時間が経つとど

のように現象が変化していくかがわかるのです．**微分方程式を解いて，未知の関数を求める**ということは，時間によってある値(例えばコーヒーカップの位置座標)がどのように変化するかの**軌道を計算で求めること**であり，それは，今の状態から**未来を予想すること**です．微分方程式が解けて，時刻 t とコーヒーカップの位置の対応関係である「関数」がわかれば，時間 t をさかのぼることで(減らしていって)，コーヒーカップの最初の位置もわかることになります．

図 7.2 微分方程式を使えば，ある瞬間の変化分から未来を予測できる．

例えばニュートン力学の成果を一言で表すならば，それは物理法則によって未来を正確に予測できることでしょう．投げ出されたボールには，重力や空気抵抗などがはたらきますが，ボールの座標を時間を変数とする未知の関数とすれば，ニュートン力学に従って，重力，空気抵抗と質量，加速度の関係を微分方程式として記述することができます．そして，ボールの速度と位置の初期値を与えれば，未知の関数を求めることができ，それにより，時間が経つにつれてボールがどのように移動していくか，つまりボールの軌道がわかるのです．

言い換えれば，短期の関係性によって，その後の長期的な関係性がわかってしまうわけです．逆に考えれば，**短時間であっても，その関係性は非常に重要**ということになります．微分方程式を立てるということは，その後の長期的な変化をも規定するということなのです．出発点での方向性の違いで，将来の成否が左右されてしまうようなものです．したがって，微分方程式は未来を規定する強力な道具になるのです．

なお，話をわかりやすくするため，本章では変数を時間に関して微分する微分方程式を前提として話を進めます．

7.3 変数値の変化をベクトル場における移動ととらえる

まず，次の簡単な微分方程式から考えてみましょう．

$$\frac{dx}{dt} = -x \tag{7.6}$$

1 変数ですので，x を 1 次元の直線上にある値と考えて構いません．そして，x は(7.6)式を常に満足するとします．また簡単のため，長さの単位を m，時間を s(秒)だとしましょう．

今，もし $x = 2\,\mathrm{m}$ とすると $\frac{dx}{dt} = -2\,\mathrm{m/s}$ なので，直線の負の方向に 2 m/s の速さで移動していることになります．ところが，その後 $x = 1\,\mathrm{m}$ の地点に来ると $\frac{dx}{dt} = -1$ なので，方向は変わらないけれども，速さは 1 m/s に減速していることがわかります．$0 < x$ であれば常に $\frac{dx}{dt}$ は負のままですが，x が 0 に近づくにつれて速度は減速して 0 に近づくことが，式に直接値を代入してみるとわかります．

$x = -2$，$x = -1, \cdots, x = 2$ の代表的な各点における速度ベクトルを矢印と大きさで書くと，図 7.3 のようになります(座標軸の右を正とする)．$x = 1$ と $x = 2$ における速度ベクトルは負の向きなので，左向きで大きさを 1 : 2 の比率で書いてあります．$x < 0$ の場合には，ベクトルの向きは正になります．すべての座標で速度ベクトルを書くと矢印だらけでわからなくなるので，ここでは $x = \pm 1$ と $x = \pm 2$ だけを代表させて書いてあります．

つまり $\frac{dx}{dt} = -x$ は，図 7.3 のように 1 次元の直線上で矢印の向きに速度をもたせる場を表しているということです．このように空間内の各位置で矢印，すなわちベクトルをもつ空間のことを**ベクトル場**とよびます．図 7.3 で示した直線のベクトル場の上では，ある初期値から出発し，(7.6)式に従って時間変化する変数 x は，示されたベクトルの向きと大きさに従い原点に向かって移動する点としてとらえることができるのです．

今，時刻 $t = 0$ に $x = 2$ の位置にいるとすると，時間が経つに従って

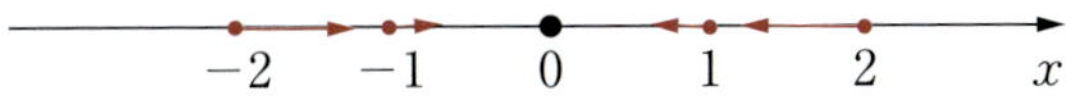

図 7.3　$\frac{dx}{dt} = -x$ の条件下で，$\frac{dx}{dt}$ を 1 次元の直線上に表す．

xの値は小さくなっていきますが，その速度の大きさは減速する一方です．この様子を，図7.3の原点から下に時間軸を伸ばしていってxの値をプロットしていくと，図7.4のような軌道になります．

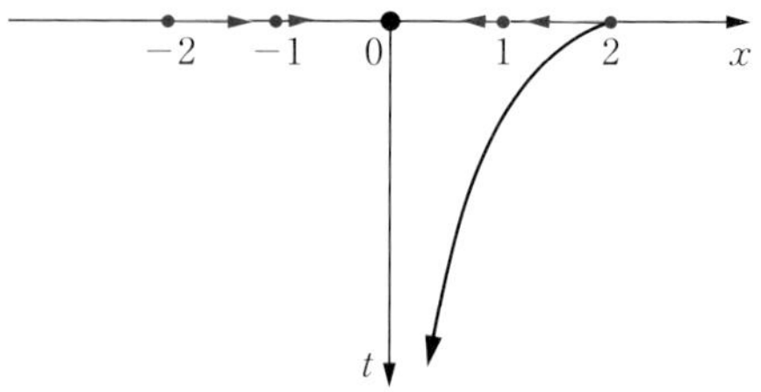

図 7.4 $\frac{dx}{dt} = -x$のベクトル場におけるxの時間変化（初期値$x = 2$）

この軌道は，xと時刻tとの関係を表しています．ところで，$\frac{dx}{dt} = -x$という微分方程式を「解く」ということは，xをtの関数として表そうとすることです．この式の場合にはxとtを変数分離できて，初期値が$x(0) = 2$なので，(7.6)式は$x(t) = 2e^{-t}$と解けます．図7.4を反時計回りに90°回転させて，横軸を時間t，縦軸をxにして見た軌道こそ，この式$x(t) = 2e^{-t}$で表される指数関数の曲線です．初期値$x(0) = 2$からxは減少し続けて，$t \to \infty$で$x \to 0$となることは，この図からも式からも明らかです．もし，初期値が$x(0) = -2$とすると，xの値は今度は増加していき，$t \to \infty$で$x \to 0$に近づいていくことがわかるでしょう．

次に，変数をxとyの2個に増やして，つまり扱う次元を2次元に拡張して，

$$\frac{dx}{dt} = x, \qquad \frac{dy}{dt} = -3y \tag{7.7}$$

という連立の微分方程式を考えてみましょう．

まず，上記と同様に，この微分方程式の満たすベクトル場を表してみます．例えば$x = 2$かつ$y = 1$のとき，つまりxy平面上の座標$(2, 1)$にいるときの速度成分は，(7.7)式に座標を代入して$\left(\frac{dx}{dt}, \frac{dy}{dt}\right) = (2, -3)$であり，斜め右下向きであることがわかります．同様にして，xy平面のいろいろな座標における各々の速度ベクトル$\left(\frac{dx}{dt}, \frac{dy}{dt}\right)$を矢印で描いていくと，図7.5のようになります．このベクトル場の図の意味することを次に考えてみましょう．

この場の中のどこかに小さい玉を置いて，その玉の速度が(7.7)式に従うと仮定してみます．例えば座標(1,1)に玉を置くと，その位置での速度ベクトルは $\left(\frac{dx}{dt}, \frac{dy}{dt}\right) = (1, -3)$ です．よって，玉がこの位置にある瞬間は，玉はこのベクトルの向きに移動しているわけです．それが(7.7)式の意味することであり，このベクトル場が規定していることと考えることもできます．直観的にいえば，玉は図7.5のベクトル場上で矢印の向きに向かって移動しようとする，ということです．

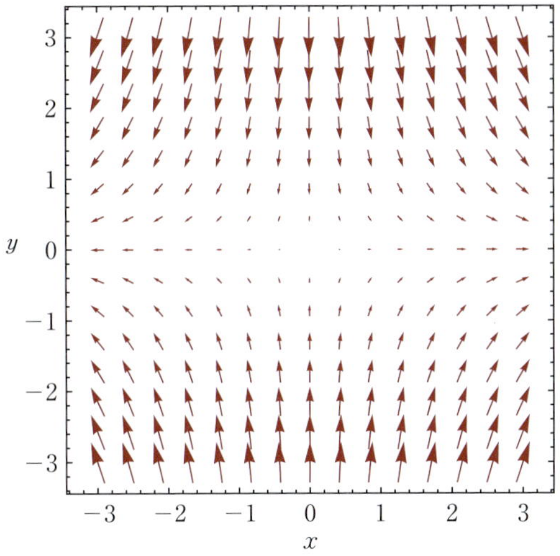

図 7.5　(7.7)式のベクトル場

7.4　ベクトル場と解との関係

図7.5において，玉を最初にどこに置くかで，玉がその後どのように動いていくかが全然違ってくることに注意してください．図7.6に示すように，例えば最初に座標 (1, 2) に置けば時間とともに右下へ流れていくので，玉の x 座標はどんどん増加し，y 座標は0に近づいていきます．しかし，もし最初の位置が (−1, −2) だとすると，y 座標は0に近づくけれども，x 座標は無限に小さくなっていきます．

このように変数空間上(この場合は変数 x, y の2次元平面上)に描いた，時刻 $t = 0$ からの変数座標(x, y) を結んだ曲線は，**解軌道**あるいは**解曲線**とよばれます．微分方程式の解から構成した座標$(x(t), y(t))$の初期値(時刻 $t = 0$ のときの値)が与えられれば，通常は1本の解軌道(解曲線)が定まります．この**解軌道を求めることができれば，現在の状態から未来を予測することができる**わけです．

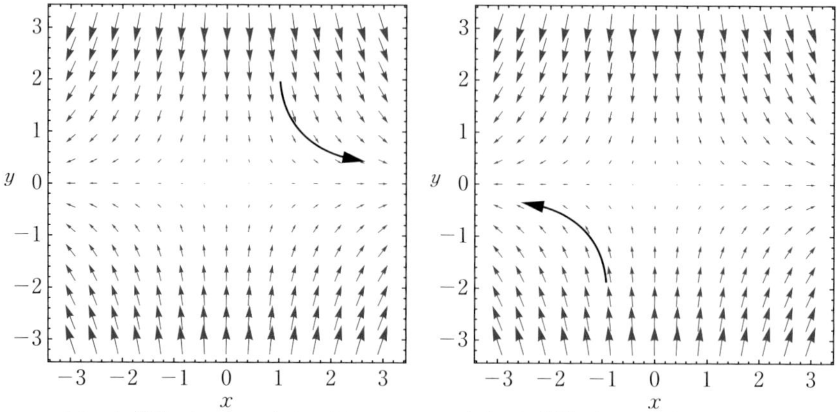

(a) 初期値 (1, 2) のときの解　　(b) 初期値 (−1, −2) のときの解

図 7.6 (7.7)式のベクトル場．最初に4象限のどこにあるかによって(x, y)の変化の仕方が異なる．

ベクトル場である図7.5の全体を見ると，(7.7)式の解(x, y)の動きについて，xは初期値が正か負かで時間経過につれて正の無限大に行くか負の無限小に行くかが決まり，yはどんなときにも0に収束することが**直観的に把握できます**．

一方，この例の場合((7.7)式)は，$\dfrac{dx}{dt}$はxの値だけで決定し，$\dfrac{dy}{dt}$もxによらずにyの値だけで決まるという意味で，少し特殊です．したがって，変数分離で解(軌道)を計算できて，

$$x(t) = x_0 e^t, \qquad y(t) = y_0 e^{-3t} \tag{7.8}$$

となります．ただし，x_0とy_0はx，yのそれぞれの初期値です．

(7.8)式からも，上述した解の性質「xは初期値が正か負かで時間経過につれて∞に行くか$-\infty$に行くかが決まり，yはどんなときにも0に収束する」ことがわかります．また，図7.5のベクトル場上に初期値を1つ決めれば，解が描く軌道である解曲線の道筋が1本に決まることは直観的に推測できるでしょう．これは，1つの初期値を満たす微分方程式の解は1つしかないことを意味しています．

数学的に厳密な議論を行うには，初期値を与えたときに微分方程式の解がただ１つ存在する条件が必要ですが，本書ではそこまで詳細な条件には踏み込まず，初期値が決まれば唯一の解曲線が存在するような，性質の良い微分方程式だけを扱うことにします．

ところで，質量 m の物体に力 F がはたらいているときの運動方程式は，座標 x の２階の時間微分を使って

$$m\frac{d^2x}{dt^2} = F \tag{7.9}$$

となります．この場合，$\dfrac{dx}{dt} = y$ とおくと，

$$\frac{dx}{dt} = y, \qquad \frac{dy}{dt} = \frac{F}{m} \tag{7.10}$$

のように，連立の１階の微分方程式として書き直せます．このように変数を増やすことによって，２階の微分方程式(例えば(7.9)式)を１階の連立微分方程式(例えば(7.10)式)として考えることができるのです．同様にして，３階の微分の項を含む微分方程式 $x''' = ax + bx' + cx''$ は，$x' = y$，$x'' = z$ のように１階の微分と２階の微分をそれぞれ新たな変数 y と z とおけば，$x' = y$，$y' = z$，$z' = ax + by + cz$ と１階の連立微分方程式として表せます．このように，高階の微分方程式は，１階の連立微分方程式と本質的に同じなのです．

次に，下のような連立微分方程式を考えてみましょう．

$$\frac{dx}{dt} = -y, \qquad \frac{dy}{dt} = x \tag{7.11}$$

このベクトル図を図 7.7 に示します．この微分方程式の解が描く軌道はどのような曲線になるでしょうか．

図 7.7 上の原点以外の点を自由に初期値として定め，その点から時間経過とともにどのような軌道を描くか，ベクトルに沿って描いてみると，初期値から円軌道を動きそうなことがわかるでしょう．原点以外の異なる初期値でいくつか試すと，それらの軌道は，実際に原点$(0, 0)$を中心とする同心円になるのです．**解がどの円軌道になるかは，初期値をどこにするかで決まります．**そして，初期値の原点からの距離が，解曲線である円の半径を決めるの

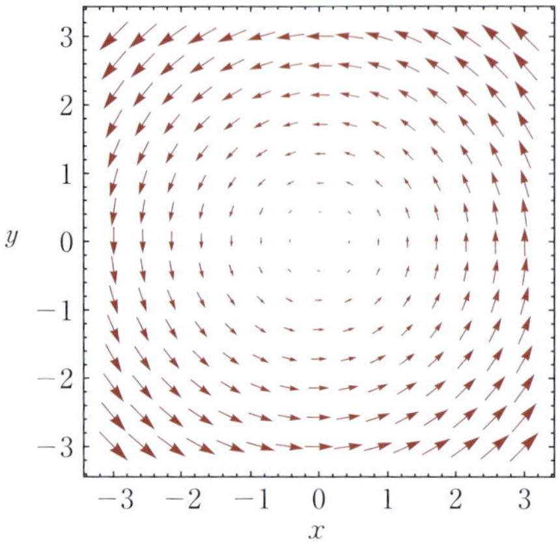

図 7.7 連立微分方程式(7.11)のベクトル場．この場の上に小さな玉を置くと，円軌道になることが予想できる．

です．

7.5 線形微分方程式の行列表現

連立微分方程式(7.11)は，2 変数 x, y の微分方程式なので，(7.11)式を次のようにベクトルと行列の積の形式で書くことができます．

$$\begin{pmatrix} \dfrac{dx}{dt} \\ \dfrac{dy}{dt} \end{pmatrix} = \begin{pmatrix} 0 & -1 \\ 1 & 0 \end{pmatrix} \begin{pmatrix} x \\ y \end{pmatrix} \tag{7.12}$$

変数ベクトルを $\boldsymbol{x} = \begin{pmatrix} x \\ y \end{pmatrix}$ とおいて，時間に関して微分した変数ベクトルを $\dot{\boldsymbol{x}} = \begin{pmatrix} dx/dt \\ dy/dt \end{pmatrix}$ と定義すると，(7.12)式は 2×2 の行列 $A = \begin{pmatrix} 0 & -1 \\ 1 & 0 \end{pmatrix}$ を用いて

$$\dot{\boldsymbol{x}} = A\boldsymbol{x} \tag{7.13}$$

と表せます．行列 A の成分がすべて定数のとき，この式は**連立線形微分方程式**とよばれます．

このような連立線形微分方程式は，具体的にどうやって解けばよいのでしょうか．次の 7.6 節では，行列で表現した(7.13)式の解が少数のタイプに分類されることを示します．その手掛かりは，上で示した 1 つの例である連立

微分方程式(7.7)は，(7.8)式のように簡単に解けるという事実です．

今，(7.7)式を行列を使って表すと次のようになります．

$$\begin{pmatrix} \dfrac{dx}{dt} \\ \dfrac{dy}{dt} \end{pmatrix} = \begin{pmatrix} 1 & 0 \\ 0 & -3 \end{pmatrix} \begin{pmatrix} x \\ y \end{pmatrix}$$

これは(7.13)式の行列 A が

$$A = \begin{pmatrix} 1 & 0 \\ 0 & -3 \end{pmatrix} \tag{7.14}$$

ということです．A の対角成分以外がすべて 0 になっているので，$\dfrac{dx}{dt}$ の式は x だけで書けて，$\dfrac{dy}{dt}$ の式は y のみで書けます．したがって，変数 x と y の各々について変数分離を用いて

$$x(t) = x(0)\,e^{t}, \qquad y(t) = y(0)\,e^{-3t}$$

と簡単に解けるのです．ということは，もし**対角化された行列** A を用いて，連立微分方程式が(7.13)式のように書けるならば，微分方程式は**解けたも同然**ということになります．

一方，対角成分の値(実数値 a とする)は，解の性質に大きく影響します．どういう意味かというと，$a > 0$ の場合には，解 $x(t) = x_0\,e^{at}$ は t が大きくなるにつれて正または負の無限大に発散してしまいますが，$a < 0$ の場合には 0 に収束するという，全く性質の異なる動きになるということです．次節以降で，対角化した成分について一般化して考えてみましょう．

7.6　固有値によって解のタイプがわかる

前節では，線形の連立方程式は(7.13)式のように行列を用いて表現可能であることを示しました．もし，その行列が，(7.14)式のように対角成分以外が 0 である対角行列になればありがたいわけです．なぜなら，微分方程式が簡単に解けるからです．対角化された行列なら簡単に解けるのですから，対角行列でない行列の場合でも，対角化できれば解けそうです！

ここで，線形代数で，行列に適切な変換をして対角化したことを思い出し

た人もいるでしょう(8.4節を参照)．例えば，行列 A の固有ベクトルから構成される行列 P を用いて $P^{-1}AP = B$ を計算すると，B は対角成分が固有値である対角行列になっているという具合です．思い出してもらうための例題を次に示しましょう．

例題 7.1

行列 $A = \begin{pmatrix} -2 & -2 \\ 2 & 3 \end{pmatrix}$ を対角化しなさい．

〔解〕 固有値 λ は，固有値の定義より，あるベクトル $(x, y) \neq (0, 0)$ について次の式を満たします(8.3節を参照)．

$$\begin{pmatrix} -2 & -2 \\ 2 & 3 \end{pmatrix}\begin{pmatrix} x \\ y \end{pmatrix} = \lambda\begin{pmatrix} x \\ y \end{pmatrix} \tag{7.15}$$

右辺に単位行列を掛けても値は変化しないので，

$$\begin{pmatrix} -2 & -2 \\ 2 & 3 \end{pmatrix}\begin{pmatrix} x \\ y \end{pmatrix} = \lambda\begin{pmatrix} 1 & 0 \\ 0 & 1 \end{pmatrix}\begin{pmatrix} x \\ y \end{pmatrix}$$

となり，右辺を左辺に移項して整理すると，

$$\begin{pmatrix} -2-\lambda & -2 \\ 2 & 3-\lambda \end{pmatrix}\begin{pmatrix} x \\ y \end{pmatrix} = 0 \tag{7.16}$$

となります．

もし，この行列に逆行列が存在するならば，両辺の左から逆行列を掛けると $(x, y) = (0, 0)$ となってしまい，最初の条件に反します．よって，逆行列が存在しないことが必要条件であり，その条件は**行列式が** 0 になることなので，

$$\begin{vmatrix} -2-\lambda & -2 \\ 2 & 3-\lambda \end{vmatrix} = 0$$

つまり，**特性多項式** $\lambda^2 - \lambda - 2 = 0$ を解いて，**固有値**が $\lambda = 2, -1$ と求まります．

それぞれの固有値の**固有ベクトル**を，(7.15)式または(7.16)式から計算します．例えば，$\lambda = 2, -1$ の固有ベクトルをそれぞれ $\begin{pmatrix} 1 \\ -2 \end{pmatrix}, \begin{pmatrix} -2 \\ 1 \end{pmatrix}$ とし，$P = \begin{pmatrix} 1 & -2 \\ -2 & 1 \end{pmatrix}$ とおけば，P の逆行列は $P^{-1} = \begin{pmatrix} -1/3 & -2/3 \\ -2/3 & -1/3 \end{pmatrix}$ なので，

$$P^{-1}AP = \begin{pmatrix} 2 & 0 \\ 0 & -1 \end{pmatrix}$$

となり，行列 A を**対角化**できました．なお，対角成分の 2, −1 は固有値と同じになります．

実は，正方行列($n \times n$ 行列)A に対し，適切な正則行列(逆行列が存在する行列)P を選ぶと $P^{-1}AP$ が**対角行列**を含む**ジョルダン標準形**とよばれる形にできることがわかっています．以下，簡単のため，行列 A が $n=2$ である 2 行 2 列(以下 2×2 と略記することがあります)の行列について話を進めます．

2×2 の行列の場合，(実数形の)ジョルダン標準形は次の **3 パターンしかありません**(λ, μ, a, b は実数)．すべての 2×2 行列 A は，次のうちのいずれかの行列に変換できるというわけです．

$$\begin{pmatrix} \lambda & 0 \\ 0 & \mu \end{pmatrix}, \quad \begin{pmatrix} a & -b \\ b & a \end{pmatrix}, \quad \begin{pmatrix} \lambda & 1 \\ 0 & \lambda \end{pmatrix}$$

ここで，対角化するための「変換」が，微分方程式を解く過程では，単なる変数の線形変換をしているにすぎないことを簡単に解説しておきましょう．

行列 A は，連立微分方程式(7.13) $\dot{\boldsymbol{x}} = A\boldsymbol{x}$ を満たすとします．今，この方程式の変数(ベクトル) $\boldsymbol{x}$ の代わりに，別の変数(ベクトル) $\boldsymbol{y}$ を使って同じ微分方程式を書き直すことを考えましょう．

$\boldsymbol{x}$ と $\boldsymbol{y}$ の間には

$$\boldsymbol{x} = P\boldsymbol{y}$$

の関係があるとします(ただし，P は逆行列をもつ適切な行列)．P は定数値の行列なので，$P\boldsymbol{y}$ は線形の変換(第 8 章を参照)です．$\boldsymbol{x} = P\boldsymbol{y}$ と，この両辺を時間で微分した $\dot{\boldsymbol{x}} = P\dot{\boldsymbol{y}}$ を微分方程式 $\dot{\boldsymbol{x}} = A\boldsymbol{x}$ に代入すると，

$$P\dot{\boldsymbol{y}} = AP\boldsymbol{y}$$

となります．両辺の左から P^{-1} を掛けると

$$\dot{\boldsymbol{y}} = P^{-1}AP\boldsymbol{y}$$

となり，線形代数の知識を使えば，適切な P を用いて $P^{-1}AP$ をジョルダン標準形にでき(例えば，例題 7.1 を参照)，そうすれば，$\boldsymbol{y}$ の解は容易に求められるというわけです．

つまり，$\boldsymbol{x} = P\boldsymbol{y}$ の変数変換によって，簡単に解を求められるということです．$\boldsymbol{y}(t)$ が関数として計算できた後に $\boldsymbol{x}(t)$ を求めるには，$\boldsymbol{x} = P\boldsymbol{y}$ に代入すればよいのです．なお，この変数変換は線形なので(8.3.2 項を参照)，$\boldsymbol{x}(t)$ と $\boldsymbol{y}(t)$ の解の性質は本質的に変わりません(例題 7.3 を参照)．

例題 7.2

初期値が $x_1(0) = 1$，$x_2(0) = 2$ のとき，次の微分方程式を解きなさい．

$$\begin{pmatrix} \dot{x}_1 \\ \dot{x}_2 \end{pmatrix} = \begin{pmatrix} -2 & -2 \\ 2 & 3 \end{pmatrix} \begin{pmatrix} x_1 \\ x_2 \end{pmatrix}$$

〔解〕 例題7.1の解より，この線形微分方程式を $\boldsymbol{y} = \boldsymbol{P}^{-1}\boldsymbol{x}$，すなわち

$$\begin{pmatrix} y_1 \\ y_2 \end{pmatrix} = \begin{pmatrix} -1/3 & -2/3 \\ -2/3 & -1/3 \end{pmatrix} \begin{pmatrix} x_1 \\ x_2 \end{pmatrix} \tag{7.17}$$

という変数変換を行って変数 (y_1, y_2) で表すと，

$$\begin{pmatrix} \dot{y}_1 \\ \dot{y}_2 \end{pmatrix} = \begin{pmatrix} 2 & 0 \\ 0 & -1 \end{pmatrix} \begin{pmatrix} y_1 \\ y_2 \end{pmatrix}$$

となります．これは変数分離により

$$y_1(t) = y_1(0)e^{2t}, \qquad y_2(t) = y_2(0)e^{-t}$$

と簡単に解くことができます．

一方，(7.17)式に x_1 と x_2 の初期値を代入して y_1 と y_2 の初期値を計算すると $y_1(0) = -\dfrac{5}{3}$，$y_2(0) = -\dfrac{4}{3}$ となるので，

$$y_1(t) = -\frac{5}{3}e^{2t}, \qquad y_2(t) = -\frac{4}{3}e^{-t} \tag{7.18}$$

となります．ここで，$\boldsymbol{x} = P\boldsymbol{y}$ より

$$\begin{pmatrix} x_1 \\ x_2 \end{pmatrix} = \begin{pmatrix} 1 & -2 \\ -2 & 1 \end{pmatrix} \begin{pmatrix} y_1 \\ y_2 \end{pmatrix}$$

であるから，(7.18)式を代入して

$$x_1(t) = -\frac{5}{3}e^{2t} + \frac{8}{3}e^{-t}, \qquad x_2(t) = \frac{10}{3}e^{2t} - \frac{4}{3}e^{-t}$$

と求まります．

さて，話を元に戻すと，すべての 2×2 行列は，ジョルダン標準形の3パターンのいずれかに分類できます．そして，実はこのタイプさえわかれば，微分方程式の解がわかったも同然なのです．しかも，どのタイプかを判別する方法はいたって簡単です．それは，**行列 A の固有値を計算する**だけでよいのです．A がどのタイプかは，A の固有値が **[タイプ 1]** 異なる2つの実数解か，**[タイプ 2]** 虚数解(純虚数を含む)か，それとも **[タイプ 3]** 実数の重解か，によって決まります．

具体的に示すと，次のようなきれいな対応関係が成り立ちます．ここで，A を適切に線形変換したジョルダン標準形の行列を B とします．

タイプ	A の固有値	ジョルダン標準形 B
1	異なる 2 つの実数解 λ, μ	$\begin{pmatrix} \lambda & 0 \\ 0 & \mu \end{pmatrix}$
2	虚数解 $a \pm bi$ (a が 0 のときは純虚数)	$\begin{pmatrix} a & -b \\ b & a \end{pmatrix}$
3	実数の重解 λ	$\begin{pmatrix} \lambda & 1 \\ 0 & \lambda \end{pmatrix}$

なお，$P^{-1}AP$ を**ジョルダン標準形にする** P **の選び方**は，次のとおりです．

タイプ 1：　固有ベクトル(列ベクトル)を $\boldsymbol{p}, \boldsymbol{q}$ とすると $P = (\boldsymbol{p}\ \boldsymbol{q})$．

タイプ 2：　固有ベクトルを $\boldsymbol{p} + i\boldsymbol{q}$($i$ は虚数単位，$\boldsymbol{p}$ と $\boldsymbol{q}$ は実数の列ベクトル)とすると $P = (\boldsymbol{p}\ \boldsymbol{q})$．固有ベクトルは 2 つありますが，どちらか片方を用いれば結構です．もう一方を使うと，標準形の b の符号が違ってきますが，最終的な解はどちらも同じになるからです．

タイプ 3：　$(A - \lambda I)\boldsymbol{p} = 0$，$(A - \lambda I)\boldsymbol{q} = \boldsymbol{p}$($I$ は単位行列)を満たす列ベクトル $\boldsymbol{p}, \boldsymbol{q}$ を用いて $P = (\boldsymbol{p}\ \boldsymbol{q})$．

そして，さらに $\begin{pmatrix} \dot{x}(t) \\ \dot{y}(t) \end{pmatrix} = B\begin{pmatrix} x(t) \\ y(t) \end{pmatrix}$ の解が次のようになることがわかっています．ただし，K_1 と K_2 は，初期値から決まる定数です．

タイプ 1：　$\begin{pmatrix} \dot{x} \\ \dot{y} \end{pmatrix} = \begin{pmatrix} \lambda & 0 \\ 0 & \mu \end{pmatrix}\begin{pmatrix} x \\ y \end{pmatrix}$ の解

$$x(t) = K_1 e^{\lambda t}, \qquad y(t) = K_2 e^{\mu t} \tag{7.19}$$

タイプ 2：　$\begin{pmatrix} \dot{x} \\ \dot{y} \end{pmatrix} = \begin{pmatrix} a & -b \\ b & a \end{pmatrix}\begin{pmatrix} x \\ y \end{pmatrix}$ の解

$$\begin{aligned} \begin{pmatrix} x(t) \\ y(t) \end{pmatrix} &= e^{at}\begin{pmatrix} \cos bt & -\sin bt \\ \sin bt & \cos bt \end{pmatrix}\begin{pmatrix} K_1 \\ K_2 \end{pmatrix} \\ &= \begin{pmatrix} e^{at}(K_1 \cos bt - K_2 \sin bt) \\ e^{at}(K_1 \sin bt + K_2 \cos bt) \end{pmatrix} \end{aligned} \tag{7.20}$$

タイプ2の解は，時間の経過とともに初期の座標から原点を中心に角 bt だけ回転し，原点からの距離は半径方向に e^{at} 倍になります．

タイプ3： $\begin{pmatrix}\dot{x}\\ \dot{y}\end{pmatrix}=\begin{pmatrix}\lambda & 1\\ 0 & \lambda\end{pmatrix}\begin{pmatrix}x\\ y\end{pmatrix}$ の解

$$x(t)=K_1e^{\lambda t}+K_2te^{\lambda t},\qquad y(t)=K_2e^{\lambda t} \tag{7.21}$$

解の式を見ると，A の固有値が解の性質に大きな影響を与えていることがわかるでしょう．大げさにいえば，**固有値さえわかれば解けたも同然**なのです．だから，**固有値はとんでもなく重要な値**です．

以上から，線形連立微分方程式 $\dot{\boldsymbol{x}}=A\boldsymbol{x}$ の解を求めることは，行列 A の固有値を計算することに帰着できるともいえます．固有値を計算するために，行列の特性多項式を計算することになります．数学の本では，微分方程式の解に指数関数 $e^{\lambda t}$ を代入し，**特性方程式**を解いて λ を求める解法がよく紹介されています．これらは，まさに同じことをしているのです．固有値 λ は対角化行列の値であり，解は指数関数 $e^{\lambda t}$ です．これを代入して，特性方程式を解いても特性多項式を解いても，結局同じ値になります．根元にある考えは，$\dfrac{dx}{dt}=\lambda x$ の微分方程式の一般解は指数関数 $e^{\lambda t}$ ということです．これが，$e^{\lambda t}$ とおいてよい理由です．

なお，実際に方程式を解く場合は，特性多項式でも特性方程式でも，自分の使いやすい方を使って構いません．

7.7 解のタイプをイメージで理解する

タイプによって，解軌道の性質が全く違ってきます．以上の解の式をながめるだけではピンとこないので，各々のタイプの解をイメージ的にとらえることにしましょう．各々の典型的な例として，$x(t)$，$y(t)$ の図と，xy 平面上のベクトル図を以下に示します．

◆ タイプ1

固有値が異なる2つの実数解 $\lambda=2$, $\mu=-1$，つまり標準形が $\begin{pmatrix}2 & 0\\ 0 & -1\end{pmatrix}$ の

場合，$\dot{x} = Ax$ に適切な線形変換をほどこすと，次の微分方程式になります．

$$\begin{pmatrix} \dfrac{dx}{dt} \\ \dfrac{dy}{dt} \end{pmatrix} = \begin{pmatrix} 2 & 0 \\ 0 & -1 \end{pmatrix} \begin{pmatrix} x \\ y \end{pmatrix} \tag{7.22}$$

横軸 x，縦軸 y の平面上に，いくつかの地点での $\left(\dfrac{dx}{dt}, \dfrac{dy}{dt}\right)$ ベクトルを矢印で表したベクトル場を図 7.8(a)に示します．このベクトル(矢印)は，その地点での速度を表していると考えて構いません．そのため，初期値(1, 2)から出発すると，時間の経過とともに図 7.8(a)中の各ベクトル(矢印)に従って，そこに描かれた曲線のように移動していくことになります．

一方，(7.19)式に示したように，(7.22)式の解は次のとおりです．

$$x(t) = e^{2t}, \qquad y(t) = 2e^{-t}$$

図 7.8(b)は，$x(t)$ と $y(t)$ の時間変化を示したものです．図 7.8(a)は，$x(t)$ と $y(t)$ が時間経過とともに変化する軌道を xy 平面上で辿ったとも言えます．これはまさに，初期値(1, 2)の場合の微分方程式の解を表しています．図からわかるように，点(1, 2)から出発した x の値はどんどん大きくなっていきますが，y は限りなく 0 に近づいていきます．

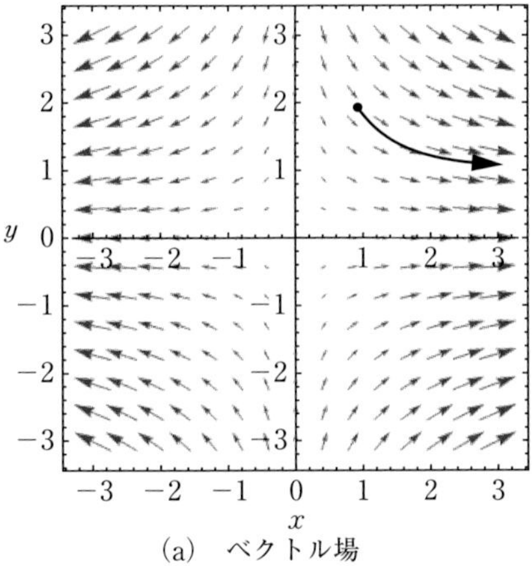

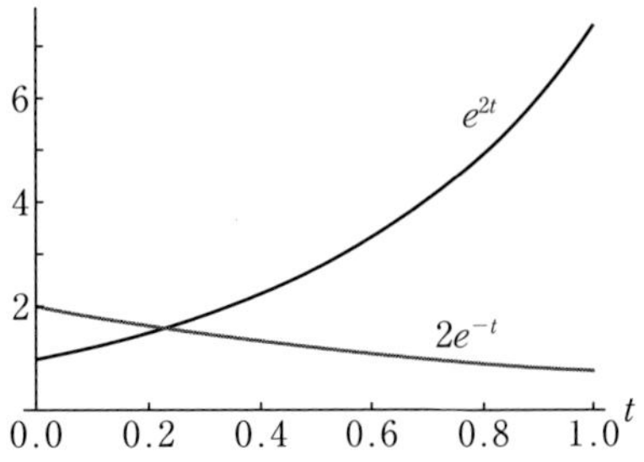

図 7.8 固有値が異なる 2 つの実数解($\lambda = 2,\ \mu = -1$)の場合

ベクトル場(図7.8(a))から，初期値がどんな値であっても，時間が経過すると y は0に近づいていき，x は初期値が正ならばプラスの無限大に，負ならばマイナスの無限大に，0ならばずっと0のままでいることがわかります．0に近づくか，プラスかマイナスかの無限大に発散するかを決めているのは，解の指数関数の肩にのっている t の係数の符号が正なのか負なのかということです．

さらに，これらの係数の元を辿れば，これらは固有値でした．つまり，タイプ1(固有値が異なる2つの実数解)の場合は，固有値が正か負かが決定的に重要なのです．

上記の例は正と負でしたが，固有値が2つとも正であれば x も y も無限の彼方へと発散し，2つとも負であれば x も y も時間の経過とともに0に近づきます．

◆ タイプ2

固有値が虚数解 $a \pm bi = 1 \pm 2i$ の場合は，標準形は $\begin{pmatrix} 1 & -2 \\ 2 & 1 \end{pmatrix}$ と $\begin{pmatrix} 1 & 2 \\ -2 & 1 \end{pmatrix}$ のいずれかとなります．このタイプの解は，(7.20)式で示されるように，時間の経過によって回転します．この2つの解の違いは，回転の方向が時計回りか反時計回りかだけなので，とりあえず，片方の微分方程式として進めます．

$$\begin{pmatrix} \dfrac{dx}{dt} \\ \dfrac{dy}{dt} \end{pmatrix} = \begin{pmatrix} 1 & -2 \\ 2 & 1 \end{pmatrix} \begin{pmatrix} x \\ y \end{pmatrix} \tag{7.23}$$

このベクトル図を図7.9(a)に示します．初期値(1,2)から出発すると，図7.9中の各ベクトルに従って，描かれた曲線のように移動していきます．この例の場合は，反時計回りに回転しながら，原点から外側にふくらんでいく軌道(解)となることがわかるでしょう．

固有値が虚数解の場合は，(7.20)式より，虚数部 b が回転の角速度を示し，実部 a が回転半径方向の伸び方の指標であることがわかります．例えば a が正ならば回転半径が増加していく，つまり外側に膨らんでいく解になり，a が負ならば逆に原点に近づいていく解になり，$a = 0$ ならば半径が

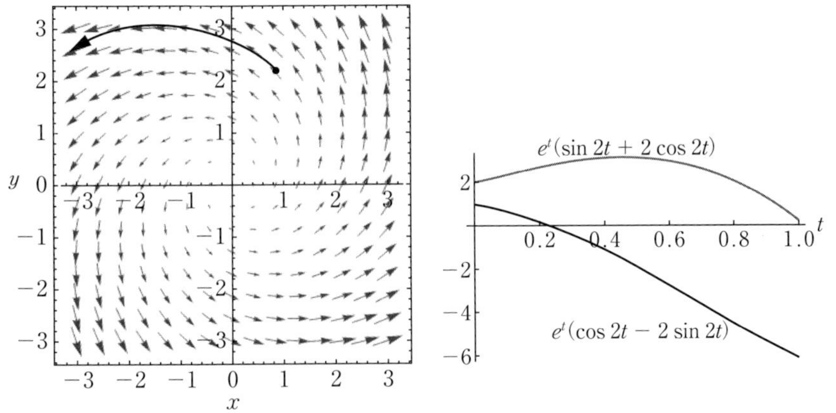

(a)　ベクトル場　　(b)　$x(t), y(t)$

図 7.9　固有値が虚数解($a = 1$, $b = 2$)の場合

変化しないので円軌道となるのです．よって，固有値が虚数の場合は，その実部の符号によって解の行く末が発散か収束かを予想できるというわけです．

なお，(7.20)式より，(7.22)式の具体的な解は次のようになります．

$$x(t) = e^t(\cos 2t - 2\sin 2t), \qquad y(t) = e^t(\sin 2t + 2\cos 2t)$$

図 7.9(b)に，$x(t)$ と $y(t)$ を示しました．これらを xy 平面上に図示すれば，図 7.9(a)の解曲線になります．

◆ タイプ 3

固有値が実数の重解 $\lambda = 1/2$，標準形が $\begin{pmatrix} 1/2 & 1 \\ 0 & 1/2 \end{pmatrix}$ の場合は，適切な線形変換によって次の微分方程式になります．

$$\begin{pmatrix} \dfrac{dx}{dt} \\ \dfrac{dy}{dt} \end{pmatrix} = \begin{pmatrix} 1/2 & 1 \\ 0 & 1/2 \end{pmatrix}\begin{pmatrix} x \\ y \end{pmatrix} \tag{7.24}$$

このベクトル図を図 7.10(a)に示します．

なお，(7.21)式より，初期値を$(2, -1/2)$とすると(7.24)式の具体的な解は次のようになります．

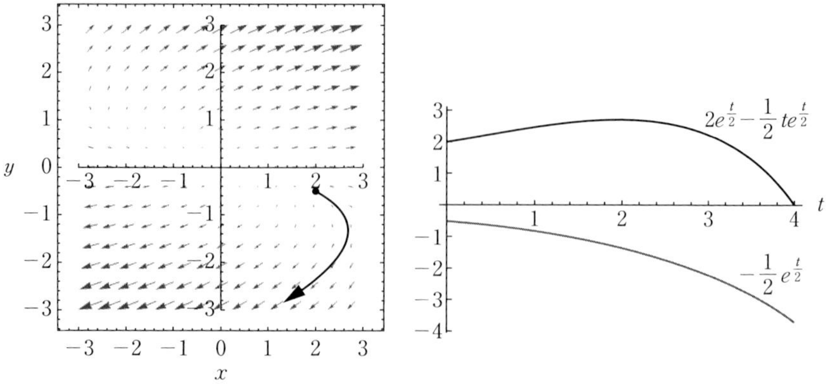

(a) ベクトル場　　(b) $x(t), y(t)$

図 7.10 固有値が重解($\lambda = 1/2$)の場合

$$x(t) = 2e^{\frac{t}{2}} - \frac{1}{2}te^{\frac{t}{2}}, \qquad y(t) = -\frac{1}{2}e^{\frac{t}{2}}$$

図 7.10(b)に $x(t)$ と $y(t)$ を示します．ベクトル場上の (x, y) の軌道は，図 7.10(a)上の解曲線になり，S字形の川の流れのように変化することがわかります．

例題 7.3

初期値が $x_1(0) = 1$，$x_2(0) = 2$ のとき，次の微分方程式を解きなさい．

$$\begin{pmatrix}\dot{x}_1\\ \dot{x}_2\end{pmatrix} = \begin{pmatrix}-2 & 5\\ -2 & 0\end{pmatrix}\begin{pmatrix}x_1\\ x_2\end{pmatrix} \tag{7.25}$$

〔解〕 $A = \begin{pmatrix}-2 & 5\\ -2 & 0\end{pmatrix}$ の固有値は，特性方程式 $\lambda^2 + 2\lambda + 10 = 0$ を解いて $\lambda = -1 \pm 3i$ です．$\lambda = -1 + 3i$ のときの固有ベクトルは $\begin{pmatrix}(1-3i)/2\\ 1\end{pmatrix} = \begin{pmatrix}1/2\\ 1\end{pmatrix} + \begin{pmatrix}-3/2\\ 0\end{pmatrix} \times i$ なので，$P = \begin{pmatrix}1/2 & -3/2\\ 1 & 0\end{pmatrix}$ とおけば $P^{-1}AP = \begin{pmatrix}0 & 1\\ -2/3 & 1/3\end{pmatrix}\begin{pmatrix}-2 & 5\\ -2 & 0\end{pmatrix}\begin{pmatrix}1/2 & -3/2\\ 1 & 0\end{pmatrix} = \begin{pmatrix}-1 & 3\\ -3 & -1\end{pmatrix}$ のジョルダン標準形となります．ここで

$$\begin{pmatrix}x_1\\ x_2\end{pmatrix} = P\begin{pmatrix}y_1\\ y_2\end{pmatrix} = \begin{pmatrix}1/2 & -3/2\\ 1 & 0\end{pmatrix}\begin{pmatrix}y_1\\ y_2\end{pmatrix} \tag{7.26}$$

の変数変換を行うと，(7.25)式は

$$P\begin{pmatrix}\dot{y}_1\\ \dot{y}_2\end{pmatrix} = AP\begin{pmatrix}y_1\\ y_2\end{pmatrix}$$

となるので，

$$\begin{pmatrix}\dot{y}_1\\ \dot{y}_2\end{pmatrix} = P^{-1}AP\begin{pmatrix}y_1\\ y_2\end{pmatrix} = \begin{pmatrix}-1 & 3\\ -3 & -1\end{pmatrix}\begin{pmatrix}y_1\\ y_2\end{pmatrix}$$

です．この解は，

$$\begin{pmatrix}y_1(t)\\ y_2(t)\end{pmatrix} = e^{-t}\begin{pmatrix}\cos(-3t) & -\sin(-3t)\\ \sin(-3t) & \cos(-3t)\end{pmatrix}\begin{pmatrix}K_1\\ K_2\end{pmatrix} \tag{7.27}$$

です．K_1 と K_2 は初期値から求まる定数で，(7.26)式より，求める解は次のようになります．

$$\begin{pmatrix}x_1(t)\\ x_2(t)\end{pmatrix} = P\begin{pmatrix}y_1(t)\\ y_2(t)\end{pmatrix} = e^{-t}\begin{pmatrix}1/2 & -3/2\\ 1 & 0\end{pmatrix}\begin{pmatrix}\cos(-3t) & -\sin(-3t)\\ \sin(-3t) & \cos(-3t)\end{pmatrix}\begin{pmatrix}K_1\\ K_2\end{pmatrix} \tag{7.28}$$

初期値 $x_1(0) = 1$，$x_2(0) = 2$ をこの式に代入して

$$\begin{pmatrix}1\\ 2\end{pmatrix} = \begin{pmatrix}1/2 & -3/2\\ 1 & 0\end{pmatrix}\begin{pmatrix}1 & 0\\ 0 & 1\end{pmatrix}\begin{pmatrix}K_1\\ K_2\end{pmatrix} \quad \text{より} \quad \begin{pmatrix}K_1\\ K_2\end{pmatrix} = \begin{pmatrix}0 & 1\\ -2/3 & 1/3\end{pmatrix}\begin{pmatrix}1\\ 2\end{pmatrix} = \begin{pmatrix}2\\ 0\end{pmatrix}$$

これを(7.27)式に代入すると，答えが次のように求まります．

$$\begin{pmatrix}x_1(t)\\ x_2(t)\end{pmatrix} = e^{-t}\begin{pmatrix}\cos 3t + 3\sin 3t\\ 2\cos 3t\end{pmatrix}$$

解答としての数式は出ましたが，この解 $(x_1(t), x_2(t))$ はどのような軌道になるでしょうか．また，$(y_1(t), y_2(t))$ とどう関係するでしょうか．

まず，わかりやすい $(y_1(t), y_2(t))$ の解軌道から考えましょう．$\begin{pmatrix}\cos\theta & -\sin\theta\\ \sin\theta & \cos\theta\end{pmatrix}$ は，反時計回りに θ[rad] 回転させる変換なので，(7.27)式中の行列から時間が経つにつれて時計回りに回転することがわかります．両座標値に e^{-t} が掛けられていますので，回転の半径方向に短くなっていきます．つまり，解軌道は時計回りに回りつつ原点に近づいていくことが類推できます．実際に，点 $(2, 0)$ を初期値として数値計算により値を $y_1\,y_2$ 平面上にプロットすると，図 7.11 のように予想どおりの軌道を描きます $(0 \leqq t \leqq 3.5)$．

では，$(x_1(t), x_2(t))$ の $x_1\,x_2$ 座標上での解軌道はどうすればわかるでしょうか．(7.25)式の変数変換は線形変換なので，原点を通る直線は，必ず原点を通る直線に変換されます(8.3.2 項を参照)．そこで，$x_1\,x_2$ 平面上では y_1 軸と y_2 軸はどう変換されるかに注目しましょう．直線は 2 点で決まりますから，原点以外の 1 点の移動先さえわかれば判明します．線形変換 P によって，$(1, 0)$ は $(1/2, 1)$ へ，$(0, 1)$ は $(-3/2, 0)$ へ移りますので，y_1, y_2 軸は図 7.12 内の点線へ移ります．解曲線は，

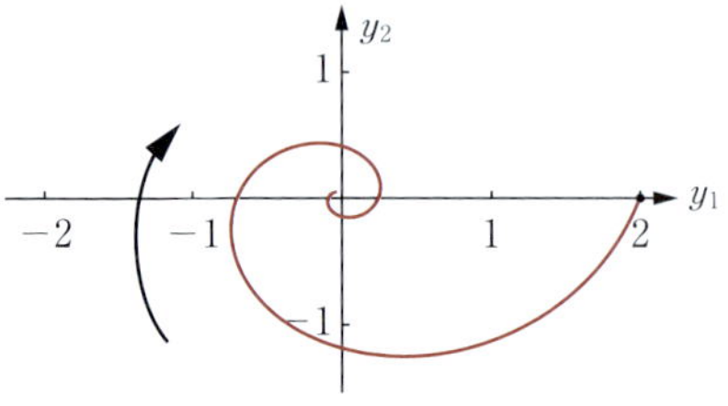

図 7.11 $(y_1(t), y_2(t))$の解軌道

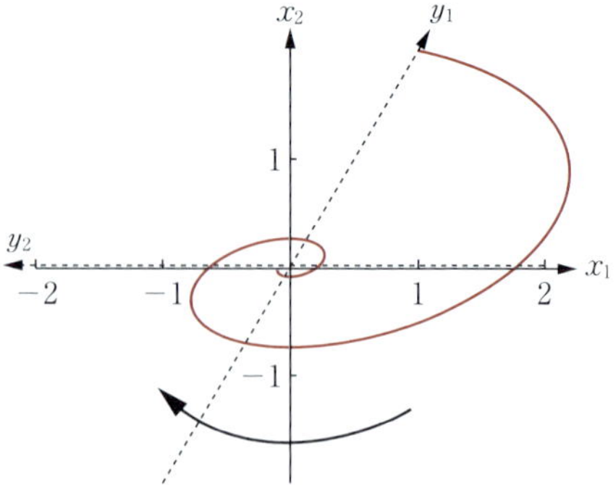

図 7.12 $(x_1(t), x_2(t))$の解軌道

この軸の傾きに合わせて変形されるだけです．図 7.12 の赤茶色の実線が，実際に計算した$(x_1(t), x_2(t))$の解軌道です．回転しながら原点に収束する定性的な解の振舞は変化しないことがわかります．

以上をまとめると，2 階の定係数線形微分方程式(同時方程式)においては，固有値から定性的な解の振舞のタイプを特定することによって，解の式を導き出すことも，解軌道がどのような曲線になるかを予想することもできるのです．

第8章

行列と線形代数

「代数」の元々の意味は，文字どおり「数の代わり」あるいは「数を代表する」ということにあり，数の代わりに記号を置いて方程式を立てて計算することがスタートでした．これが一般化されていき，「2とか3.5のような数ではないけれども，数の“ような”対象」を扱うようになったのです．したがって，扱う対象は様々なので，重要な点は対象ではありません．では何が重要かというと，対象が変わっても変わらないもの，すなわち**各対象の間の関係を決めるルール**です．線形空間や線形写像の定義などがこれに相当します．しかし，微分・積分と違って，とにかく抽象的で理解することが難しいといえるでしょう．

一方で，線形代数の本を開くと，「行列とは縦横に数字を並べたものである」と書いてあります．そこまではよいとしても，さらに見慣れない積の計算ルールが定義されると，「行列とは一体何だろう，計算に何の意味があるのだろう」と思い始めます．実はこの計算ルールは，**行列とは線形写像の成分表示である**ということに基づくのですが，数学科の学生はさておき，数学を道具として使う多くの理工系の学生が手にとる本では，初等的であればあるほど，まずは慣れるために行列の具体的な形とその計算ルールの導入から入ることが多く，結局，「意味はよくわからないけれど，計算だけはできる」というところで終わってしまうことがしばしばあります．

そこで本章では，まず線形空間についての最小限の基礎知識とその効用を，なるべく数式なしのエッセンスだけで解説します．その後，行列とその計算ルールの正体，固有値・固有ベクトルとは何か，へと話を進めていきます．ただし，これらをすべてキチンと解説するのは紙面の都合からも筆者らの力量からも無理があるので，なるべく「いい（良い）加減に」本質だけをつまみ食いするようにしたいと思います．

8.1 線形空間についての基礎知識

面倒ではありますが，その後の話を進めるためには，線形空間，線形独立および線形空間の基底についての最小限の解説は避けて通れません．と言っても，しっかりとやっていると，それだけでこの本の半分くらいにはなってしまいます．そこで，定義だけはなるべく厳密に書き，後はいくつかの例を示して各概念のエッセンスを解説して先に進むことにします．部分空間，基底のつくり方，内積空間など，重要な話題はたくさんありますが，本書では割愛します．

8.1.1 線形空間

線形空間の定義（あるいは公理）は抽象的でわかりにくいのですが，我々の知っている平面や空間とほとんど同じ性質をもつ集合だと思えばよいでしょう（注：平面も空間も点の集合です）．定義を書くと次のようになります．

線形空間の定義

集合 V の任意の元 $\boldsymbol{a}$ と $\boldsymbol{b}$ について，和 $\boldsymbol{a}+\boldsymbol{b}$ とスカラー倍 $\alpha\boldsymbol{a}$ が定義されていて，これらもまた V の元であるとする(これを「和とスカラー倍に関して閉じている」と表現する)．さらに，$\boldsymbol{c}$ を V の元，β をスカラーとして，以下の条件が成り立つとき，V を線形空間という．ただし，スカラー α, β は実数 $\boldsymbol{R}$ または複素数 $\boldsymbol{C}$ である．スカラーが $\boldsymbol{R}(\boldsymbol{C})$ のとき，$\boldsymbol{R}(\boldsymbol{C})$ 上の線形空間，あるいは実（複素）線形空間という．

(1) $\boldsymbol{a}+\boldsymbol{b}=\boldsymbol{b}+\boldsymbol{a}$ （交換則）

(2) $(\boldsymbol{a}+\boldsymbol{b})+\boldsymbol{c}=\boldsymbol{a}+(\boldsymbol{b}+\boldsymbol{c})$ （和の結合則）

(3) $\alpha(\beta\boldsymbol{a})=(\alpha\beta)\boldsymbol{a}$ （スカラー倍の結合則）

(4) $\alpha(\boldsymbol{a}+\boldsymbol{b})=\alpha\boldsymbol{a}+\alpha\boldsymbol{b}$ （分配則 1）

(5) $(\alpha+\beta)\boldsymbol{a}=\alpha\boldsymbol{a}+\beta\boldsymbol{a}$ （分配則 2）

(6) $\boldsymbol{a}+\boldsymbol{0}=\boldsymbol{a}$ となる V の元 $\boldsymbol{0}$ がただ1つ存在する（ゼロ元の存在）

(7) $\boldsymbol{a}+(-\boldsymbol{a})=\boldsymbol{0}$ となる V の元 $-\boldsymbol{a}$ が存在する（負元の存在）

(8) $1\boldsymbol{a}=\boldsymbol{a}$

線形空間とは，通常の1次元空間，2次元空間，3次元空間の性質をそのまま保持して抽象化したものなので，これらの空間はもちろん線形空間となっています．例えば，実数の集合 $\boldsymbol{R}$ は，和を通常の数の和，スカラー倍も通常の数の積で定義すると，上の8つの条件を満たすため，線形空間をなします．$\boldsymbol{R}^2$（2次元実ベクトル空間）や $\boldsymbol{R}^3$（3次元実ベクトル空間）も，和を通常の平面あるいは空間ベクトルの和，スカラー倍をベクトルのスカラー倍と定義すれば全く同様です．しかし，整数全体の集合 $\boldsymbol{Z}$ は線形空間ではありません（例えば元として3，スカラー倍として0.5を選べば1.5となり，スカラー倍に関して閉じていないため）．また，自然数全体の集合 $\boldsymbol{N}$ も（0を入れても入れなくても）線形空間ではありません（これもすぐに理由がわかると思うので，読者は上記の定義とにらめっこして考えてください）．

では，他にどんなものが線形空間になるかというと（詳しい証明はすべて省略しますが）以下のようなものがあります．

〈例1〉　実数係数の多項式の集合

実数係数の n 次の多項式 $f(x)$ と m 次の多項式 $g(x)$（ただし $n \geq m$）を

$$f(x) = a_n x^n + a_{n-1} x^{n-1} + \cdots + a_1 x + a_0$$

$$g(x) = b_m x^m + b_{m-1} x^{m-1} + \cdots + b_1 x + b_0$$

とし，その和 $(f+g)(x)$ とスカラー倍 $(\alpha f)(x)$ を通常の多項式の計算の和 $f(x)+g(x)$ とスカラー倍 $\alpha f(x)$ で定義すると，和もスカラー倍も多項式なので，これらに関して閉じています．また，他の条件も成り立つことが確かめられます．

〈例2〉　閉区間上で連続な関数の集合

連続な関数同士の和と連続な関数のスカラー倍を，例1と同様に通常の計算の和とスカラー倍で定義すれば，結果は連続な関数となるので，これらに関して閉じています．また，他の条件も成り立つことが確かめられます．

このように，多項式や関数の集合は（うまく定義すれば）線形空間となります．したがって，これらの線形空間内において，各々の多項式や関数は，空間におけるベクトルと全く同様にみなして扱うことができるのです．

8.1.2　線形独立と線形空間の基底

◆線形独立

線形独立の定義は以下のとおりです．

線形独立の定義

線形空間 V の元の組 $\{\boldsymbol{a}_1, \boldsymbol{a}_2, \cdots, \boldsymbol{a}_k\}$ が

$$\alpha_1\boldsymbol{a}_1 + \alpha_2\boldsymbol{a}_2 + \cdots + \alpha_k\boldsymbol{a}_k = \boldsymbol{0} \quad \text{ならば} \quad \alpha_1 = \alpha_2 = \cdots = \alpha_k = 0$$

であるとき，この組は線形独立であるといい，そうでない場合を線形従属であるという．

線形独立とは，通常の空間ベクトルの言葉で言えば，（0でない）ベクトルが互いに平行でない，という意味です．上の定義により，2次元平面上のベクトル $\boldsymbol{v}$ と $\boldsymbol{w}$ が線形独立のときは，$a\boldsymbol{v} + b\boldsymbol{w} = \boldsymbol{0}$ とおけたとすると $a = b = 0$ 以外の解はありません．もし $\boldsymbol{v} /\!/ \boldsymbol{w}$ ならば $\boldsymbol{w} = c\boldsymbol{v}$ $(c \neq 0)$ とおけるので，$(a + bc)\boldsymbol{v} = \boldsymbol{0}$ となります．したがって，（$\boldsymbol{v} \neq \boldsymbol{0}$ であるとしているので）$b = -a/c$ となり，このときだけ $a = b = 0$ 以外の解が存在することになります．よって，「線形独立 ＝ 互いに平行でない」です．

〈例3〉

n 次元の実ベクトル空間 $\boldsymbol{R}^n$ において，ベクトル $\begin{pmatrix} 2 \\ 1 \end{pmatrix}$ と $\begin{pmatrix} 1 \\ 1 \end{pmatrix}$ は線形独立です．なぜなら，

$$a\begin{pmatrix} 2 \\ 1 \end{pmatrix} + b\begin{pmatrix} 1 \\ 1 \end{pmatrix} = \begin{pmatrix} 0 \\ 0 \end{pmatrix}, \qquad \therefore \begin{cases} 2a + b = 0 \\ a + b = 0 \end{cases}$$

となり，$a = b = 0$ のみが解となるからです．

〈例4〉

実数の係数の多項式全体のなす実線形空間（8.1.1項を参照）において，$\{1, x, x^2\}$ は線形独立なベクトルの組ですが，この組では x^3 以上の項を表せないので，空間全体を表すことはできません（このことをしばしば空間全体を「張っていない」と表現します）．

◆ 線形空間の基底

線形空間の任意の元は線形空間の**基底**の線形結合で表すことができます.

線形空間の基底の定義

V の任意の元 $\boldsymbol{\alpha}$ が，線形独立な元の組 $\{\boldsymbol{a}_1, \boldsymbol{a}_2, \cdots, \boldsymbol{a}_n\}$ の線形結合 $\boldsymbol{\alpha} = \alpha_1\boldsymbol{a}_1 + \alpha_2\boldsymbol{a}_2 + \cdots + \alpha_k\boldsymbol{a}_n$ で表されるとき，$\{\boldsymbol{a}_1, \boldsymbol{a}_2, \cdots, \boldsymbol{a}_n\}$ を V の**基底**といい，n を V の**次元**という.

〈例 5〉

2 次元実ベクトル空間 $\boldsymbol{R}^2$ において，ベクトル $\begin{pmatrix} 2 \\ 1 \end{pmatrix}$ と $\begin{pmatrix} 1 \\ 1 \end{pmatrix}$ は基底をなします．例えば，$\begin{pmatrix} 7 \\ 5 \end{pmatrix} = 2\begin{pmatrix} 2 \\ 1 \end{pmatrix} + 3\begin{pmatrix} 1 \\ 1 \end{pmatrix}$ となります．しかし，3 次元実ベクトル空間 $\boldsymbol{R}^3$ では，両者は $\begin{pmatrix} 2 \\ 1 \\ 0 \end{pmatrix}$ と $\begin{pmatrix} 1 \\ 1 \\ 0 \end{pmatrix}$ になり，例えば $\begin{pmatrix} 3 \\ 2 \\ 1 \end{pmatrix}$ のようなベクトルを表すことができないので，基底をなしていません.

〈例 6〉

2 次元実ベクトル空間 $\boldsymbol{R}^2$ において，ベクトル $\boldsymbol{e}_1 = \begin{pmatrix} 1 \\ 0 \end{pmatrix}$ と $\boldsymbol{e}_2 = \begin{pmatrix} 0 \\ 1 \end{pmatrix}$ は基底をなしていて，しかも，大きさが 1 で互いに直交（＝内積が 0）しています.

大きさが 1 で互いにすべて直交しているベクトルからなる基底を**正規直交基底**といいます．また，例 6 の $\{\boldsymbol{e}_1, \boldsymbol{e}_2\}$ のような，1 成分だけ 1 で残りは 0 であるような成分だけをもつ正規直交基底 $\{\boldsymbol{e}_1, \boldsymbol{e}_2, \cdots, \boldsymbol{e}_n\}$ は，任意の n 次元実ベクトル空間 $\boldsymbol{R}^n$ で定義できます．これを**自然基底**あるいは**自然な基底**とよびます．普段，我々が 2 次元や 3 次元空間のベクトルを表すときに，当然のように用いている基底は，この自然基底です.

〈例 7〉

実数係数の多項式全体のなす実線形空間において，$\{1, x, x^2\}$ は線形独立なベクトルの組ですが，基底ではありません．しかし，空間を「2 次以下の実数係数の多項式全体のなす空間」に制限すると，これは実線形空間であり，

$\{1, x, x^2\}$ はその基底となっています．

8.1.3 線形空間の効用

以上見てきたように，線形空間とは，線形空間の定義を満たす集合であれば何でも構いません．したがって，それは必ずしも $\boldsymbol{R}^2$ 等のような，いかにも数学的な対象でなくてもよいのです．例えば，仮に果物の集合が線形空間の定義を満たすならば（満たしはしないけれど，仮に，です），それはベクトルの集まりのように扱えて，

$$\overrightarrow{\text{りんご}} = a\,\overrightarrow{\text{みかん}} + b\,\overrightarrow{\text{バナナ}} + c\,\overrightarrow{\text{梨}} + d\,\overrightarrow{\text{桃}}$$

のように，基底 $\{\overrightarrow{\text{みかん}}, \overrightarrow{\text{バナナ}}, \overrightarrow{\text{梨}}, \overrightarrow{\text{桃}}\}$ の線形結合で表せることになります．

数学の中でも代数学はとりわけ抽象性が高く，理解が大変難しいのですが，その反面，この「定義さえ満たせば何でも同じ」という高い抽象性が大きな強みです．つまり，個々の具体的な事例はその場限りのもので応用が利きませんが，定義を満たすというような抽象的構造（＝数学的構造）が同じならば，見た目は異なっていても本質は同じ，とみることができるのです．その上で，その抽象的構造の性質が明らかになれば，同じ構造をもつすべての具体的な事例の本質が理解できることになります．いわば，「数学は構造の学問」なのです．そして，この「様々な物事の共通部分を抽出し，抽象化・一般化する」という数学的思考こそが，理工系の様々な分野で，陰に陽に活用されています．したがって，読者は，ぜひそのような思考方法を身に付けてください．

「果物線形空間」は，筆者Sが大学3年生の頃のあるとき，「あぁ，線形代数って，りんごやバナナでもいいんだ！」と納得したときの実話ですが[1)]，もちろん実際の効用はありません．そこで，もう少し効用がはっきりする例を挙げましょう．

〈例8〉 整 級 数

n 次以下の実数係数の多項式全体は実線形空間をなし，$\{1, x, x^2, \cdots, x^n\}$ は

1） 大学1年生で線形代数を学んだので，こんな基本的なことがわかるまでに2年もかかってしまいました！ 読者はぜひ，今マスターしてください！

その基底となっています．これを無限次元に拡張すると，無限個の組 $\{1, x, x^2, \cdots, x^n, \cdots\}$ を基底として，整級数

$$\sum_{n=0}^{\infty} a_n x^n = a_0 + a_1 x + a_2 x^2 + \cdots$$

の集合が無限次元線形空間となります（ただし，発散する整級数は除いた集合であるとします）．この線形空間は，すべての実数係数の多項式と，多項式ではない無限級数で表せる $\sin x$ や e^x などの関数も含みます．

ところで，$\sum_{n=0}^{\infty} a_n x^n$ に見覚えがないでしょうか？ そう，これはテイラー展開です．つまり，関数 $f(x)$ のテイラー展開とは，見方を変えると，無限次元線形空間のベクトル $f(x)$ を基底 $\{1, x, x^2, \cdots, x^n, \cdots\}$ で書き表したもの，といえるのです．

〈例 9〉 フーリエ級数

周期が 2π の連続関数 $f_{2\pi}(x)$ の集合は，無限次元の線形空間をなします．このとき，三角関数の関数列 $\{1, \cos kx, \sin kx\}$ $(k = 1, 2, \cdots)$ は，この線形空間の直交基底となり，$f_{2\pi}(x)$ は，この基底の線形結合によって

$$a_0 + \sum_{k=1}^{\infty} (a_k \cos kx + b_k \sin kx) \tag{8.1}$$

のように展開することができます．この(8.1)式をフーリエ級数といいます（詳しくは第 6 章を参照）．

〈例 10〉 量子力学

定常状態の量子力学の基礎方程式は，時間に依存しないシュレーディンガー方程式

$$\left\{-\frac{\hbar^2}{2m}\nabla^2 + V(\boldsymbol{r})\right\}\phi(\boldsymbol{r}) = E\,\phi(\boldsymbol{r}) \tag{8.2}$$

です．ここで，$-\frac{\hbar^2}{2m}\nabla^2 + V(\boldsymbol{r})$ はハミルトニアンとよばれる線形演算子であり，$\phi(\boldsymbol{r})$ は系の波動関数，実数 E は系のエネルギーを表します．ハミルトニアンを $\mathcal{H}$ と表すと，(8.2)式は，

$$\mathcal{H}\,\phi(\boldsymbol{r}) = E\,\phi(\boldsymbol{r})$$

という，線形写像の固有方程式となります．つまり行列と等価です．そして，

その固有関数（= 固有ベクトル）は線形空間である波動関数空間の基底をなしており，その固有値は系のとり得るエネルギーを表しています．

このように，シュレーディンガー方程式を解く技術は微分方程式論ですが，量子力学全体の概念は線形代数で記述されます．

以上のように，線形代数の概念は通常のベクトルや行列だけのものではなく，解析学や量子力学まで活用できるのです．

8.2　行列の計算ルール

「行列とは何か？」に対する答え方は色々とありますが，積の計算ルールを理解するのに一番わかりやすいのは

行列とは線形写像の成分表示である

という答えです．そして，ここから行列の計算ルールが導き出されます．本節では，この「線形写像」の意味を考えながら，行列の変な計算ルールの原因を探りましょう．

8.2.1　線形性と線形写像

まず，線形（性）と線形関数・線形写像について解説します（関数・写像については1.5節を参照）．大雑把にいえば，

線形写像とは，変数（変量）の比例係数である

ということです．正確には，「数ベクトル空間から数ベクトル空間への線形写像とは…」となりますが，線形性を直観的に納得するには，これくらい大雑把の方がよいでしょう．

最初に，見慣れている「関数」について考えます．α を任意の定数として関数 $y = f(x)$ が

$$\begin{cases} f(x_1 + x_2) = f(x_1) + f(x_2) \\ f(\alpha x) = \alpha f(x) \end{cases} \tag{8.3}$$

を満たすとします．実際にどのような $f(x)$ なら，この関係を満たすでしょうか．例えば $y = 2x$ ならば

$$\begin{cases} f(x_1+x_2) = 2(x_1+x_2) = 2x_1+2x_2 = f(x_1)+f(x_2) \\ f(\alpha x) = 2(\alpha x) = \alpha(2x) = \alpha f(x) \end{cases}$$

となり，確かに(8.3)式を満たします．しかし $y = 2x^2$ だと

$$f(\alpha x) = 2(\alpha x)^2 = \alpha^2(2x^2) = \alpha^2 f(x)$$

となって満たしません．ちょっと考えると，x の 2 次以上の項があるとダメだとすぐにわかります．しかし，0 次の項，すなわち定数項がある $y = ax + b$ でも

$$f(\alpha x) = a(\alpha x) + b \neq \alpha(ax+b) = \alpha f(x)$$

だからダメで，結局，(8.3)式を満たすのは $y = ax$ だけとなります．

ところで，この式は x に比例して直線的（= 線形，linear）に変化する量を表す式です．そこで，(8.3)**式を線形性といい，線形性を満たす関数を線形関数といいます**．

線形関数は $y = ax$ のような 1 変数関数ばかりではありません．例えば，a, b を定数とすると，2 変数関数 $z = f(\boldsymbol{r}) = f(x, y) = ax + by$ は線形関数です．ここで $(a, b) \equiv \boldsymbol{a}$ とおくと $f(\boldsymbol{r}) = \boldsymbol{a}\cdot\boldsymbol{r}$ と書けるので，内積の計算規則により

$$\begin{cases} f(\boldsymbol{r}_1+\boldsymbol{r}_2) = \boldsymbol{a}\cdot(\boldsymbol{r}_1+\boldsymbol{r}_2) = \boldsymbol{a}\cdot\boldsymbol{r}_1 + \boldsymbol{a}\cdot\boldsymbol{r}_2 = f(\boldsymbol{r}_1)+f(\boldsymbol{r}_2) \\ f(\alpha\boldsymbol{r}) = \boldsymbol{a}\cdot(\alpha\boldsymbol{r}) = \alpha(\boldsymbol{a}\cdot\boldsymbol{r}) = \alpha f(\boldsymbol{r}) \end{cases}$$

となり，線形関数であることがわかります[2)]．

そこで次は，2 変数ベクトル関数 $\boldsymbol{w} = \boldsymbol{f}(\boldsymbol{v}) = (w_x(\boldsymbol{v}), w_y(\boldsymbol{v}))$，$\boldsymbol{v} = (v_x, v_y)$ を考えてみましょう．今までは，これを「2 変数ベクトル関数」と書いてきましたが，これは 2 次元数ベクトル $\boldsymbol{v}$ を 2 次元数ベクトル $\boldsymbol{w}$ に写す写像です．そのような写像のうち，線形写像は 2×2 の行列 A で表すことができます．実際，$\boldsymbol{v}'$ も 2 次元数ベクトルとすると，行列の計算ルールにより

$$\begin{cases} A(\boldsymbol{v}+\boldsymbol{v}') = A\boldsymbol{v} + A\boldsymbol{v}' \\ A(\alpha\boldsymbol{v}) = \alpha(A\boldsymbol{v}) \end{cases} \tag{8.4}$$

2）　全く同様に，n 変数関数 $f(\boldsymbol{r}) = f(x_1, x_2, \cdots, x_n) = a_1x_1 + a_2x_2 + \cdots + a_nx_n \equiv \boldsymbol{a}\cdot\boldsymbol{r}$ も線形関数です．

となるので，確かに線形性を満たしています．

以上のことを第3章の冒頭と同じ形でまとめると，（関数も含めた）線形写像とは

$$\begin{cases} y = \boxed{\text{係数 } a} \times x & (\times \text{ は単なる積}) \\ z = \boxed{\text{係数 } \boldsymbol{a}} \times \boldsymbol{r} & (\times \text{ は内積}) \\ \boldsymbol{w} = \boxed{\text{係数 } A} \times \boldsymbol{v} & (\times \text{ は行列とベクトルの積}) \end{cases} \tag{8.5}$$

のように，変数（変量）の比例係数に対応することがわかります．

ただし，積 × は出発点と行き先の集合の次元によって，単なる積，内積，行列とベクトルの積，のように変わってきます．これは第3章の冒頭で述べたことと全く同じで，微分とは変数の変化率，すなわち比例係数なのだから，これはもっともな話です．したがって，3.4節において行列が登場したこともまた，当然のことだったのです．

8.2.2 行列とは線形写像の成分表示である

では，2次元数ベクトルを用いて，線形性という性質から線形写像 A が行列で表せること，さらにその具体的な形（すなわち成分表示）と計算ルールが自然に導かれることを解説しましょう．

線形写像の定義は以下のとおりです．

線形写像の定義

線形空間 V から線形空間 W への写像 f が以下の条件

(1) $f(\boldsymbol{a}+\boldsymbol{b}) = f(\boldsymbol{a}) + f(\boldsymbol{b})$ （$\boldsymbol{a}, \boldsymbol{b}$ は V の任意の元）

(2) $f(\alpha\boldsymbol{a}) = \alpha f(\boldsymbol{a})$ （α は任意の実数 $\boldsymbol{R}$ または複素数 $\boldsymbol{C}$）

を満たすとき，f を**線形写像**という．特に，$W = V$ のときは f を V の**線形変換**，$W = \boldsymbol{R}$ または $\boldsymbol{C}$ のときは f を V 上の**線形関数**という．

ただし，本書では簡単のため，特に断らない限り α は実数であるとします．

まず，2次元ベクトル $\boldsymbol{v}$ を2次元ベクトル $\boldsymbol{w}$ に変換する線形写像 A を想定し，三者の関係を(8.5)式と同じように

$$\boldsymbol{w} = A\boldsymbol{v} \tag{8.6}$$

と書きます．もちろん，読者はこれが行列の普通の表記であることを知って

いると思いますが，今は「単に比例係数の形で置いた，あるいは演算子の形で置いた」と思ってください．また，A と $\boldsymbol{v}$ との間の計算ルールも，今はわからないものとします．

ここで，A の成分表示と計算式を求めるために，$\boldsymbol{v}, \boldsymbol{w}$ を基底ベクトル $\{\boldsymbol{e}_1, \boldsymbol{e}_2\}$ の線形結合で表します．すなわち，

$$\boldsymbol{v} = v_1\boldsymbol{e}_1 + v_2\boldsymbol{e}_2, \qquad \boldsymbol{w} = w_1\boldsymbol{e}_1 + w_2\boldsymbol{e}_2 \tag{8.7}$$

とします．$\{\boldsymbol{e}_1, \boldsymbol{e}_2\}$ は正規直交基底でなくても構いません．

(8.7)式を(8.8)式に代入して線形写像の定義（あるいは(8.4)式でも同じ）を用いると

$$\boldsymbol{w} = w_1\boldsymbol{e}_1 + w_2\boldsymbol{e}_2 = A\boldsymbol{v} = v_1A\boldsymbol{e}_1 + v_2A\boldsymbol{e}_2 \tag{8.8}$$

となり，$A\boldsymbol{e}_1$ **と** $A\boldsymbol{e}_2$ **（$=\boldsymbol{e}_1$ と $\boldsymbol{e}_1$ の「行き先」）を決めさえすれば，任意の** $\boldsymbol{v}$ **についての行き先** $\boldsymbol{w}$ **を決めることができます**．これは A の「具体的な形」，つまり各成分を決めることと同じです．

$A\boldsymbol{e}_1$ と $A\boldsymbol{e}_2$ もまた $\boldsymbol{e}_1, \boldsymbol{e}_2$ の線形結合で表せるはずなので，

$$\begin{cases} A\boldsymbol{e}_1 = a\boldsymbol{e}_1 + c\boldsymbol{e}_2 \\ A\boldsymbol{e}_2 = b\boldsymbol{e}_1 + d\boldsymbol{e}_2 \end{cases} \tag{8.9}$$

であるとします（a, b, c, d の置き方が少し変に見えますが，これは後の都合のためです）．すると(8.8)式の右辺は

$$v_1(a\boldsymbol{e}_1 + c\boldsymbol{e}_2) + v_2(b\boldsymbol{e}_1 + d\boldsymbol{e}_2) = (av_1 + bv_2)\boldsymbol{e}_1 + (cv_1 + dv_2)\boldsymbol{e}_2 \tag{8.10}$$

となるので，$\boldsymbol{e}_1, \boldsymbol{e}_2$ の係数を比較すれば

$$\begin{cases} w_1 = av_1 + bv_2 \\ w_2 = cv_1 + dv_2 \end{cases} \tag{8.11}$$

となります．

これで，A を決めるには 4 つの数値 (a, b, c, d) を決めればよいことがわかりましたが，知りたいのは A の「形」，すなわち「表示」でした．(8.11)式を何とか $\boldsymbol{w} = A\boldsymbol{v}$ の形に書けないでしょうか．そこで，$\boldsymbol{v}, \boldsymbol{w}$ を成分表示すると

$$\boldsymbol{v} = \begin{pmatrix} v_1 \\ v_2 \end{pmatrix}, \qquad \boldsymbol{w} = \begin{pmatrix} w_1 \\ w_2 \end{pmatrix}$$

であったことを思い出し，(8.11)式を

$$\begin{pmatrix} w_1 \\ w_2 \end{pmatrix} = \begin{pmatrix} a & b \\ c & d \end{pmatrix} \bigstar \begin{pmatrix} v_1 \\ v_2 \end{pmatrix} \tag{8.12}$$

と書いて，**「★」の部分は**(8.11)**式と同じ計算をしているものと約束します**（★は，そこに演算があることを示すために，今ここで勝手に付けた記号です）．そうすれば，(8.12)式は $\boldsymbol{w} = A\boldsymbol{v}$ の成分表示となり，A の「具体的な形」，つまり成分表示は

$$A = \begin{pmatrix} a & b \\ c & d \end{pmatrix}$$

となります．これが行列です．しかも，「同じ計算」と決めた計算ルールは，読者も知っている，あのヘンな行列の計算ルールになっています！ つまり，2×2 **行列は** 2 **次元ベクトルを変換する線形写像を具体的に成分で表したもので，計算ルールもそのためのもの**だったのです．

このように，行列は線形写像を具体的に表すので，$\begin{pmatrix} a & b \\ c & d \end{pmatrix}$ を線形写像 A の**行列表現**あるいは**表現行列**といいます[3)]．

成分 a, b, c, d **は基底** $\{\boldsymbol{e}_1, \boldsymbol{e}_2\}$ **の選び方に依存する**ことに注意しましょう．なぜなら，これらの数値は，(8.9)式のように A が基底 $\{\boldsymbol{e}_1, \boldsymbol{e}_2\}$ を変換する際の係数として決めたからです．これは，ベクトル $\boldsymbol{v}$ を基底の線形結合で表すとき，基底が異なれば係数が異なることに対応しています．この話は 8.4 節で再び登場します．

また，この話に限らず，**線形空間が定義できれば，どのような空間でも基底と成分表示があり，成分表示の値は基底に依存する**ということは一般原則として知っておきましょう．

8.2.3 行列の積は連続する線形写像の成分表示である

さて，ここまでくれば行列の積の計算ルールもすぐに導けます．線形写像

3） 両方の言い方がありますが，あえて使い分けるならば，「行列で表現したものですよ」と言いたいときは「行列表現」，「具体的にこの行列ですよ」と言いたいときには「表現行列」です．

B が $\boldsymbol{s} = B\boldsymbol{w}$ を満たすとすると，$\boldsymbol{s} = BA\boldsymbol{v}$ となります．その意味は，「$\boldsymbol{v}$ に A を作用させ，その結果得られる $\boldsymbol{w}$ に対して，引き続き B を作用させると $\boldsymbol{s}$ になる」ということです．一方，BA をひとかたまりとみれば，それは $\boldsymbol{v}$ を $\boldsymbol{s}$ に変換する線形写像です．これを C と表せば

$$C = BA \tag{8.13}$$

となります．つまり，C は線形写像 B, A の積として定義され，しかも線形写像なので行列で表せるはずです．この(8.13)式を成分表示（＝行列表現）してみましょう．

まず，B が行列として

$$B = \begin{pmatrix} e & f \\ g & h \end{pmatrix}$$

と書けるとすると，(8.11)式と(8.12)式を用いて

$$\begin{pmatrix} s_1 \\ s_2 \end{pmatrix} = \begin{pmatrix} e & f \\ g & h \end{pmatrix} \bigstar \begin{pmatrix} av_1 + bv_2 \\ cv_1 + dv_2 \end{pmatrix} = \begin{pmatrix} ea + fc & eb + fd \\ ga + hc & gb + hd \end{pmatrix} \bigstar \begin{pmatrix} v_1 \\ v_2 \end{pmatrix}$$

となります．これが $\boldsymbol{s} = BA\boldsymbol{v}$ に対応するので

$$C = \begin{pmatrix} ea + fc & eb + fd \\ ga + hc & gb + hd \end{pmatrix}$$

です．したがって $C = BA$ を成分で書くと

$$\begin{pmatrix} ea + fc & eb + fd \\ ga + hc & gb + hd \end{pmatrix} = \begin{pmatrix} e & f \\ g & h \end{pmatrix} \bigstar \begin{pmatrix} a & b \\ c & d \end{pmatrix}$$

となります．そこで，**両辺が等しくなるように「★」の計算ルールを決めればよく，その結果が，まさにあの行列の積の計算ルール**なのです．これで，積年の恨み，じゃなかった，悩みは解消されました．

読者も知ってのとおり，実際には「★」の部分は何も書かない習慣であり，$A\boldsymbol{v}$ や BA は

$$\begin{pmatrix} a & b \\ c & d \end{pmatrix}\begin{pmatrix} v_1 \\ v_2 \end{pmatrix} \quad や \quad \begin{pmatrix} e & f \\ g & h \end{pmatrix}\begin{pmatrix} a & b \\ c & d \end{pmatrix}$$

と書きます．

以上の計算で用いた事実は線形性だけです．したがって，行列とその計算ルールが，線形写像（演算子，関数）の線形性と深く関わっていることがわ

かったと思います.

8.3 行列の固有値と固有ベクトル

行列の固有値とは，その行列で表される線形変換の「倍率」（比例係数）であり，固有ベクトルとは，その「倍率」がかかる方向です.

前節で解説したように，行列 A はベクトル $\boldsymbol{v}$ を $\boldsymbol{w}$ へ写す線形写像です. 本節では 2×2 行列の具体例を用いて，行列の固有値と固有ベクトルの意味を解説します. 2次元平面から同じ2次元平面への写像なので，以下では**線形変換**という言葉を用いることにします.

8.3.1 固有値と固有ベクトルの計算

まず例として，行列 $\begin{pmatrix} 1 & 2 \\ -1 & 4 \end{pmatrix}$ が，2次元ベクトルをどのように変換するかを実際に図示してみましょう. そのためには，自然基底であるベクトル $\begin{pmatrix} 1 \\ 0 \end{pmatrix}$ と $\begin{pmatrix} 0 \\ 1 \end{pmatrix}$ がつくるマス目がどのように変換されるかを考えます.

実際に計算したものが図8.1です. 図中の2つの黒い矢印はベクトル $\begin{pmatrix} 1 \\ 0 \end{pmatrix}$

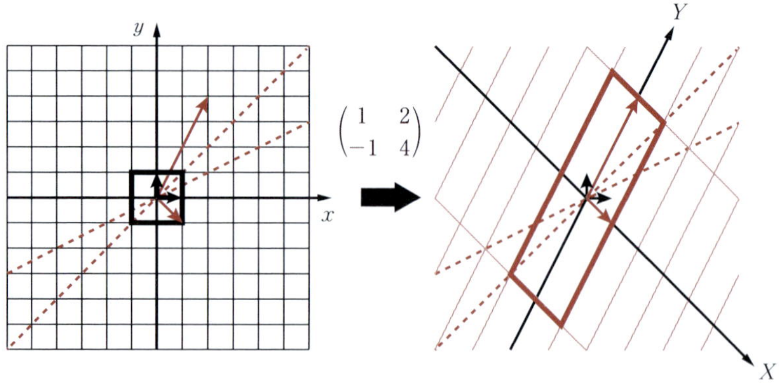

図 8.1 行列による2次元平面上のベクトルの変換. 2つの赤茶色の点線の方向が固有ベクトルの方向である.

と$\begin{pmatrix}0\\1\end{pmatrix}$を表しており，これがそれぞれ赤茶色の矢印$\begin{pmatrix}1\\-1\end{pmatrix}$と$\begin{pmatrix}2\\4\end{pmatrix}$に変換されます．その結果，左図の黒いマス目は右図の赤茶色のマス目に変換されるので，原点を中心とする黒い太線の正方形（左図）は，やはり原点を中心とする赤茶色の太線の平行四辺形（右図）に変換されます．

さて，元のベクトルと変換されたベクトルとでは，当然向きも大きさも違いますが，2 方向だけ，大きさは変わるけれども向きが変わらない特別な方向があります．それが図中の赤茶色の点線の方向であり，ベクトルで表すと$\begin{pmatrix}2\\1\end{pmatrix}$と$\begin{pmatrix}1\\1\end{pmatrix}$の方向です．実際に計算してみても，

$$\begin{pmatrix}1 & 2\\-1 & 4\end{pmatrix}\begin{pmatrix}2\\1\end{pmatrix}=2\begin{pmatrix}2\\1\end{pmatrix},\qquad \begin{pmatrix}1 & 2\\-1 & 4\end{pmatrix}\begin{pmatrix}1\\1\end{pmatrix}=3\begin{pmatrix}1\\1\end{pmatrix}\tag{8.14}$$

となり，確かに大きさは 2 倍，3 倍となっていますが，向きは変わりません．

このように，一般に行列 A について，ベクトル $\boldsymbol{x}$ の向きをうまく選ぶと

$$A\boldsymbol{x}=\lambda\boldsymbol{x}\tag{8.15}$$

のように，$A\boldsymbol{x}$ が $\boldsymbol{x}$ の定数倍となるような λ と $\boldsymbol{x}$ ($\neq \boldsymbol{0}$) の組が存在します．これらを**行列 A の固有値と固有ベクトル**といいます．固有ベクトルは（0 以外で）定数倍しても(8.15)式の関係が変わらないので，**固有ベクトルはその向きにのみ意味があり，様々な長さのものが無数に存在します**．したがって，固有値が実数解の場合に xy 平面上に固有ベクトルを図示すると，図 8.1 の点線のように直線となるのです．

(8.15)式には，以下に示す「定番」の解き方があります．$A=\begin{pmatrix}a & b\\c & d\end{pmatrix}$ および $\boldsymbol{x}=\begin{pmatrix}x_1\\x_2\end{pmatrix}$ とおくと，

$$\begin{pmatrix}a & b\\c & d\end{pmatrix}\begin{pmatrix}x_1\\x_2\end{pmatrix}=\lambda\begin{pmatrix}x_1\\x_2\end{pmatrix}=\begin{pmatrix}\lambda & 0\\0 & \lambda\end{pmatrix}\begin{pmatrix}x_1\\x_2\end{pmatrix}$$

$$\therefore\quad \begin{pmatrix}a-\lambda & b\\c & d-\lambda\end{pmatrix}\begin{pmatrix}x_1\\x_2\end{pmatrix}=\begin{pmatrix}0\\0\end{pmatrix}\tag{8.16}$$

ここで，もし(8.16)式の行列に逆行列が存在するならば，

$$\begin{pmatrix} x_1 \\ x_2 \end{pmatrix} = \begin{pmatrix} a-\lambda & b \\ c & d-\lambda \end{pmatrix}^{-1} \begin{pmatrix} 0 \\ 0 \end{pmatrix} = \begin{pmatrix} 0 \\ 0 \end{pmatrix}$$

となって，$\boldsymbol{x} \neq \boldsymbol{0}$ に反します．したがって，逆行列が存在しない条件（すなわち行列式 $= 0$）

$$\begin{vmatrix} a-\lambda & b \\ c & d-\lambda \end{vmatrix} = 0, \quad \therefore \quad \lambda^2 - (a+d)\lambda + ad - bc = 0 \tag{8.17}$$

が，λ の満たすべき条件となります．

(8.17)式を**固有方程式**あるいは**特性方程式**といいます．これは2次方程式の解の公式から

$$\lambda = \frac{a + d \pm \sqrt{(a-d)^2 + 4bc}}{2}$$

と解けて，λ は

(1) 異なる2つの実数解，(2) 異なる2つの虚数解，(3) 実数の重解

の3種類に分類されます．この分類が，線形変換 A の図形的な性質の分類と直接関係することを次項で解説します．

なお，一般の $n \times n$ 行列の固有方程式は n 次方程式となり，重解も含めて複素数の範囲で n 個の解が存在します．

例題 8.1

行列 $\begin{pmatrix} 1 & 2 \\ -1 & 4 \end{pmatrix}$ の固有値と固有ベクトルを求めなさい．

〔解〕 固有値と固有ベクトルを $\lambda, \begin{pmatrix} x_1 \\ x_2 \end{pmatrix}$ とおくと

$$\begin{pmatrix} 1 & 2 \\ -1 & 4 \end{pmatrix} \begin{pmatrix} x_1 \\ x_2 \end{pmatrix} = \lambda \begin{pmatrix} x_1 \\ x_2 \end{pmatrix}$$

より

$$\begin{pmatrix} 1-\lambda & 2 \\ -1 & 4-\lambda \end{pmatrix} \begin{pmatrix} x_1 \\ x_2 \end{pmatrix} = \begin{pmatrix} 0 \\ 0 \end{pmatrix} \tag{8.18}$$

したがって，

$$\begin{vmatrix} 1-\lambda & 2 \\ -1 & 4-\lambda \end{vmatrix} = 0$$

より

$$\lambda^2 - 5\lambda + 6 = 0 \qquad \therefore \quad \lambda = 2, 3$$

となります.

　$\lambda = 2$ のとき

(8.18)式に代入すると

$$\begin{pmatrix} -1 & 2 \\ -1 & 2 \end{pmatrix}\begin{pmatrix} x_1 \\ x_2 \end{pmatrix} = \begin{pmatrix} 0 \\ 0 \end{pmatrix} \quad \text{より} \quad \begin{pmatrix} x_1 \\ x_2 \end{pmatrix} = \begin{pmatrix} 2 \\ 1 \end{pmatrix}$$

となります（この解の定数倍もすべて解です）.

　$\lambda = 3$ のとき

(8.18)式に代入すると

$$\begin{pmatrix} -2 & 2 \\ -1 & 1 \end{pmatrix}\begin{pmatrix} x_1 \\ x_2 \end{pmatrix} = \begin{pmatrix} 0 \\ 0 \end{pmatrix} \quad \text{より} \quad \begin{pmatrix} x_1 \\ x_2 \end{pmatrix} = \begin{pmatrix} 1 \\ 1 \end{pmatrix}$$

となります（この解の定数倍もすべて解です）.

以上の結果は，もちろん(8.14)式と同じです.

8.3.2 線形変換と固有値・固有ベクトルとの関係

では，2次元の線形変換とその固有値・固有ベクトルとの関係を理解するために，変換を図形的にもっと詳しく見てみましょう.

まず，**2次元の線形変換が，（原点を通る）直線を直線へ移す変換である**，ということをおさえてください．原点を通り，ベクトル $\boldsymbol{v}$ に平行な直線上の位置ベクトル $\boldsymbol{r}$ は，パラメーター k を用いて $\boldsymbol{r} = k\boldsymbol{v}$ と表せます．したがって，A を作用させると A の線形性により

$$\boldsymbol{r}' = A\boldsymbol{r} = A(k\boldsymbol{v}) = kA\boldsymbol{v} \tag{8.19}$$

となり，原点を通り，ベクトル $A\boldsymbol{v}$ に平行な直線に変換されることがわかります（図8.2）.

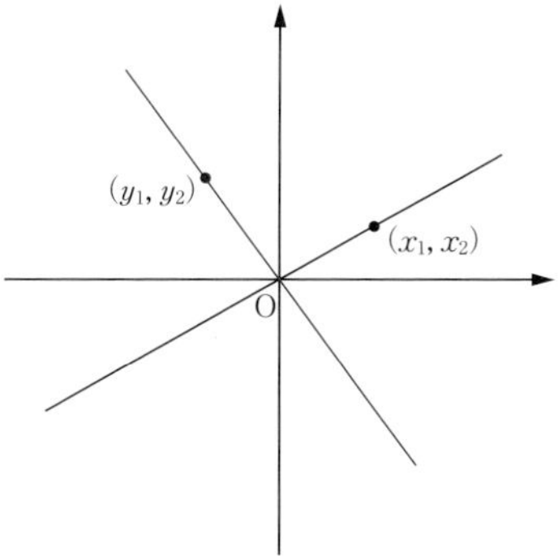

図 8.2 2次元の線形変換は，直線を直線に変換する（黒い直線から赤茶色の直線へ変換）.

具体的に，行列 $\begin{pmatrix} 1 & 4 \\ 2 & 3 \end{pmatrix}$ で表される線形変換の例で考えてみましょう．点 $(-1, 1)$ は，この線形変換によって

(3, 1) に移動します．原点と $(-1, 1)$ を通る直線は，パラメーター k を用いて $k(-1, 1)$ と表され，$k(3, 1)$ に変換されます．つまりこの変換によって，原点と $(-1, 1)$ を結ぶ直線上のすべての点は，原点と $(3, 1)$ を結ぶ直線上に移動します(図 8.3)．言い換えれば，この線形変換によって，直線 $y = -x$ は直線 $y = \frac{1}{3}x$ へ変換されます．

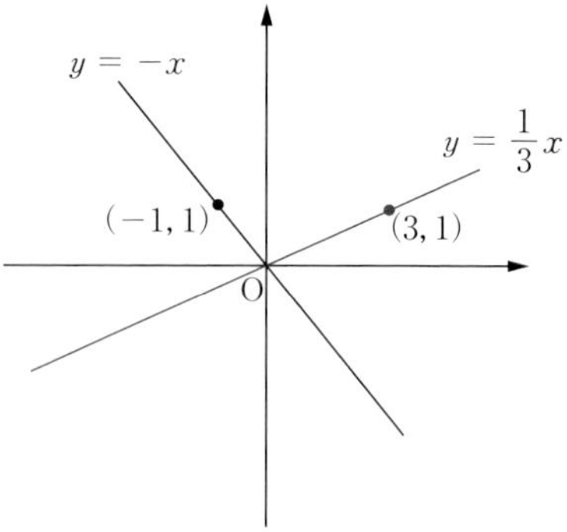

図 8.3 2次元の線形変換が直線を直線に変換する例

原点を通る直線は原点を通る直線に変換されること，これが線形変換の基本的な性質であり，元の座標の値(x 座標と y 座標の両方)が k 倍になれば，変換後に移った先の座標値も k 倍となるわけです．

さて，この線形変換を行列としてみた場合の固有値と固有ベクトルを考えてみましょう．$\begin{pmatrix} 1 & 4 \\ 2 & 3 \end{pmatrix}$ の固有値を λ，固有ベクトルを $\begin{pmatrix} x \\ y \end{pmatrix}$ とおくと，固有値と固有ベクトルの定義によって次式が成り立ちます．

$$\begin{pmatrix} 1 & 4 \\ 2 & 3 \end{pmatrix}\begin{pmatrix} x \\ y \end{pmatrix} = \lambda\begin{pmatrix} x \\ y \end{pmatrix} \tag{8.20}$$

この式から固有値・固有ベクトルを計算する方法は例題 8.1 で扱ったので，省略して結果だけを示すと，固有値は $\lambda = 5, -1$ であり，固有ベクトルはそれぞれ $\begin{pmatrix} 1 \\ 1 \end{pmatrix}$, $\begin{pmatrix} -2 \\ 1 \end{pmatrix}$ となって，(8.20)式に代入した次の式が成り立ちます．

$$\begin{aligned} \begin{pmatrix} 1 & 4 \\ 2 & 3 \end{pmatrix}\begin{pmatrix} 1 \\ 1 \end{pmatrix} &= 5\begin{pmatrix} 1 \\ 1 \end{pmatrix} \\ \begin{pmatrix} 1 & 4 \\ 2 & 3 \end{pmatrix}\begin{pmatrix} -2 \\ 1 \end{pmatrix} &= -1\begin{pmatrix} -2 \\ 1 \end{pmatrix} \end{aligned} \tag{8.21}$$

ここで，次式のように，xy 平面上の原点を通るあらゆる直線(つまり，あらゆる点)を，この線形変換で変換することを考えてみましょう．点(x, y)は

(位置) ベクトル $\begin{pmatrix} x \\ y \end{pmatrix}$ なので，変換先の点あるいはベクトルを (X, Y) あるいは $\begin{pmatrix} X \\ Y \end{pmatrix}$ として，この変換は

$$\begin{pmatrix} X \\ Y \end{pmatrix} = \begin{pmatrix} 1 & 4 \\ 2 & 3 \end{pmatrix} \begin{pmatrix} x \\ y \end{pmatrix}$$

と表せます．

この (x, y) に様々な値を入れてみます．まず，x 軸にぴったり重なった直線 $y = 0$ を考え，それから原点を中心にして反時計回りに回転させた直線 $y = ax$ の変換を各々考えていきます．x 軸とぴったり重なる直線 $y = 0$ は点 $(1, 0)$ を通るので，上記で考えたように，

$$\begin{pmatrix} X \\ Y \end{pmatrix} = \begin{pmatrix} 1 & 4 \\ 2 & 3 \end{pmatrix} \begin{pmatrix} 1 \\ 0 \end{pmatrix} = \begin{pmatrix} 1 \\ 2 \end{pmatrix}$$

となり，原点を通る直線 $y = 2x$ に変換されるはずです．変換後の点の座標 (X, Y) をそのまま変換後の座標軸の名前に使うと，$Y = 2X$ と表せて，図 8.4 のようになります．

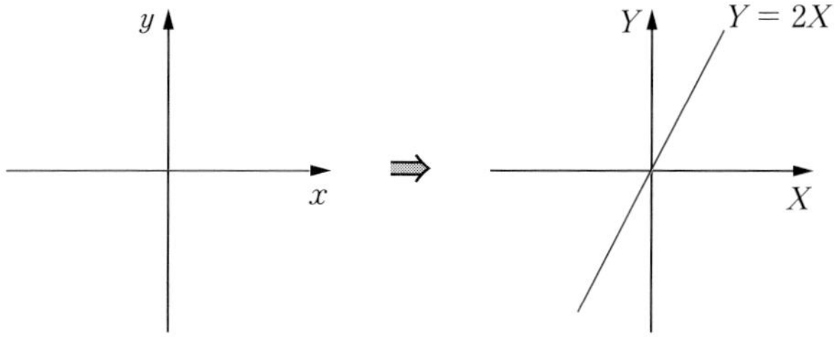

図 8.4 直線 $y = 0$ の線形変換

では，原点を中心にして反時計回りに少しだけ回転させた原点を通る直線 $y = ax$ は，どのように変換されるでしょうか．XY 平面上では，それは $Y = 2X$ を時計回りに少し回転させた直線に変換されます(図 8.5)．これは具体的な値を代入していけばわかるでしょう．例えば，点 $(4, 0)$，$(4, 1)$，$(4, 2)$ が変換される座標を計算すると，それぞれ点 $(4, 8)$，$(8, 11)$，$(12, 14)$ となり，原点とこれらの点を通る直線の傾きは，だんだん 1 に近づいていくからです．

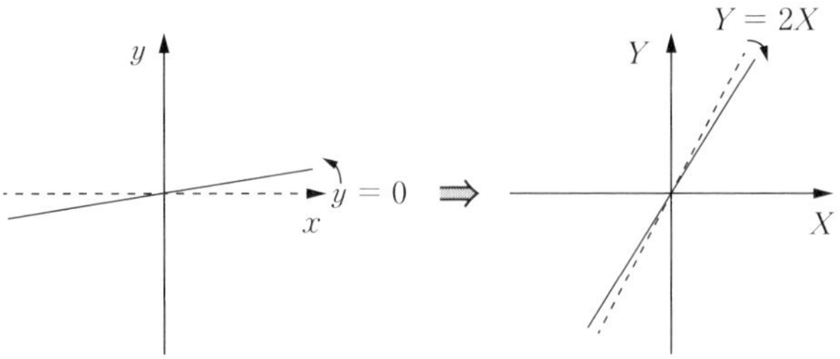

図 8.5　x 軸から少し回転した直線 $y = ax$ の線形変換(1)

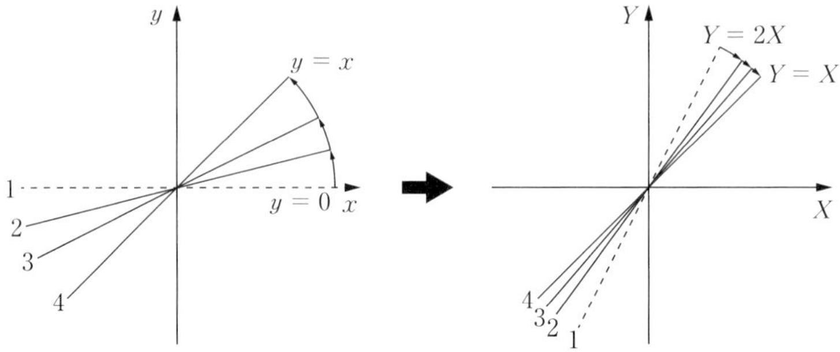

図 8.6　直線 $y = ax$ の線形変換(2)．赤茶色の線は固有ベクトルを示す．

そして，ちょうど傾きが1になったとき(つまり $a = 1$)，XY 平面上に変換された直線の傾きも1となることがわかります．なぜなら，(8.21)式の上の式が成り立つからです．つまり，点$(1, 1)$は点$(5, 5)$に変換されるので，原点と点$(1, 1)$を通る直線は，原点と点$(5, 5)$を通る直線に変換されるはずです(図8.6)．ちょうどこの傾きのときに，この線形変換に対して直線の傾きは変化せず，元の (x, y) の値の比が，線形変換に対して不変となります．**固有ベクトルは，変換に対して変わることのない傾きを表しており，倍率は固有値に対応**しています．

さらに傾きを大きくした原点を通る直線，例えば y 軸と重なる $x = 0$ は $Y = \dfrac{3}{4}X$ に変換されます．

このようにして，xy 平面上で反時計回りに順に調べてきた直線は，変換されると XY 平面上の時計回りの順に並んだ直線になっていることがわか

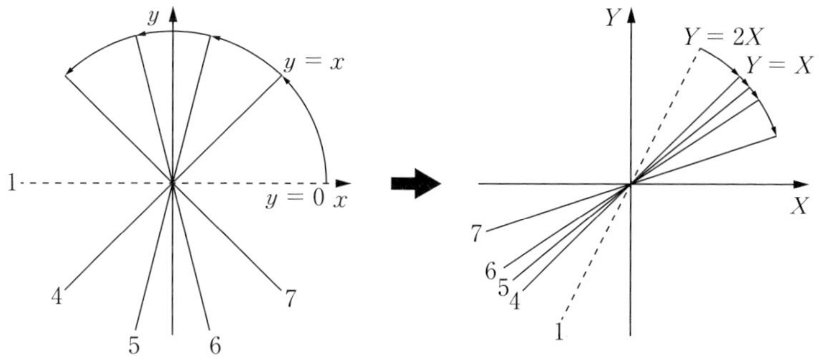

図 8.7　直線 $y = ax$ の線形変換(3)．赤茶色の線は固有ベクトルを示す．

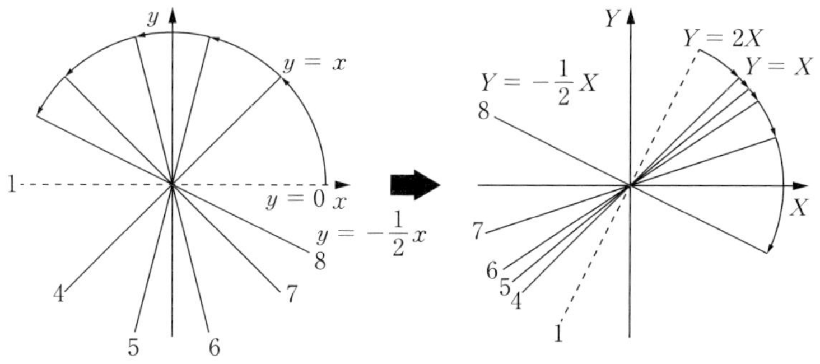

図 8.8　直線 $y = ax$ の線形変換(4)．赤茶色の線は固有ベクトルを示す．

ります(図 8.7)．

そうやって xy 平面上で直線が原点を中心に 1 周するまでに，XY 平面上でも直線がぐるりと回るのだから，直観的に考えると，もう一度直線の傾きが同じになるところにぶつかるはずです(図 8.8)．それが，計算で求めたもう 1 つの固有値・固有ベクトルに対応します．固有ベクトルは $\begin{pmatrix} -2 \\ 1 \end{pmatrix}$ なので，点 $(-2, 1)$ と原点を結ぶ直線 $y = -\dfrac{1}{2}x$ に相当します．この直線は，この線形変換に対して，やはり傾きを変えることはありません．

以上のように，原点を通る直線を傾きが 0 から少しずつ回転して 180° 回転するまでを網羅して，変換された直線を調べた結果，2 回，傾きの変わら

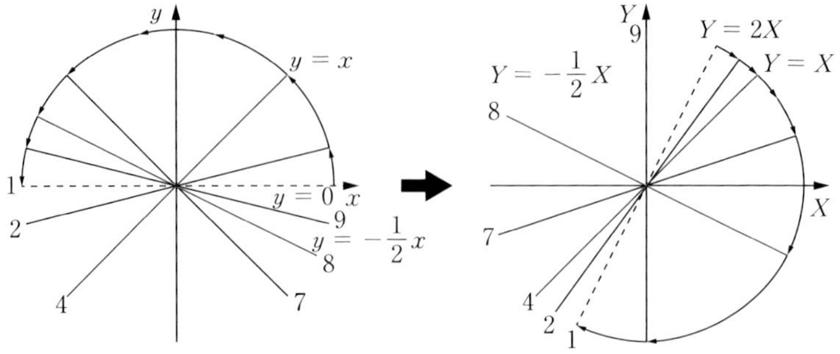

図 8.9 直線 $y = ax$ の線形変換(まとめ)．2 箇所で傾き不変(固有ベクトル)．

ない角度があり，その傾きが固有ベクトルを表していることがわかりました(図 8.9)．このように図形的に考えると，変換前の傾きと変換後の傾きとが一致するのは，回転方向が逆の場合は最大２回あることは当然のように思えます．

しかし，上記のような直線の変換を考えたときに，XY 平面上での回転が xy 平面上と同じ反時計回りとなっている場合には，同じ傾きにならないことがありえるのではないか？ と考えられます．例えば，次の線形変換を考えてみましょう．

$$\begin{pmatrix} X \\ Y \end{pmatrix} = \begin{pmatrix} 0 & -1 \\ 1 & 0 \end{pmatrix} \begin{pmatrix} x \\ y \end{pmatrix}$$

この式では，例えば点 $(1, 0)$ は点 $(0, 1)$ に変換されるので，直線 $y = 0$ は直線 $X = 0$ に変換されることがわかります．実はこの線形変換は，

$$\begin{pmatrix} \cos\theta & -\sin\theta \\ \sin\theta & \cos\theta \end{pmatrix}$$

という，原点を中心に反時計回りに θ だけ回転する変換の $\theta = \pi/2$ $(= 90^\circ)$ の場合です．つまり XY 平面上に変換された直線は，xy 平面上の直線を反時計回りに 90° 回転したものになります(図 8.10)．必ず 90° **回転するのだから，変換の前と後で傾きが等しくなることは絶対にありません．**

この場合の固有値は，

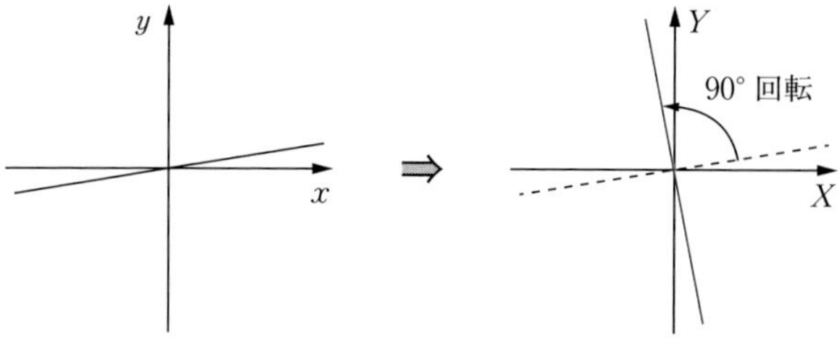

図 8.10　直線 $y = ax$ の線形変換(回転の場合)

$$\begin{vmatrix} -\lambda & -1 \\ 1 & -\lambda \end{vmatrix} = 0$$

より $\lambda^2 + 1 = 0$ となり，$\lambda = \pm i$ となります．**固有値が虚数となるのは，このように一致する傾きが存在しない場合**です．

ここまでで，固有値が 2 つの実数解，虚数解の場合の例を紹介したので，あとは実数の重解の場合が残りました．例えば，

$$\begin{pmatrix} X \\ Y \end{pmatrix} = \begin{pmatrix} 1 & -1 \\ 1 & 3 \end{pmatrix} \begin{pmatrix} x \\ y \end{pmatrix}$$

という線形変換の固有値を計算すると，$\lambda = 2$ という重解になっています．このとき，例えば $(1, 0)$ は $(1, 1)$ に，$(1, 1)$ は $(0, 4)$ に，$(0, 1)$ は $(-1, 3)$ に変換されるので，これまでと同様に，直線が変換される様子を見ると，図 8.11 のようになります．反時計回りに回るに従って，最初，XY 平面上の

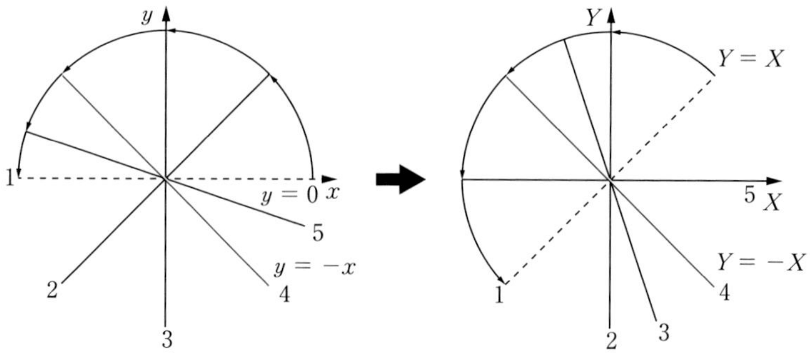

図 8.11　直線 $y = ax$ の線形変換(重解の場合)．1 箇所で傾きが不変．

直線がやや先行して回っていますが，ちょうど $(1,-1)$ の傾きで xy 平面上の直線に追いつかれて一致し，その後はまた，XY 平面上の直線が差をつけていく，という感じであることがわかります．

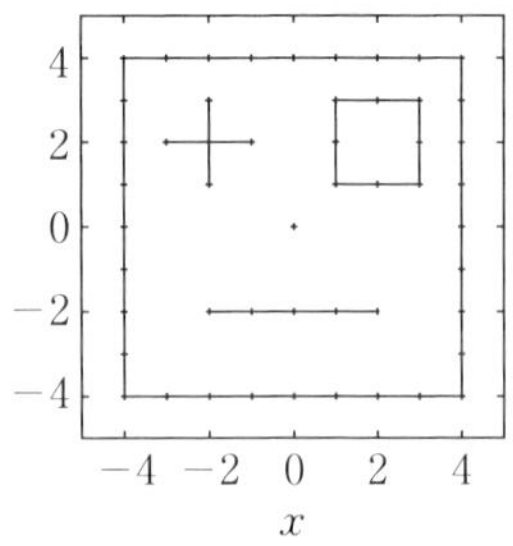

図 8.12 線形変換前のサンプル図形

線形変換が「面」に対してどのように変換するかを示すため，以上で使った具体的な線形変換の例を用いて，整数値の座標とそれらを結んだ線分から構成されるロボットの顔のような簡単な図形(図 8.12)を線形変換すると，図 8.13(a)～(c)のようになります．ただし，

$$\text{(a)}\quad \begin{pmatrix}1 & 4\\ 2 & 3\end{pmatrix},\qquad \text{(b)}\quad \begin{pmatrix}0 & -1\\ 1 & 0\end{pmatrix},\qquad \text{(c)}\quad \begin{pmatrix}1 & -1\\ 1 & 3\end{pmatrix}$$

です．線形性により，点は点へ変換され，2点間の線分も線分へ変換されます．(a)ではひっくり返したような変換，(b)は 90° の回転変換，(c)も少し斜めに歪んだ変換です．

線形変換をしても，座標軸について傾きが変わったり伸び縮みはありますが，図形の幾何学的な性質に著しい変化は見られません． つまり，本質的に大きな違いがないことがわかるでしょう．このように，線形変換は「素直な」変換なのです．

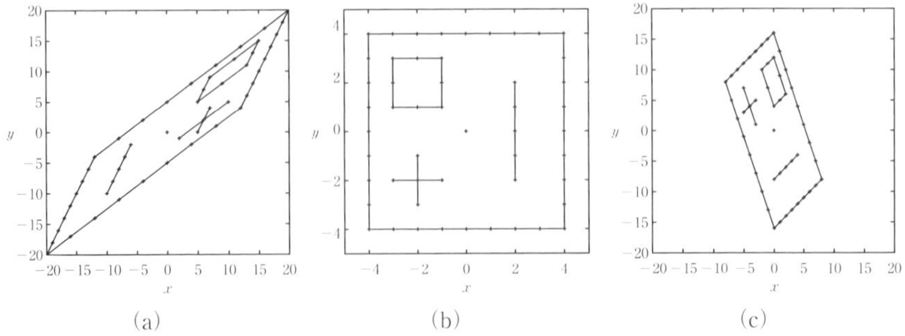

図 8.13 線形変換後のサンプル図形(図 8.12)

一方，図 8.13(a)の線形変換を見ると，固有ベクトルの方向 $y = x$ と $y = -\frac{1}{2}x$ は，線形変換によって変化しないことがわかります．ということは，座標軸を xy 方向ではなく，固有ベクトルの方向に最初からとっておけば(これらは直交はしていませんが)，座標軸が回転することはなかったことがわかります．つまり，**固有ベクトルの方向は，その線形変換に関して変わることのない特別な方向**といえるのです．

8.4　行列の対角化と基底の変換

行列 A の対角化とは，固有ベクトルの基底による線形変換 A の行列表現です．

固有値と固有ベクトルが得られると，行列を対角化することができます．本節では，行列の対角化の意味と基底変換との関係，および行列式との関係を解説します．

8.4.1　基底の変換

線形変換 A によってベクトル $\boldsymbol{v}$ がベクトル $\boldsymbol{w}$ に変換されるとき，式は $A\boldsymbol{v} = \boldsymbol{w}$ となります．これを基底 $\{\boldsymbol{e}_1, \boldsymbol{e}_2\}$ を用いて成分表示すると，$\boldsymbol{v} = v_1\boldsymbol{e}_1 + v_2\boldsymbol{e}_2$，$\boldsymbol{w} = w_1\boldsymbol{e}_1 + w_2\boldsymbol{e}_2$ として

$$\begin{pmatrix} w_1 \\ w_2 \end{pmatrix} = \begin{pmatrix} a & b \\ c & d \end{pmatrix}\begin{pmatrix} v_1 \\ v_2 \end{pmatrix}$$

となります．ただし，この v_1, v_2, w_1, w_2 や a, b, c, d という数値は基底 $\{\boldsymbol{e}_1, \boldsymbol{e}_2\}$ の選び方によるということは 8.2.3 項で解説したとおりです．

では，基底 $\{\boldsymbol{e}_1, \boldsymbol{e}_2\}$ が線形変換 S によって別の基底 $\{\boldsymbol{e}_1', \boldsymbol{e}_2'\}$ に変換されるとしましょう．変換規則は

$$\begin{cases} S\boldsymbol{e}_1 = \boldsymbol{e}_1' = s_{11}\boldsymbol{e}_1 + s_{21}\boldsymbol{e}_2 \\ S\boldsymbol{e}_2 = \boldsymbol{e}_2' = s_{12}\boldsymbol{e}_1 + s_{22}\boldsymbol{e}_2 \end{cases} \tag{8.22}$$

であるとします（(8.9)式と同じ置き方です）．

このとき，新たな基底 $\{\boldsymbol{e}_1', \boldsymbol{e}_2'\}$ で表したベクトルの成分は，A を作用させたときにどのような値に変換されるでしょうか．これに答えるためには，

まず $\boldsymbol{v}$ と $\boldsymbol{w}$ の新たな基底での成分表示を求めなければなりません．そこで，$\boldsymbol{v} = v_1'\boldsymbol{e}_1' + v_2'\boldsymbol{e}_2'$, $\boldsymbol{w} = w_1'\boldsymbol{e}_1' + w_2\boldsymbol{e}_2'$ であるとしましょう．$\boldsymbol{v}$ の式に変換規則(8.22)式を代入すると

$$
\begin{aligned}
v_1'\boldsymbol{e}_1' + v_2'\boldsymbol{e}_2' &= v_1'(s_{11}\boldsymbol{e}_1 + s_{21}\boldsymbol{e}_2) + v_2'(s_{12}\boldsymbol{e}_1 + s_{22}\boldsymbol{e}_2) \\
&= (v_1's_{11} + v_2's_{12})\boldsymbol{e}_1 + (v_1's_{21} + v_2's_{22})\boldsymbol{e}_2 \\
&= v_1\boldsymbol{e}_1 + v_2\boldsymbol{e}_2
\end{aligned}
$$

となります．$\boldsymbol{w}$ も全く同様の計算になるので，結果をまとめると

$$
\begin{pmatrix} v_1 \\ v_2 \end{pmatrix} = \begin{pmatrix} s_{11} & s_{12} \\ s_{21} & s_{22} \end{pmatrix}\begin{pmatrix} v_1' \\ v_2' \end{pmatrix}, \qquad \begin{pmatrix} w_1 \\ w_2 \end{pmatrix} = \begin{pmatrix} s_{11} & s_{12} \\ s_{21} & s_{22} \end{pmatrix}\begin{pmatrix} w_1' \\ w_2' \end{pmatrix}
$$

が得られます．この行列 $\begin{pmatrix} s_{11} & s_{12} \\ s_{21} & s_{22} \end{pmatrix}$ も S と表し，さらに S の逆行列 S^{-1} の成分を

$$
S^{-1} \equiv \begin{pmatrix} \hat{s}_{11} & \hat{s}_{12} \\ \hat{s}_{21} & \hat{s}_{22} \end{pmatrix}
$$

とおくと[4)]，

$$
\begin{aligned}
\begin{pmatrix} w_1' \\ w_2' \end{pmatrix} &= \begin{pmatrix} \hat{s}_{11} & \hat{s}_{12} \\ \hat{s}_{21} & \hat{s}_{22} \end{pmatrix}\begin{pmatrix} w_1 \\ w_2 \end{pmatrix} = \begin{pmatrix} \hat{s}_{11} & \hat{s}_{12} \\ \hat{s}_{21} & \hat{s}_{22} \end{pmatrix}\begin{pmatrix} a & b \\ c & d \end{pmatrix}\begin{pmatrix} v_1 \\ v_2 \end{pmatrix} \\
&= \begin{pmatrix} \hat{s}_{11} & \hat{s}_{12} \\ \hat{s}_{21} & \hat{s}_{22} \end{pmatrix}\begin{pmatrix} a & b \\ c & d \end{pmatrix}\begin{pmatrix} s_{11} & s_{12} \\ s_{21} & s_{22} \end{pmatrix}\begin{pmatrix} v_1' \\ v_2' \end{pmatrix}
\end{aligned}
$$

が得られます．

以上の結果を A, S, S^{-1} を用いて表せば

$$
\begin{pmatrix} v_1' \\ v_2' \end{pmatrix} = S^{-1}\begin{pmatrix} v_1 \\ v_2 \end{pmatrix}, \quad \begin{pmatrix} w_1' \\ w_2' \end{pmatrix} = S^{-1}\begin{pmatrix} w_1 \\ w_2 \end{pmatrix}, \quad \begin{pmatrix} w_1' \\ w_2' \end{pmatrix} = S^{-1}AS\begin{pmatrix} v_1' \\ v_2' \end{pmatrix}
$$

となります．この結果の意味は，基底が S で変換されるので，同じベクトルを表すために成分は逆に S^{-1} で変換され，その結果，A の成分は $S^{-1}AS$ となる，ということです．これを図に表すと図 8.14 のようになります．

4）S^{-1} の例えば $(1,1)$ 成分は s_{11}^{-1} と書きたいところですが，そうすると $1/s_{11}$ と間違えるおそれがあるので，別の記号を使っています．$\hat{s}$ は「s ハット」と読みます．ハットは hat（帽子）の意味です．

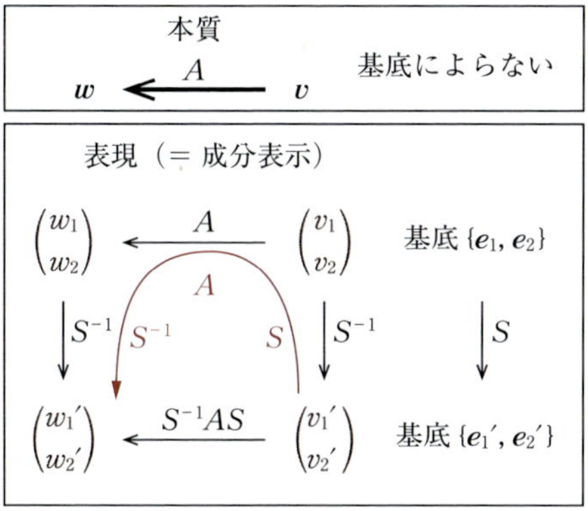

図 8.14　基底を変換したときのベクトルと行列の成分の関係

8.4.2　行列の対角化

2×2 行列 A の固有値と固有ベクトルを λ_i, $\boldsymbol{p}_i$ $(i=1,2)$ とすると，$\boldsymbol{p}_i$ は列ベクトルであり，縦に成分が並んでいるから，$\boldsymbol{p}_1, \boldsymbol{p}_2$ を横に並べて無理やり 2×2 行列をつくることができます．これを $P \equiv (\boldsymbol{p}_1\ \boldsymbol{p}_2)$ と表し，この P を用いると，2 つの固有方程式 $A\boldsymbol{p}_1 = \lambda_1 \boldsymbol{p}_1$ と $A\boldsymbol{p}_2 = \lambda_2 \boldsymbol{p}_2$ を

$$A(\boldsymbol{p}_1\ \boldsymbol{p}_2) = (\boldsymbol{p}_1\ \boldsymbol{p}_2)\begin{pmatrix} \lambda_1 & 0 \\ 0 & \lambda_2 \end{pmatrix} \quad \text{あるいは} \quad AP = P\begin{pmatrix} \lambda_1 & 0 \\ 0 & \lambda_2 \end{pmatrix}$$

のように 1 つにまとめて書くことができます（この式を自力で思いつく必要はなく，計算して確かにそうなっていることさえわかれば構いません）．

この式は重要です．なぜなら，もし P に逆行列が存在すると

$$P^{-1}AP = P^{-1}P\begin{pmatrix} \lambda_1 & 0 \\ 0 & \lambda_2 \end{pmatrix} = \begin{pmatrix} \lambda_1 & 0 \\ 0 & \lambda_2 \end{pmatrix}$$

のように，行列 A が非常に簡単な成分表示になるからです．

このように，行列 A について，その固有値を並べた対角行列を求めることを**行列 A を対角化する**といいます．

例えば，例題 8.1 の行列 $A = \begin{pmatrix} 1 & 2 \\ -1 & 4 \end{pmatrix}$ ならば，固有値 2, 3 に対して固有ベクトルがそれぞれ $\begin{pmatrix} 2 \\ 1 \end{pmatrix}$, $\begin{pmatrix} 1 \\ 1 \end{pmatrix}$ なので，$P = \begin{pmatrix} 2 & 1 \\ 1 & 1 \end{pmatrix}$ であり，

$$\begin{pmatrix} 1 & 2 \\ -1 & 4 \end{pmatrix}\begin{pmatrix} 2 & 1 \\ 1 & 1 \end{pmatrix} = \begin{pmatrix} 2 & 1 \\ 1 & 1 \end{pmatrix}\begin{pmatrix} 2 & 0 \\ 0 & 3 \end{pmatrix}$$

となります．読者は実際に両辺が等しくなることを確かめてみてください．

さらに P^{-1} を計算すると $\begin{pmatrix} 1 & -1 \\ -1 & 2 \end{pmatrix}$ となるので，$P^{-1}AP$ を計算すると

$$\begin{pmatrix} 1 & -1 \\ -1 & 2 \end{pmatrix}\begin{pmatrix} 1 & 2 \\ -1 & 4 \end{pmatrix}\begin{pmatrix} 2 & 1 \\ 1 & 1 \end{pmatrix} = \begin{pmatrix} 2 & 0 \\ 0 & 3 \end{pmatrix}$$

となります．これも確かめてみてください．

ところで，この $P^{-1}AP$ は先ほどの $S^{-1}AS$ と同じ形をしています．そこで，この P を基底を変換する行列 S であるとしてみましょう．

まず，(8.22)式と同様に P を基底 $\{\boldsymbol{e}_1, \boldsymbol{e}_2\}$ で表して，

$$\begin{cases} \boldsymbol{p}_1 = p_{11}\boldsymbol{e}_1 + p_{21}\boldsymbol{e}_2 \\ \boldsymbol{p}_2 = p_{12}\boldsymbol{e}_1 + p_{22}\boldsymbol{e}_2 \end{cases}$$

であるとすれば，

$$P = (\boldsymbol{p}_1\ \boldsymbol{p}_2) = \begin{pmatrix} p_{11} & p_{12} \\ p_{21} & p_{22} \end{pmatrix}$$

となります．

また基底 $\{\boldsymbol{e}_1, \boldsymbol{e}_2\}$ における，ベクトル $\boldsymbol{e}_1$，$\boldsymbol{e}_2$ の成分表示は $\boldsymbol{e}_1 = \begin{pmatrix} 1 \\ 0 \end{pmatrix}$，$\boldsymbol{e}_2 = \begin{pmatrix} 0 \\ 1 \end{pmatrix}$ なので，基底 $\{\boldsymbol{e}_1, \boldsymbol{e}_2\}$ を P で変換すると

$$\begin{pmatrix} p_{11} & p_{12} \\ p_{21} & p_{22} \end{pmatrix}\begin{pmatrix} 1 \\ 0 \end{pmatrix} = \begin{pmatrix} p_{11} \\ p_{21} \end{pmatrix} = \boldsymbol{p}_1, \quad \begin{pmatrix} p_{11} & p_{12} \\ p_{21} & p_{22} \end{pmatrix}\begin{pmatrix} 0 \\ 1 \end{pmatrix} = \begin{pmatrix} p_{21} \\ p_{22} \end{pmatrix} = \boldsymbol{p}_2$$

すなわち

$$P\boldsymbol{e}_1 = \boldsymbol{p}_1, \qquad P\boldsymbol{e}_2 = \boldsymbol{p}_2 \tag{8.23}$$

となり，(8.22)式と比較してみると，P によって基底 $\{\boldsymbol{e}_1, \boldsymbol{e}_2\}$ は基底 $\{\boldsymbol{p}_1, \boldsymbol{p}_2\}$ に変換されることがわかります．

したがって，図 8.14 と見比べると**「行列 A を対角化する」とは，行列 A をその固有ベクトルの基底で成分表示することである**ということがわかります．そして，任意のベクトルに行列 A を作用させると，固有ベクトルの方向に固有値倍される，ということも，対角化すると明確になります．

この結果を，図 8.14 を元にして，例題 8.1 の行列について図にすると図 8.15 のようになります．固有ベクトル基底では，変換後の図形が元の図形

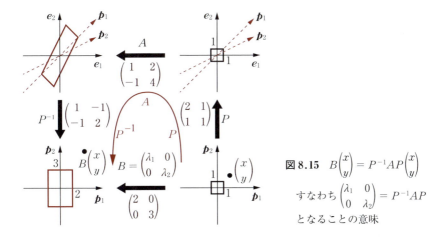

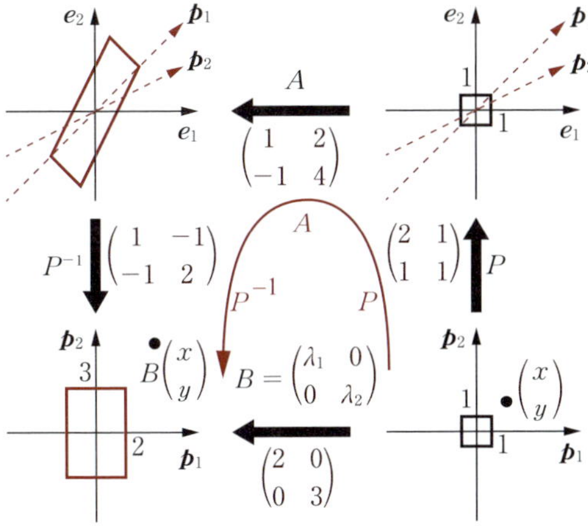

図 8.15 $B\begin{pmatrix}x\\y\end{pmatrix} = P^{-1}AP\begin{pmatrix}x\\y\end{pmatrix}$

すなわち $\begin{pmatrix}\lambda_1 & 0\\0 & \lambda_2\end{pmatrix} = P^{-1}AP$

となることの意味

の単なる拡大（あるいは縮小）になって，わかりやすくなることが見てとれます．

このように，行列 A の具体的な成分それ自体は線形変換 A の本質ではありません．本質は基底によらない量であり，それが固有値と固有ベクトルです．他にも，対角成分の和や行列式は基底変換に対して不変量となり，重要な量です．

8.4.3 行列式と線形変換の「倍率」

2×2 行列 A の行列式 $\det A$ とは，線形変換 A で変換される 2 次元図形の面積の倍率です．

固有値は固有ベクトルの方向の A の「倍率」ですが，2×2 行列については，固有値が異なる 2 つの実数解の場合に，固有ベクトルが 2 方向あります．したがって「倍率」は 2 種類ありますが，これらは線形独立な 2 方向への倍率なので，面積は固有値の積 $\lambda_1\lambda_2$ の倍率となります．ここで，λ_1, λ_2 は特性方程式 (8.17) 式の解なので，$\lambda^2 - (\lambda_1 + \lambda_2)\lambda + \lambda_1\lambda_2 = 0$ が $\lambda^2 - (a + d)\lambda + ad - bc = 0$ と同一の式です．一方，$\det A = ad - bc$ ですから，

$$\det A = \lambda_1\lambda_2$$

であって，行列式が 2 次元図形の倍率そのものであることがわかります．

もし 3×3 行列であれば，行列式は $\det A = \lambda_1\lambda_2\lambda_3$ となり，立体図形の倍率となります．一般に，$n \times n$ 行列 A の固有値は複素数の範囲で $\lambda_1, \lambda_2, \cdots, \lambda_n$ の n 個あり，$\det A = \lambda_1\lambda_2\cdots\lambda_n$ が成り立ちます．つまり，1つでも0があると $\det A = 0$ となり，逆行列をもちません．そして，行列式は n 次元図形の倍率となります．

さらに，この倍率には正負もあることに注意してください．例えば，8.3.1項の例 $A = \begin{pmatrix} 1 & 2 \\ -1 & 4 \end{pmatrix}$ は $\det A = 6 > 0$ であり，8.3.2項の例 $B = \begin{pmatrix} 1 & 4 \\ 2 & 3 \end{pmatrix}$ は $\det B = -5 < 0$ です．これは，線形変換によって，基底ベクトルの並び方が，そのまま反時計回りに並ぶか，あるいは時計回りに並ぶか，を表しています．実はこれは，変換された図形の表裏が，そのままか，あるいは裏返るか，を表しているのです．

その理由は以下のとおりです，線形変換の行列 $A = \begin{pmatrix} a & b \\ c & d \end{pmatrix}$ を $A = (\boldsymbol{a}_1\ \boldsymbol{a}_2)$ と表すと，(8.23)式のときと同じように $A\boldsymbol{e}_1 = \boldsymbol{a}_1$，$A\boldsymbol{e}_2 = \boldsymbol{a}_2$ となるので，A によって基底 $\{\boldsymbol{e}_1, \boldsymbol{e}_2\}$ は基底 $\{\boldsymbol{a}_1, \boldsymbol{a}_2\}$ に変換されます[5)]．

このとき，新しい基底のベクトル積 $\boldsymbol{a}_1 \times \boldsymbol{a}_2$ を考えると，xy 平面を上から見て $\boldsymbol{a}_1, \boldsymbol{a}_2$ がこの順番で反時計回りに並んでいるときには，$\boldsymbol{a}_1 \times \boldsymbol{a}_2$ の向きが $\boldsymbol{e}_z$ と一致するので，$\{\boldsymbol{a}_1, \boldsymbol{a}_2, \boldsymbol{a}_1 \times \boldsymbol{a}_2\}$ は $\{\boldsymbol{e}_1, \boldsymbol{e}_2, \boldsymbol{e}_z\}$ と同じように xy 平面の「表側」に座標系をつくります（図8.16(a)と(b)の比較）．しかし，xy

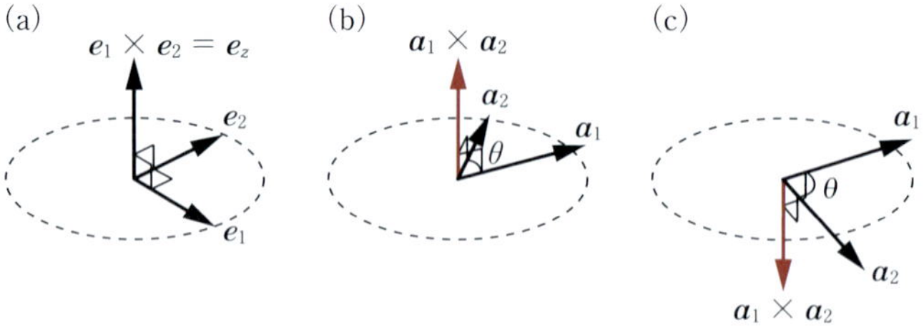

図 8.16　2次元の線形変換は，裏返らない場合(b)と裏返る場合(c)がある．

5）　これは固有ベクトル基底ではありません．図8.1の例でいえば，図中の2つの赤茶色の矢印に対応します．

平面を上から見て $\boldsymbol{a}_1, \boldsymbol{a}_2$ がこの順番で時計回りに並んでいるときは，$\boldsymbol{a}_1 \times \boldsymbol{a}_2$ の向きが $-\boldsymbol{e}_z$ と一致するので，$\{\boldsymbol{a}_1, \boldsymbol{a}_2, \boldsymbol{a}_1 \times \boldsymbol{a}_2\}$ は $\{\boldsymbol{a}_1, \boldsymbol{a}_2, -\boldsymbol{e}_z\}$ と同じように，xy 平面の「裏側」に座標系をつくることになります（図 8.16 (a) と (c) の比較）．すなわち，**このときは座標系が裏返る**のです．

ところで，A の成分を使って $\boldsymbol{a}_1 \times \boldsymbol{a}_2$ を成分表示すると，x, y 成分は 0 で，z 成分が $ad - bc$ つまり $\det A$ に等しいことがわかります（ベクトル積の成分計算は第 1 章を参照）．したがって，$\det A$ の符号は図形が裏返るかどうかを表しているのです．実際，図 8.13(a) にあるように，8.3.2 項の例 $B = \begin{pmatrix} 1 & 4 \\ 2 & 3 \end{pmatrix}$ は，変換後の図形が裏返っていることがわかります．

第9章 群論の初歩

数学（に限らず，それぞれの専門分野）の専門用語は日常語から言葉を利用することも多いのですが，意味は日常語と（全然）違うこともしばしばあります．「群」（「むれ」ではなく「ぐん」と読みます）もその1つです．群（group）とは，ある一定の条件（すなわち群の定義）を満たす要素の集合であり，理工系の分野を越えて実に様々な分野に顔を出します．そこで本章では，群の概念と群論の初歩を解説します．

9.1 群とは？

9.1.1 世の中は群でいっぱい

群は第8章における線形空間と同様に抽象的な概念なので，まず定義を知り，次に例を知って概念をつかむことが理解への早道です．しかし，正確な定義の前に，ワンフレーズで本質を述べると次のようになります．

群とは，（集合）＋（群の「積」の定義）です．

次に，「こんなものも群なのか！」という例をいくつか挙げてみましょう．きちんとした定義はすぐ後に述べて解説していくので，この時点では内容がわかる必要はありません．

まず身近な例では，山手線内の駅間の移動の集合です．これは「駅間の移動」を群の元（げん），乗り継ぎを群の積と定義すると，**巡回群**という群になっています（群になっていることを「**群をなす**」と表現するので，今後はそのように書くことにします）．次は文化人類学史上に残る有名な例で，アボリジニー（オーストラリアの先住民族）の一部族であるカリエラ族の婚姻制度が，**クラインの四元群**という群をなし，この群の積は「家族内の人間関係」を表します．

もう少し数学的な例では，1の3乗根の集合 $\{1, \omega, \omega^2\}$ や1の4乗根の集合

$\{1, i, -1, -i\}$があります．これらは，普通の数の積を群の積とみなせば，どちらも山手線の駅の集合と同じ巡回群に属します（つまり，この点において，これら3つの集合は数学的に「同じ」なのです！）．その他にも，整数の集合や偶数の集合は，普通の数の和を群の積と定義すると，群をなしています．

9.1.2 群の定義

では，群のキチンとした定義を述べましょう．

群の定義

集合Gの任意の2元a, bに対して「積」とよぶ演算を定義し，この演算の結果（これも積とよぶ）をab（または$a \cdot b$）と表す．そして，積abもまたGの元であるとする（これをG**は積に関して閉じている**という）．このとき，次の性質を満たすとき，G**は群をなす**，あるいは**群である**という．

(1) 任意の3つの元a, b, cに対して，$(ab)c = a(bc)$が成り立つ．（結合則）

(2) 任意の元aに対して$ae = ea = a$となるような元eが存在する．（単位元の存在）

(3) 任意の元aについて，$aa^{-1} = a^{-1}a = e$を満たす元a^{-1}が存在する．（逆元の存在）

定義はこれだけであり，9.1.1項に挙げたように，様々な集合が群をなします．同じ元をもつ集合でも，積の定義の仕方で群をなしたりなさなかったり，あるいは違う群をなしたりします．さらに，積の定義によって単位元や逆元をどう定義すべきかも決まってきます．例えばすぐ後で見るように，実数の集合は，群の積を通常の計算における和で定義すると群をなしますが，積で定義すると群をなしません．したがって，エッセンスは集合と積であり，9.1.1項で述べたように，簡単にいえば**集合＋「積」の定義＝群**なのです．また，上記の定義によれば，一般に$ab \neq ba$であって，**積には順序がある**ことにも注意しましょう[1]．

1） 積の順序が違うと結果が異なる例は，行列をはじめたくさんあります．

では定義を踏まえて，実例をもう少し詳しく見てみましょう．まずは数の集合の例からです．9.1.1 項で挙げた面白い例の説明にはもう少し準備が必要なので，こちらの方はしばしお待ちを．

〈例 1〉 整数の集合

整数の集合 $\boldsymbol{Z}$ において，その元 a, b の積を（整数や実数の計算における）通常の和 $a + b$ で定義し，単位元を 0，a の逆元を $-a$ と定義すると，

(1) 任意の 3 つの元 a, b, c に対して，$(a + b) + c = a + (b + c)$

(2) 任意の元 a に対して $a + 0 = 0 + a = a$

(3) 任意の元 a について，$a + (-a) = (-a) + a = 0$

なので，$\boldsymbol{Z}$ は群をなします（これを「整数の加法群」といいます）．

〈例 2〉 偶数の集合

偶数の集合において，その元 a, b の積を（整数や実数の計算における）通常の和 $a + b$ で定義し，単位元を 0，a の逆元を $-a$ と定義すると，（確認は読者に任せて省略しますが）群をなします．一方で，奇数の集合は同様の定義をしても群をなしません．なぜなら，奇数 + 奇数 = 偶数であって，積に関して閉じていないからです．

〈例 3〉 実数の集合

すべての実数の集合 $\boldsymbol{R}$ も，通常の和を群の積と定義すると群をなしています（これを「実数の加法群」といい，単位元は 0，a の逆元は $-a$ です）．しかし，通常の積を群の積と定義すると，群をなしません．理由は，この場合は a の逆元が $1/a$ で定義されるので，0 の逆元が定義できないからです．「0 を除いたすべての実数の集合」とすれば，単位元を 1 として，通常の積に関して群をなします（これを「0 でない実数のなす乗法群」といいます）．

このように，$\boldsymbol{R}$ に限らず，一般に**同じ集合でも積の定義の仕方によって群をなしたりなさなかったりします**．

9.1.3 対称操作は群をなす

対称性と対称操作は，様々な分野で重要な概念なので第 1 章で扱いました（1.3 節を参照）が，中でも群論とは極めて深い関係があるので，ここで少

し詳しく扱うことにします．

ある対称性の下での対称操作を元として集めてきた集合を考えます．対称操作を連続して行うことを「積」と定義すると，連続した対称操作それ自身が明らかに対称操作なので，対称操作の積もまた対称操作になっています（＝積に関して閉じています）．さらに，単位元として恒等操作（＝何もしない操作），逆元として逆向きの対称操作（＝ 元に戻す対称操作）を定義することができます．したがって，**対称操作の集合は群をなす**のです．

例として，1.3 節で扱った n 回対称性を考えてみましょう．この回転操作の軸は **n 回回転軸**とよばれ，C_n 軸と表します．また，$2\pi/n$ 回転操作を C_n^1 と表し，$2\pi m/n$ 回転操作を C_n^m と表します．この群を **C_n 群**，**点群 C_n**，あるいは単に（**群**）C_n とよびます．

$n=4$ の場合，C_4 に含まれる元（＝ 対称操作）は，C_4^1（$=\pi/2$ 回転），$C_4^2(=C_2^1)$（$=\pi$ 回転），C_4^3（$=3\pi/2$ 回転），それと恒等操作 E（$=0$ 回転，つまり単位元）の 4 つです．4 回対称の図形をある角度だけ回転して不変に保つような操作自体はもっとたくさん，いやそれどころか無限にあります．例えば，k を任意の自然数として，k 回だけ回転させる操作（$2k\pi$ 回転）はすべてそうです．しかしこれらは皆，E と区別がつかないので，E と同一とみなします．こうして，結局意味があるのは 2π 回転までの回転操作となり，元は 4 つだけになります．積に対して閉じていることは，例えば $C_4^1 \cdot C_4^2 = C_4^3$（$\pi$ 回転の後に $\pi/2$ 回転すると $3\pi/2$ 回転したことと同じ）が成り立つことなどから，明らかでしょう．

C_n や点群というのは，結晶学で用いる用語です．分子や結晶などの結晶学で扱う幾何学的な対称操作には，回転，鏡映，反転，並進の 4 つがあります．このうち，前者 3 つは，対称操作を行っても不変であるような点が少なくとも 1 つ存在します（例えば，回転操作ならば回転中心）．そこで，このような対称性を**点対称性**，対称操作を**点対称操作**，点対称操作がなす群を**点群**とよびます．

9.2　群についての基礎知識

話を先に進めるために必要な基礎用語と基礎知識について，もう少し解説しましょう．

9.2.1 群論に登場する概念

◆ 可換群と非可換群

群の積の定義では，群の元 a, b に対して $ab \neq ba$ であり，演算の順番に意味がありますが，定義の3条件に加えて，さらに

(4) $ab = ba$ （交換則）

を満たす群を，**可換群**または**加群**あるいは**アーベル群**といい，可換群でない群を**非可換群**といいます．9.1.2 項の例1～例3は可換群です．

◆ 有限群と無限群

9.1.2 項で挙げた例は，いずれも無限個の元をもっていて，これを**無限群**といいます．これに対して，9.1.1 項で挙げた「山手線巡回群」やカリエラ族の婚姻制度は有限個の元をもっているので，**有限群**といいます．また，元の数をその群の**位数**（order）といいます．無限群の位数はもちろん無限大です．

もっとも簡単でつまらない群は，単位元 e のみを含む位数1の群 $\{e\}$ で，これを**自明な群**といいます．次に簡単なのは，位数2の群 $\{e, a\}$ です．

◆ 部 分 群

群 G の部分集合 H が，G と同じ積について群をなすとき，H を G の**部分群**といいます．例えば，例2の偶数の集合は $\boldsymbol{Z}$ の部分集合であり，例1の「$\boldsymbol{Z}$ の加法群」と同じ積，単位元，逆元の定義なので，$\boldsymbol{Z}$ の部分群をなしています．同様に，「$\boldsymbol{Z}$ の加法群」は「$\boldsymbol{R}$ の加法群」の部分群です．一方，「0でない $\boldsymbol{R}$ のなす乗法群」は集合としては部分集合ですが，積の定義が異なるので，「$\boldsymbol{R}$ の加法群」の部分群ではありません．また，点群 C_2 $(\{E, C_2^1\})$ は点群 C_4 $(\{E, C_4^1, C_2^1, C_4^3\})$ の部分群になっています．

◆ 群の同型

図9.1のように，群 G の元と群 H の元がすべて1対1対に対応していて，さらに G の任意の元 a, b の積 $a \cdot b$ も，対応する H の元 α, β の積 $\alpha * \beta$ に対

応しているとき，**群 G と H は**同型**である**といい，$G \cong H$ と表します（$\cdot$ は G での積，$*$ は H での積を表しています）[2]．同型の群は，群の「構造」，すなわち含まれている元と積の定義の仕方が同一であるとみなせるので，要するに同じ群であると考えてよい，ということです．すぐ後で扱う**積表**という概念を用いれば，**同型の群とは同一の積表をもつ群のこと**です．

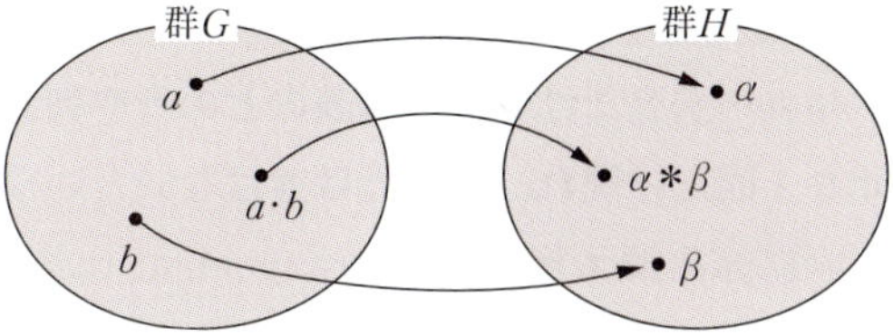

図 9.1　群 G と群 H は同型である．

例えば，点群 C_3 $(\{E, C_3^1, C_3^2\})$，1 の 3 乗根の集合 $\{1, \omega, \omega^2\}$，-1 の 3 乗根の集合 $\{1, -\omega, -\omega^2\}$ は，すべて同型です[3]．

9.2.2　積　表

◆積　表

位数の小さな有限群の場合，積のすべてのパターンを調べてしまえば，その群についてのすべての情報を得ることができます．これを実行するには，縦横に群の元を並べた表をつくればよく，この表を群の**積表**あるいは**群表**（(group) multiplication table）といいます．この表は表 9.1 のように，積の左側の元を一番左の列（0 列目）に，右側の元を一番上の行（0 行目）に，それぞれ見出しとして並べて，これらの積を書き込んだものです．一番左上は，必ず単位元 e にします．いまは ab 等の積がどの元に対応するかが決まっていないので積の形で書いていますが，実際の積表では，積の結果の元を書き込みます．もちろん，第 1 行と第 1 列は決まっています．

表 9.1　積表

	e	a	b	c	$\cdots$
e	e	a	b	c	$\cdots$
a	a	a^2	ab	ac	$\cdots$
b	b	ba	b^2	bc	$\cdots$
c	c	ca	cb	c^2	$\cdots$
$\vdots$					

2）　$\cong$ は近似を表す記号と同じなので，意味を間違えないように注意して下さい．
3）　これらはすべて，位数 3 の（巡回）群です．

再配列定理

積表の重要な性質は，**積表のどの行や列をとっても，そこには，すべての元が1回だけ現れ，同じ元は並ばない**ということです．これを**再配列定理**あるいは**組み換え定理**（rearrangement theorem）といいます[4]．例えば，もし仮に表9.2のように，異なる2つの元aとbについて，aの行のaの列がxで，かつbの列でもxだったとすると，$a^2 = x = ab$となり，両辺に左からa^{-1}を掛けると$a = b$となって，aとbが異なる元であることに反するからです．積表をつくるときには，この定理を黄金則として表を埋めていくことになります．

表 9.2 間違った積表

	$\cdots$	a	$\cdots$	b	$\cdots$
$\vdots$					
a	$\cdots$	x	$\cdots$	x	$\cdots$
$\vdots$					

位数2の群の積表

例えば群$\{e, a\}$であれば，積表は表9.3のようになります．ここで，左の表ではa^2はまだ調べていない段階のつもりで，とりあえずそのまま書いたものです．ここまで書いた後，再配列定理により$a^2 = e$とすぐに決まります（右の表）．その結果，$a^2 = aa = e$なので，$a^{-1} = a$であるとわかります．また，単位元の性質から$ae = ea$なので，自動的に可換群となっています．いまの積表のつくり方を見ればわかるとおり，他の可能性はないので，位数2の群はこれだけです．

表 9.3 完成前の位数2の群の積表（左）と完成後の積表（右）

	e	a
e	e	a
a	a	$\boldsymbol{a}^2$

$\Longrightarrow$

	e	a
e	e	a
a	a	e

位数2の群を満たす現実の集合（「集合」といっても，単位元以外に元が1つしかないので，あまり集合という気がしませんが）の代表例は，点群

4）「再配列」という理由は，すべての元を1行（または1列）に並べると，（どの元も1回しか現れないので）残りの行（または列）は，最初の行（または列）の元を再配列したものだからです．

C_2（$\{E, C_2^1\}$）です．C_2 回転軸は暗黙のうちに鉛直軸を想像するのが普通ですが，これを机の表面に沿って考えると，「机の上の紙を裏返す操作」も C_2 であるとわかります．あるいは，裏返さずに机の上（水平面）で鏡写しにする操作（鏡映対称操作）でも位数 2 の群となります（これを点群 C_{1h} といいます）．また，集合 $\{1, -1\}$ も，群の積として通常の演算の積を使えば群をなし，これらはすべて位数 2 の群に同型の群です．

このように，群をなす集合は意外と多い，というか，世の中，群でいっぱいです．

9.3 重要な群の例

実際の群は，回転対称操作や鏡映対称操作，あるいは数の集合といった，具体的な内容がありますが，一方で，群の元と抽象的な演算の定義だけの**抽象群**という群があります．ここで扱う対称群と巡回群はその代表例であり，多くの具体的な群がこれらの群と同型です．

9.3.1 対称群とあみだくじ

◆対 称 群

1 から n までの自然数の集合 $\{1, 2, \cdots, n\}$ を考え，その順番を入れ替えて並べた集合を $\{a_1, a_2, \cdots, a_n\}$ とします．例えば，$\{1, 2, 3\}$ に対して $\{2, 3, 1\}$ となります．この並べ替えの操作（あるいは演算）を**置換**とよび，$\begin{pmatrix} 1 & 2 & 3 \\ 2 & 3 & 1 \end{pmatrix}$ で表します．上記の一般の n であれば

$$a = \begin{pmatrix} 1 & 2 & \cdots & n \\ a_1 & a_2 & \cdots & a_n \end{pmatrix}$$

と表し，この逆の置換は

$$a^{-1} = \begin{pmatrix} a_1 & a_2 & \cdots & a_n \\ 1 & 2 & \cdots & n \end{pmatrix}$$

となります．

いまはわかりやすくするために上段を 1 から順に並べていますが，ここで**意味があるのは対応づけだけ**なので，上段下段がバラバラにならないように

列を入れ替える限り，同じものであると考えます．例えば，$\begin{pmatrix}1&2&3\\2&3&1\end{pmatrix}$と$\begin{pmatrix}3&1&2\\1&2&3\end{pmatrix}$は，見た目は違っても列を入れ替えると同一になるので，同一の置換です．

このとき，2つの置換の積 ab を，「置換 b を行った結果に対して置換 a を行うこと」(a, b の順序に注意！）と定義します[5)]．例えば $a = \begin{pmatrix}1&2&3\\2&3&1\end{pmatrix}$, $b = \begin{pmatrix}1&2&3\\3&2&1\end{pmatrix}$ならば，$a = \begin{pmatrix}3&2&1\\1&3&2\end{pmatrix}$と書き直せるので，$132 \overset{a}{\leftarrow} 321 \overset{b}{\leftarrow} 123$ となり $ab = \begin{pmatrix}1&2&3\\1&3&2\end{pmatrix}$となります．

また，何も入れ替えない置換

$$e = \begin{pmatrix}1&2&\cdots&n\\1&2&\cdots&n\end{pmatrix}$$

を**恒等置換**といいます．

置換の積は明らかに置換なので，以上の定義により，n 個の数字のすべての置換の集合は群をなします．これを **n 次対称群**といい，しばしば S_n と表します[6)]．n 個の数字を1列に並べる並べ方は $n!$ 個あるので，S_n の位数は $n!$ です．

◆ あみだくじ

置換のうち，2つだけを入れ替えるものを**互換**，隣同士の互換を**隣接互換**といいます．実は，すべての置換は隣接互換の積で表せることがわかっているので，対称群の元は隣接互換の積として表せます．例えば3次対称群の場合に，これを図にしたものが図9.2です．横棒は隣同士の数字を結んでいる

5） しかしこれとは逆に，積の順序を文字の並び順と同じに定義している本もあります．

6） 「置換群」という言葉があり，対称群と同義で書かれている本が時々ありますが，正確な定義は，「対称群の部分群（それはいろいろな群が有り得る）を一般に置換群とよぶ」です．部分群はそれ自身も含むので，確かに対称群は置換群といえますが，置換群のすべてが対称群とは限りません．

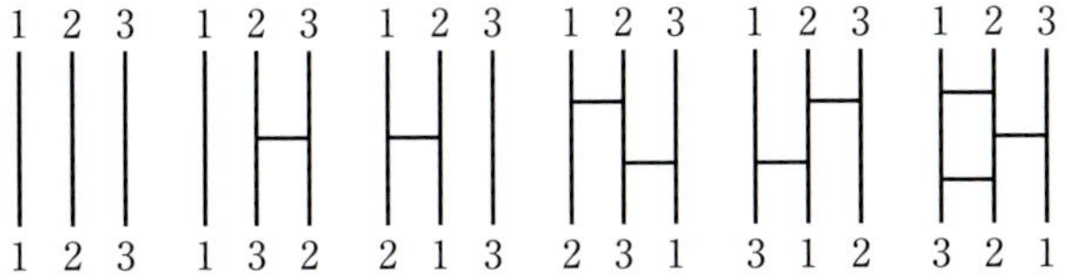

図 9.2 3本のあみだくじは3次対称群 S_3 と同型である．横棒の引き方は無限にあるが，行き先のパターンは $3!=6$ 通りしかない．

ので，隣接互換を表します．

もちろん読者は，この図が何だかおわかりでしょう．そう，あみだくじです．あみだくじで，どのように横棒を引いても，異なる場所から出発すれば同じ場所に辿り着くことがないのは，対称群が置換の集合だからです．

9.3.2 巡回群と1の n 乗根と点群 C_n

集合 G が $\{e, a, a^2, \cdots, a^{n-1}\}$ かつ $a^n = e$（n は自然数）であるとき，すなわち，e に a を掛けていったものが G の元であり，n 回目で e に戻るような場合は，この掛け算を群の積と定義すれば G は群をなしています．これを位数 n の巡回群といい，a を G の生成元といいます．

群をなす理由は，任意の元 a^k と a^l (k, l は自然数）について，積 $a^k a^l = a^{(k+l)}$ は明らかに G の元だからです．$k + l > n$ のときは，a が n 個ある度に $a^n = e$ で消えてしまうので，最終的にある a^m (m は n より小さい自然数）に一致して，やはり G の元となっています．また，$a^k a^l = a^{(k+l)} = a^{(l+k)} = a^l a^k$ なので，**巡回群は可換群です**．また，以上の議論から明らかなように，**位数 n の群の集合の中には巡回群が必ず存在します**．

わかりやすい実例が，1の3乗根の集合 $\{1, \omega, \omega^2\}$ です（図 9.3）．$\omega = e^{2\pi i/3}\left(= \dfrac{-1+\sqrt{3}i}{2}\right)$ とおくと，$\omega^2 = e^{4\pi i/3}$ なので，これは複素平面上で $2\pi/3$ ずつ回転していくことに対応します．したがって，3回掛けると元に戻るわけです．なお，この図からもわかるように，ω のとり方は2通りあり，(b)では $4\pi/3$ ずつ回転します．どちらも位数3の巡回群です．一般に，1の n 乗根の集合 $\{1, e^{2\pi i/n}, e^{4\pi i/n}, \cdots, e^{2(n-1)\pi i/n}\}$ は，位数 n の巡回群をなします．

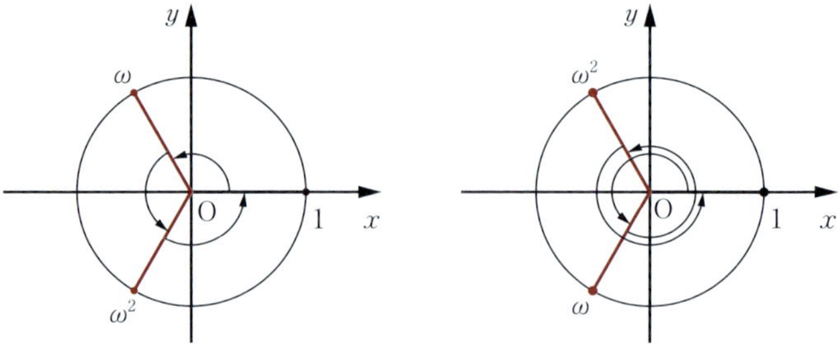

(a) $\omega = \dfrac{-1+\sqrt{3}i}{2}$ の場合　　(b) $\omega = \dfrac{-1-\sqrt{3}i}{2}$ の場合

図 9.3 1の3乗根の集合は巡回群をなす.

図 9.3 から明らかなように，$e^{2\pi i/3}$ を 1 に掛けることは回転操作 C_3^1 に対応するので，点群 C_3 も位数 3 の巡回群です[7]．同様に，点群 C_4 が位数 4 の巡回群であることはすぐにわかるでしょう．実際，積表を書くと表 9.4 のようになって，C_4 が巡回群であることがわかります．生成元は C_4^1 です．一般に，**任意の自然数 n について，点群 C_n は位数 n の巡回群です．**

表 9.4 点群 C_4 の積表

	E	C_4^1	C_4^2	C_4^3
E	E	C_4^1	C_4^2	C_4^3
C_4^1	C_4^1	C_4^2	C_4^3	E
C_2^1	C_4^2	C_4^3	E	C_4^1
C_4^3	C_4^3	E	C_4^1	C_4^2

◆ 環状鉄道は巡回群をなす

山手線の内回りを使って駅から駅に移動することを群の元とし，乗り継ぎを群の積，外回りを逆元，移動しないことを単位元とすると，この群は位数 29 の巡回群になります！ 位数 29 の積表をつくるのは大変なので，東京，池袋，渋谷，品川だけに停車する山手線特別快速を運行させれば，その積表は表 9.4 と一致します．関西であれば，大阪環状線が位数 19 の巡回群をなします．位数 4 にするには，大阪，西九条，天王寺，京橋だけに停車する，環状線特別快速を運行させればよいでしょう．

7） 図 9.3(b) は図形的には点群 C_3 と一致しませんが，群としては同型であることに注意しましょう．

9.3.3　位数が3あるいは4の群の構造

◆ 位数3の群

位数2の群はすでに解説したので，次に大きい位数3の群 $\{e, a, b\}$ を考えてみましょう．早速，積表を書いてみると，表9.5の左のようになります．太字が決めなくてはならない元で，a^2, ab は e, b の組，ba, b^2 は e, a の組になります．ここで，もし $a^2 = e$ とすると，自動的に $ab = b$ となり，$a = e$ が得られて位数3に反します．したがって，正しい積表は表9.5の右のようになります．

表 9.5　完成前の位数3の群の積表（左）と完成後の積表（右）

	e	a	b
e	e	a	b
a	a	$\boldsymbol{a}^2$	$\boldsymbol{ab}$
b	b	$\boldsymbol{ba}$	$\boldsymbol{b}^2$

$\Longrightarrow$

	e	a	b
e	e	a	b
a	a	b	e
b	b	e	a

これを見ると，対角線に関して全く同じ配置をしている（行列に見立てれば，対称行列です）ので，どの元についても $ab = ba$ の関係が成り立っています．したがって，**対角線に関して対称な積表の群は可換群です**．位数3の群はこれしかないので巡回群であり，点群 C_3 と同じです．

◆ 位数4の群

次は位数4の群 $\{e, a, b, c\}$ です．積表は，表9.6のようになります．太字が決めなくてはならない元で，a^2, ab, ac は e, b, c の組，ba, b^2, bc は e, c, a の組，ca, cb, c^2 は e, a, b になります．

表 9.6　完成前の位数4の群の積表

	e	a	b	c
e	e	a	b	c
a	a	$\boldsymbol{a}^2$	$\boldsymbol{ab}$	$\boldsymbol{ac}$
b	b	$\boldsymbol{ba}$	$\boldsymbol{b}^2$	$\boldsymbol{bc}$
c	c	$\boldsymbol{ca}$	$\boldsymbol{cb}$	$\boldsymbol{c}^2$

この場合は，

（i）　a^2, b^2, c^2 のうち，少なくとも1つは e でない場合

（ii）　a^2, b^2, c^2 のすべてが e である場合

の2つに場合分けするのがわかりやすいでしょう．

（i） a^2, b^2, c^2 のうち，少なくとも1つは e でないとき

このとき $a^2 \neq e$ とすると，a^2 は a, b, c のいずれかですが，$a^2 = a$ とすると $a = e$ となって4元であることに反するので，b か c です．そこで $a^2 = b$ とすると，第3列と第4列で同じ文字が並ばないようにするために，自動的に $ab = c$, $ac = e$ と決まります．

その結果，第2列の ba, ca の組が e, c の組となりますが，第3行と第4行で同じ文字が並ばないようにするために，$ba = c$，$ca = e$ と決まります．

その結果，第3行の b^2, bc の組が e, a の組となりますが，第4列で同じ文字が並ばないようにするために，$b^2 = e$, $bc = a$ に決まり，すると，第4行で $cb = a$，$c^2 = b$ と決まります．

以上より，表9.7の左の表が得られます．

表 9.7 完成後の位数4の群の積表．左が巡回群，右がクラインの四元群である．

	e	a	b	c
e	e	a	b	c
a	a	b	c	e
b	b	c	e	a
c	c	e	a	b

	e	a	b	c
e	e	a	b	c
a	a	e	c	b
b	b	c	e	a
c	c	b	a	e

いまは a^2 からスタートしましたが，これが b^2 や c^2 であっても，また $a^2 = b$ の b を c にしても，記号を入れ替えるだけなので全く同じものが得られます．でき上がったものを見ると，実は表9.4の点群 C_4 と全く同じであり，巡回群であることがわかります．

（ii） a^2, b^2, c^2 のすべてが e であるとき

このときは簡単で，1つの行・列に同じ文字が並ばないようにすると，1通りしかないことがすぐにわかります．結果は表9.7の右の表のようになり，可換群です．なお，この群にはクラインの四元群という名前が付いています．

9.3.4　カリエラ族の婚姻制度

さて，ようやく一番数学らしくない例を説明できるところまできました[8]．オーストラリアの先住民族の中には，複雑な婚姻制度をもつ部族がいるそうで，いくつかのタイプがあるそうですが，そのうちの1つ「カリエラ型」は次のような制度です．

(1)　部族全体が A1, A2, B1, B2 の，4つのほぼ等しい人数の「婚姻クラス」に分かれている．

(2)　子は父と一緒に住むというルールがあり，1, 2 は父方の居住集団が2つのグループ（これを半族という）に分かれていることを意味している．一緒に暮らすのだから，父が1なら子も1，父が2なら子も2である．

(3)　A, B は母系の分類である．つまり，自分の母は A, B のいずれかのグループに属していて，それが自分のグループとなる．（自分が A なら母も A，母の母も A，そのまた母も A，…である．）

(4)　自分の半族の中では結婚できない．すなわち，自分が1なら相手は2，自分が2なら相手は1でなくてはならない．

(5)　自分と同じ母系の相手とは結婚できない．すなわち，自分が A なら相手は B，自分が B なら相手は A でなくてはならない．

このルールを絵にしたものが図9.4です．例えば自分が誰かの子供だとし

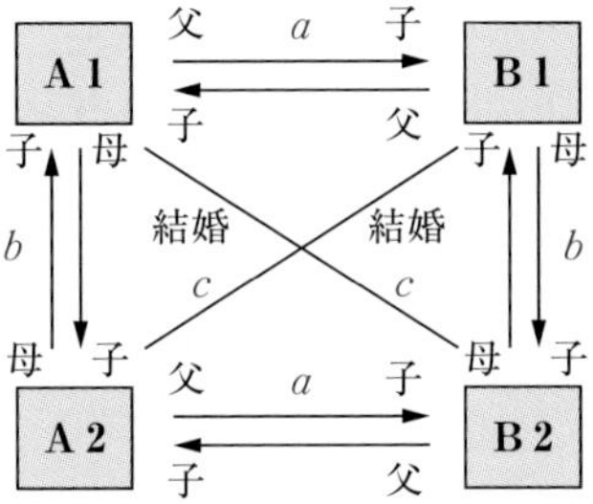

図 9.4　カリエラ型の婚姻クラス．関係 a, b, c がクラインの四元群をなす．

8）　この話題は，橋爪大三郎 著：『はじめての構造主義』（講談社現代新書）を参考にしています．筆者Sが大学院生の頃に読んで感銘を受けた本です．

て，A1 に属している場合は，母親は(3)により A，父親は(2)により 1，すると(4)，(5)により，父親は B1，母親は A2 に属することがわかります．

さて，この婚姻制度が実はクラインの四元群をなしているのです．父子関係があることを a，母子関係があることを b，婚姻関係があることを c と表し，これらの「積」を「関係があること」と定義します．例えば ab ならば（右からスタートして）「母子関係がある上に父子関係がある」という意味です．世代をさかのぼるルールはないので，ab の真ん中には必ず子がいなくてはなりません．つまり，父 $\xleftarrow{a}$ 子 $\xleftarrow{b}$ 母（B2 $\xleftarrow{a}$ A2 $\xleftarrow{b}$ A1，B1 $\xleftarrow{a}$ A1 $\xleftarrow{b}$ A2，A2 $\xleftarrow{a}$ B2 $\xleftarrow{b}$ B1，A1 $\xleftarrow{a}$ B1 $\xleftarrow{b}$ B2）か，母 $\xleftarrow{b}$ 子 $\xleftarrow{a}$ 父（B2 $\xleftarrow{b}$ B1 $\xleftarrow{a}$ A1　他，計 4 パターン）のどちらかです．いずれにしろ，父 $\xleftarrow{c}$ 母か，母 $\xleftarrow{c}$ 父なので，積の結果は婚姻関係 c となります．ac のように c が入る積では，真ん中は父か母です．図 9.4 の矢印を追いながら確認してみてほしいのですが，このように確かめると，結果は表 9.7 の右のクラインの四元群と同一になることがわかります．

この発見は，文化人類学や，現代思想・哲学に大きな影響を与えたそうですが，ではなぜ群をなす婚姻制度をつくったのか，ということが疑問になります．まさか彼らが群論を勉強した後に婚姻制度をつくったはずもなく，「つくったら群をなしていた」ということなのでしょう．

婚姻制度においてグループ分けをするということは，特定のグループ間で結婚できる／できないというルールをつくる，ということなので，各グループの人数と男女比に不均衡が生じるようでは長続きしません．そのため，グループ間で人がぐるぐる回っても（正確には子供が生まれて別のグループに属するようになっても）人数が変わらないようなルールにする必要があります．そして，そうするためには，婚姻の結果として生じる関係性が「閉じて」いなければまずいのです．こうして，つくった制度は自然に群をなしていた，というわけです．

結局，何かの集合というのは世の中に山ほどあるので，それが群をなすかどうかは，集合の中の 2 つの元の間に「積」として定義する関係（これを 2 項関係といいます）が「閉じているかどうか」にほぼ尽きるのです．その結果，知らないうちに群となっている集合はたくさん出てくることになります．

9.4 群の行列表現

ここで，すべての正則な$n \times n$行列の集合を考えてみましょう.「正則な」とは逆行列をもつという意味なので，$n \times n$行列について，群の積を通常の行列の積で定義し，逆元を逆行列，単位元を単位行列で定義すれば，群をなします．この群には**一般一次変換群**（General Linear Group）という名前が付いていて，成分が実数に限る場合を$GL(n, \boldsymbol{R})$，複素数の場合を$GL(n, \boldsymbol{C})$で表します[9]．これらの群は無限群であり，無限の部分群を含んでいます．実は任意の群は，この部分群のどれかと同じ構造（すなわち，同じ積表がつくれる）であり，つまり，任意の群は行列の集合で表すことができるのです．これを**群の行列表現**，あるいは**群の表現**といい，使われる行列を（群の）**表現行列**といいます[10]．

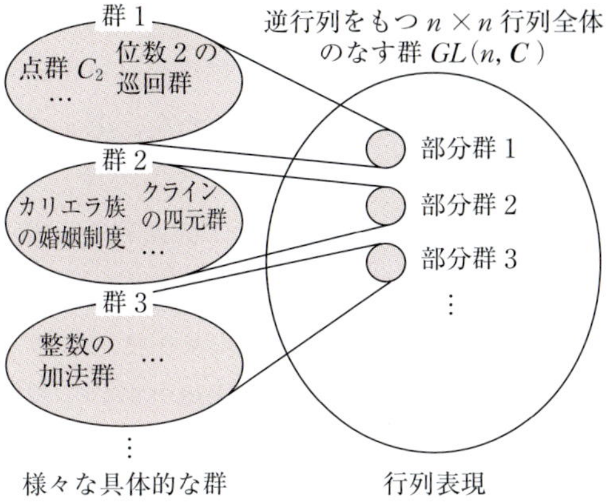

図 9.5 任意の群は行列で表せる.

では,「なぜ群を行列で表現するか」というと，抽象的な群に共通の「ラベル」を張り付けることができるからです．いままでの例で見てきたように，様々な具体的事例が同じ群をなすので，それぞれの事例ごとに記号を用意して記述していると，本質を見失います．同じ内容を異なる言語で表しているようなものです．そこで，すべてを行列という共通言語で表すことにすれば，それぞれの群の比較が容易になります.

9） ゼロ行列は正則でないので除かれています．ちょうど例 3 の乗法群で $\boldsymbol{R}$ の集合から 0 を抜いているのと同じです．もしも群の積を通常の行列の和で定義するならば，正則でないものも含めたすべての行列の集合で群をなします．$n \times m$ の実行列であれば，これは $\boldsymbol{R}^{n\times m}$ の加法群と同じです.

10） 線形写像の表現と同じ言葉ですが，違う意味であって，群の中で線形写像を定義しているのではないことに注意してください.

ひとたび行列にしてしまうと，線形代数の成果がすべて使えることになります．最も重要なことは，対角和（対角成分の和）は基底変換に対して不変なので，これを各行列（すなわち，考えている群の各元）を特徴づける量として使うことができるということです．（固有値の積，すなわち行列式でもよいですが，それを求めるには面倒な計算をしないといけないし，3 × 3 以上では手計算をする気になりません．一方，対角和は見ただけで計算できます！）これを群の**指標**（character）といいます．

このような分野を**群の表現論**といい，群論の中心的内容なのですが，内容も高度になり，残念ながら少ない頁数で解説できるものではないので省略します．詳しくは，巻末の参考文献[10]などを見てください．

9.5 群の応用例

群もまた線形代数と同様に，非常に幅広い応用があります．文化人類学にまで適用できることは前節で見たとおりです．ここでは，その例を簡単に解説しますが，詳細に立ち入ることは全くできないので，「お話」として気楽に読んでください．詳しくは，巻末の参考文献[10]などをお薦めします．

◆結晶学

自然界における重要な対称性は，分子・原子・結晶の構造に見られる対称性であり，これを扱う学問が結晶学です．例えば，水晶が六角柱の形をしていたり，食塩が立方体の結晶であったりするのは，これらの結晶の構成要素である原子がそのような対称性をもって並んでいるからです．その対称性の解析に「群」が威力を発揮します．

対称性による制限は，あるかないかのどちらかなので，極めて厳密な法則となります．その結果，例えば，とり得る結晶構造には制限がついて，7 種類の結晶系しか存在しません．また，並進対称性と両立する点群は 32 種類しか存在しません．こういったことは群論と結晶学の成果であり，新物質・新材料の発見において，その結晶構造解析には，これらの知識が有用に活用されています．

◆量子力学

上記のように，分子や結晶中の原子の並び方には，それぞれ固有の対称性があります．その帰結として，原子の周りを回っている電子の波動関数の形にも，その対称性の制限が付きます．これは極めて重要です．対称性による制限は厳格なので，シュレーディンガー方程式を解かなくても，その解にならない関数を除外することができるからです．

例えば，図 9.6 に示すように H_2O は，C_2 軸周りの 2 回回転対称性と，すべての分子を含む平面に対する鏡映対称性をもっています（これを C_{2v} 対称性といいます）．そのため，H_2O の波動関数の形もこの対称性をもたなければなりません．（そうでないと，対称操作を行うと，分子の形は変わらないのに波動関数の形が変わってしまって，対称操作の前と後で，分子の形に対する波動関数が異なることになってしまうからです）．このように，物質中の波動関数の関数形と，物質の対称性は不可分であり，群論を用いた解析は極めて強力なのです．

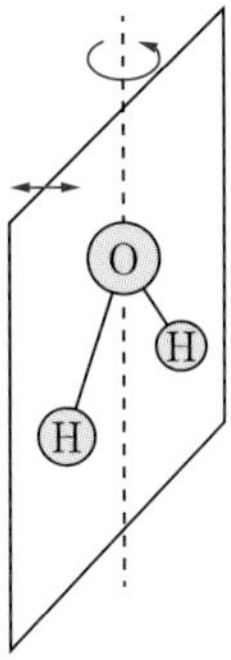

図 9.6 H_2O の対称性

以上のように，結晶の外見は結晶のミクロな対称性を反映し，その対称性は電子の波動関数に制限を加え，その結果，電子の振る舞いにも制限が加わり，さらにその結果が物質の性質に反映されています．したがって，物質の性質を知るための研究の根幹部分において，群論的な考察は不可欠のものになっています．

参 考 文 献

[1] Morris W. Hirsch, Stephen Smale: *Differential Equations, Dynamical Systems, and Linear Algebra* (Academic Press, 1974 年)

[2] 松下 貢:『物理数学』(裳華房, 1999 年)

[3] 石村園子:『やさしく学べる 微分方程式』(共立出版, 2003 年)

[4] 後藤憲一, 山本邦夫, 神吉 健 共編:『詳解 物理応用数学演習』(共立出版, 1979 年)

[5] 兵頭俊夫:『電磁気学』(裳華房, 1999 年)

[6] S. ラング(松坂和夫・片山幸次 訳):『続 解析入門 原書第 2 版』(岩波書店, 1981 年)

[7] 有馬 哲:『線型代数入門』(東京図書, 1974 年)

[8] 石川 晋・成 慶明:『線形代数学大全 第 1 部〜第 3 部』(日本評論社, 2008 年)

[9] 橋爪大三郎:『はじめての構造主義』(講談社, 1988 年)

[10] 今野豊彦:『物質の対称性と群論』(共立出版, 2001 年)

[11] G. バーンズ(中村輝太郎・澤田昭勝 共訳):『物性物理学のための群論入門』(培風館, 1983 年)

[12] 小野寺嘉孝:『物性物理/物性化学のための群論入門』(裳華房, 1996 年)

[13] 松本幸夫:『トポロジー入門』(岩波書店, 1985 年)

[14] 伊理正夫, 他:『現代応用数学の基礎 3』(日本評論社, 1987 年)

[15] 『岩波数学辞典 第 3 版』(岩波書店, 1985 年)

索　　引

コ

サ

シ

ス

セ

ソ

タ

チ

テ

ト

著者略歴

あらき　おさむ
荒木　修

1961年 長崎県生まれ．東京大学工学部計数工学科卒．ボストン大学大学院修士課程修了．東京大学大学院工学系研究科計数工学専攻博士課程修了．松下電器産業(株)，北陸先端科学技術大学院大学助手，東京理科大学理学部講師・准教授を経て，現在，同学部教授．博士(工学)．研究分野は認知神経科学．

さいとう ともひこ
齋藤智彦

1966年 神奈川県生まれ．東京大学理学部物理学科卒．東京大学大学院理学系研究科物理学専攻博士課程修了．コロラド大学ボールダー校博士研究員，高エネルギー加速器研究機構・物質構造科学研究所助手，東京理科大学理学部講師・准教授を経て，現在，同学部教授．博士(理学)．研究分野は固体物理学．

本質から理解する　数学的手法

2016年11月25日　第1版1刷発行
2021年 3月10日　第3版1刷発行
2022年10月30日　第3版3刷発行

検印
省略

定価はカバーに表示してあります．

著作者	荒木　修 齋藤智彦
発行者	吉野和浩
発行所	〒102-0081 東京都千代田区四番町8-1 電話 (03)3262-9166 株式会社 裳華房
印刷所	中央印刷株式会社
製本所	株式会社 松岳社

一般社団法人
自然科学書協会会員

ISBN 978-4-7853-1570-2